园艺植物质量性状与数量性状的研究

杨晓旭 刘 畅 著

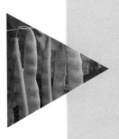

黑龙江大学出版社
HEILONGJIANG UNIVERSITY PRESS
哈尔滨

图书在版编目（CIP）数据

园艺植物质量性状与数量性状的研究 / 杨晓旭，刘
畅著 . -- 哈尔滨：黑龙江大学出版社，2020.6
ISBN 978-7-5686-0478-9

Ⅰ . ①园… Ⅱ . ①杨… ②刘… Ⅲ . ①园艺作物－生
物学性状－研究 Ⅳ . ① S601

中国版本图书馆 CIP 数据核字（2020）第 036308 号

园艺植物质量性状与数量性状的研究
YUANYI ZHIWU ZHILIANG XINGZHUANG YU SHULIANG XINGZHUANG DE YANJIU
杨晓旭　刘　畅　著

责任编辑	李　卉	
出版发行	黑龙江大学出版社	
地　　址	哈尔滨市南岗区学府三道街 36 号	
印　　刷	哈尔滨市石桥印务有限公司	
开　　本	720 毫米 ×1000 毫米　1/16	
印　　张	20.5	
字　　数	315 千	
版　　次	2020 年 6 月第 1 版	
印　　次	2020 年 6 月第 1 次印刷	
书　　号	ISBN 978-7-5686-0478-9	
定　　价	63.00 元	

前　　言

　　植物性状主要包括质量性状和数量性状。在遗传学中,性状是生物体所表现的形态结构、生理生化特征和行为方式等的统称。但是质量性状和数量性状的研究思路有较大的差异。数量性状常常借助于 RIL 群体、自然群体来开展研究;而质量性状多采用构建突变体库来发掘突变材料,或是采用低世代的杂交群体开展研究。数量性状由多基因控制,质量性状由单基因或几个基因控制,这就决定了数量性状在分析研究的过程中更为复杂,受外界影响也更大,同时也就造就了两种截然不同的研究思路。近些年组学的发展大大加快了植物性状研究的发展速度。本书以菜豆、白菜、葡萄为例,阐释近年来基于分子生物学的质量性状与数量性状的研究思路,为进一步开展植物性状研究提供参考。

　　本书前半部分为杨晓旭所著,正文 1～160 页,共计 15.4 万字;后半部分为刘畅所著,正文 161～320 页,共计 15.4 万字。

目　录

第一部分　园艺植物质量性状的研究

第二部分　园艺植物数量性状的研究

第一部分

园艺植物质量性状的研究

第一章　园艺植物中质量性状的研究现状

1.1　植物花青素生物合成与转录的研究进展

　　植物界存在丰富多彩的颜色,这些颜色的存在是由于植物组织内含有多种多样的植物色素,包括叶绿素、类胡萝卜素、光敏色素、黄酮类化合物(类黄酮)和一些藻类中含有的藻色素。这些色素都属于次生代谢物,与其他次生代谢物一样,在植物的基本生命活动中不起作用,但在植物的信号传递和应激反应过程中发挥着重要的作用。黄酮类化合物广泛存在于高等植物的液泡中,是水溶性酚类化合物,在植物的信号传递和逆境抵抗方面发挥着重要的作用。黄酮类化合物包括黄酮醇、花青素等,其中花青素的种类和含量变化是造成不同植物中果实、花和营养组织颜色变化的最主要因素。花青素也是植物抵抗低温、干旱、强光和紫外线等生物和非生物胁迫的主要生物活性物质。花青素赋予植物花和种子鲜艳的颜色,有助于植物利用动物完成授粉和种子传播;在营养组织中,花青素可以为光合细胞提供光吸收屏障,并能在其受到光胁迫时清除活性氧;对于农作物而言,花青素在果实、种子和营养组织中的积累,有助于提升其市场品质。此外,花青素对于人体的营养健康和疾病防御也有着重要的作用。

　　花青素来源于黄酮类化合物生物合成途径,该途径目前已经在一些模式植物(如矮牵牛、金鱼草、拟南芥和玉米)中有了深入的研究,如图 1-1-1 所示。黄酮类化合物合成的第一步是由聚酮合酶(PKS)的家族成员查耳酮合酶(CS)进行催化,这是所有黄酮类化合物合成的必要步骤。CS 通常会与查耳酮异构酶(CHI)和黄烷酮-3-羟化酶(F3H)以及黄酮醇合酶(FLS)协同调控,这是黄酮醇合成的关键分支步骤。黄酮醇具有紫外线防护作用,可以形成昆虫可见的花蜜导管,并且可以作为花青素的共色素。二氢黄酮醇-4-还原酶(DFR)能够催化无色花青素的合成,是花青素生物合成的关键调节步骤。随后在花青素合酶(ANS)的作用下产生生色团和有色花青素,糖基化形成花青素。

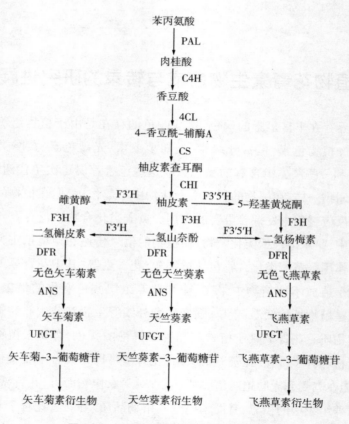

图1-1-1 花青素生物合成途径示意图

花青素生物合成和调节机制在拟南芥、矮牵牛和葡萄等模式植物中已有广泛的研究基础,并且已知涉及两组基因,即结构基因和调节基因。结构基因编码直接参与花青素生物合成有关的酶,包括苯丙氨酸解氨酶、4-香豆酰－辅酶A连接酶(4CL)、CS、CHI、F3H、类黄酮－3′羟化酶(F3′H)、类黄酮－3′5′－羟化酶(F3′5′H)、DFR和ANS。其中F3′H和F3′5′H是合成不同无色花青素的重要酶,并且它们都属于细胞色素P450家族。F3′H属于细胞色素P450依赖性单加氧酶超家族的CYP75B亚家族,可以将二氢黄烷醇(DHK)转化为无色矢车菊素花色素。F3′5′H属于细胞色素P450家族的亚家族CYP75A,可以将DHK和二氢槲皮素(DHQ)转换为二氢杨梅素(DHM),它是飞燕草素的前体。F3′H负责催化合成矢车菊素这一分支的花青素,而F3′5′H负责催化合成飞燕草素这一分支的花青素。在植物体内,F3′5′H与F3′H的比例可以调控植物的颜色,F3′5′H/F3′H的值越高,植物体表现出的颜色越紫。例如,玫瑰中紫色和蓝色品种比较稀缺,这是因为普通玫瑰花瓣中不含F3′5′H,缺乏以飞燕草素为基础的花青素。而在玫瑰中过表达F3′5′H基因和DFR基因,花瓣中会积累飞燕草色素苷,因而表现为蓝色。

花色苷生物合成的转录调控受几类转录因子的影响,包括MYB转录因子、碱性螺旋－环－螺旋(bHLH)转录因子和WD－重复(WDR)转录因子。这些转录因子形成转录调控蛋白复合物(MBW复合物),促进结构基因的表达。除了激活花色苷生物合成的酶外,还有两个不同的MYB转录因子R3－MYB和R2R3－MYB负向调控花青素的合成,它们分别含有一个或两个MYB结构域的重复序列。许多植物物种的研究表明,整体花青素积累由转录因子R2R3－MYB调控,如拟南芥中的PAP1(AtMYB75)、苹果中的MYB1和MYB10、矮牵牛中的AN2、葡萄中的VvMYB1A和草莓中的FaMYB10。这些MYB转录因子通常与bHLH转录因子结合形成MBW复合物,参与诱导花色苷。

菜豆(*Phaseolus vulgaris* L.)为豆科菜豆属,是以嫩荚为食用器官的果菜类蔬菜。其味道鲜美,营养丰富,是一种重要的蔬菜作物,各地均有栽培,在我国主要分布于黑龙江、内蒙古、山西、陕西、四川、贵州、云南等地区。随着生活水平不断改善,人们对餐桌上食用的蔬菜不论是品质还是外观都提出了更高的要求,这使豆荚颜色成为菜豆的重要商品性状之一。育种者们培育出了荚色各异的菜豆品种,这些品种中一些带有紫晕或紫色条纹的豆荚显得更具有吸引力。本书以菜豆紫化突变体pv－pur为试验材料,对其进行遗传规律鉴定,结合转录组、代谢组和 BSA 的方法筛选预测紫化突变基因,为今后探明突变基因调控菜豆花青素生物合成的分子机制以及指导菜豆育种改良奠定基础。

1.2　植物雄性不育的研究进展

目前,生产中使用的大白菜品种大多是杂交种,杂交种不仅具有杂种优势,还有利于保护育种者的权益。利用雄性不育系配制杂交种,是大白菜比较理想的杂交制种途径。植物雄性不育现象最早是在亚麻中发现的,随后人们陆续在不同作物中发现和创制了雄性不育材料。据 Kaul 统计,可遗传的雄性不育发生在 43 科、162 个属、320 个物种的 617 个品种中。其中细胞核雄性不育(GMS)发生在 216 个物种和 17 个杂交种中,细胞质雄性不育(CMS)发生在 16 个物种和 271 个杂交种中。随着时间的推移,越来越多的雄性不育材料被人们发现和利用。

1.2.1　植物雄性不育的遗传

植物雄性不育可以分为遗传的性雄不育和不遗传的雄性不育两类。不遗传的雄性不育是指单倍体、三倍体等染色体组不能达到平衡或是非整倍体导致的雄性不育。这种雄性不育类型不仅雄蕊不能产生花粉,而且雌蕊往往也是不育的,所以不能遗传。遗传的雄性不育又可以分为细胞质雄性不育和细胞核雄性不育。细胞核雄性不育是完全基于核基因发生的突变;细胞质雄性不育是母系遗传,多数是通过线粒体基因表达影响核基因变化。细胞质雄性不育可以受到核育性恢复基因的影响而恢复育性。目前应用的细胞质雄性不育不育源主要有 Ogura CMS、Polima CMS 等,细胞质雄性不育已在玉米、水稻、高粱、油菜等作物杂种优势利用上得到了应用。细胞质雄性不育目前存在两个问题,一个是对于以种子和果实为产品器官的作物来说,父本中需要有效的恢复基因以保证其在商业生产领域的完整生育能力;另一个是失去生育能力的细胞质对杂种农艺性状可能存在负面影响。

细胞质雄性不育在植物界中普遍存在。根据基因的显隐性,细胞质雄性不育可以分为隐性核不育(RGMS)与显性核不育(DGMS)。据 Kaul 的统计,RGMS 所占的比例要远远超过 DGMS,大约占 88%。RGMS 又分为单基因隐性核不育与双基因隐性核不育,由单基因控制的 RGMS 基因型为 $msms$,它与纯合可育株杂交得到 F_1 代后,由 F_1 代中可育株($Msms$)与不育株杂交其后代育性分离比为 $1:1$,F_1 代通常称作甲型两用系,如图 $1-1-2$ 所示。甘蓝的雄性不育材料"83121ms"及大白菜的雄性不育材料"小青口""二青帮"等都是单基因隐性核不育材料,但是由于其不能找到完全的保持系,因此未被广泛应用。而由双基因控制的隐性核不育基因型为 $ms_1ms_2ms_1ms_2$,两对基因独立遗传,当两对基因都为纯合隐性时,植株表现为不育。这类不育材料有甘蓝型油菜"117AB"、绵油 11 号等。这类不育材料的优点在于不育彻底并且恢复基因广泛,但与单基因隐性不育类型相同,很难找到完全的保持系,因此不能在生产实践中推广。

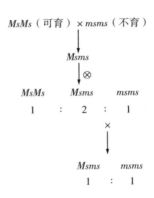

$MsMs$(可育)$\times msms$(不育)

$\downarrow$

$Msms$

$\otimes$

$MsMs$　　$Msms$　　$msms$

1　　:　　2　　:　　1

$\times$

$\downarrow$

$Msms$　　$msms$

1　　:　　1

图 $1-1-2$ 甲型"两用系"

　　DGMS 与 RGMS 相比所占比例很小,但也在不少于 20 个属 22 个种中被发现。由单基因控制的 DGMS 最早是在大白菜中发现的,其不育株基因型为 $Msms$ 和 $MsMs$,利用这种不育类型配制杂交组合的好处在于不育彻底、稳定,并且几乎所有的可育品种都可以作为它的保持系。其缺点是恢复基因在实践中很难找到,并且由于原始不育株的基因型一般为杂合,在与可育品种进行杂交时,F_1 代就会出现育性分离,并且后代始终会保持可育株与不育株 $1:1$ 分离,F_1 代习惯上称作乙型两用系,如图 $1-1-3$ 所示。

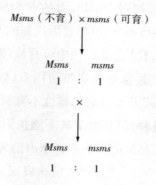

Msms（不育）× msms（可育）

Msms　　msms
1　：　1

×

Msms　　msms
1　：　1

图 1 – 1 – 3　乙型两用系

　　因此在配制不育系时就需要人工去除其后代中 50% 的可育株,在生产实践中由于耗时耗力它的推广受到了限制。直到 20 世纪 80 ~ 90 年代,人们才在芸薹属作物中选育出具有 100% 不育株率的雄性不育系,而这个时期也是发现核不育材料最多的时期。李树林、方智远、冯辉等人相继在不同作物中发现了具有 100% 不育株率的核雄性不育系。然而这种雄性不育现象不能由上述雄性不育遗传理论进行解释,因此学者们又相继提出了各种遗传假说,如"显性上位遗传假说""显性抑制遗传假说"以及"复等位基因遗传假说"。每个假说都有学者通过实践加以证实,例如甘蓝型油菜的"23A"的育成验证了"显性上位遗传假说";利用"万泉青帮"系统的"88 – 1A"不育系成功转成了新的雄性不育系,验证了"显性抑制遗传假说"。更多的学者致力于研究"复等位基因遗传假说"。复等位基因遗传现象最早是在谷子中发现的,研究表明这一理论也可以很好地解释大白菜核雄性不育遗传现象,进而冯辉等人提出了大白菜核雄性不育的"复等位基因遗传假说"。按照该假说,不育性状是由同一位点的 3 个不同基因控制的,分别是"Ms""ms""Ms^f",它们的显隐性关系为 $Ms^f > Ms > ms$,其中"Ms"为不育基因,"Ms^f"为其等位恢复基因,遗传模式如图 1 – 1 – 4 所示。利用该假说,人们将复等位遗传的雄性不育基因定向转入不同的白菜类蔬菜作物中,获得了雄性不育材料。例如,冯辉等人首先将大白菜雄性不育复等位基因转入其近源种小白菜中,获得了具有 100% 不育株率的小白菜雄性不育系;王秋实将该不育源转入了白菜苔和乌塌菜中,创制了这两个品种的雄性不育系;谭翀将甲型两用系"AB12"中的不育源引入"06048"中,获得了具有 100% 不育株率的雄性不育系;等等。

图 1 - 1 - 4　大白菜核雄性不育"复等位基因遗传假说"遗传模式图

1.2.2　植物雄性不育的生理生化研究

1.2.2.1　植物激素与雄性不育

植物激素是植物自身细胞产生的能够调节植物自身生理生化反应的微量活性物质。它在植物生长发育中起到重要作用,很多发育过程如生长、代谢、抗虫、抗病等等,都受到植物激素的调控。大量的研究表明,植物激素的变化与植物雄性不育有着密切的关系,如表 1 - 1 - 1 所示。

植物激素含量在可育和不育植物中存在着一定的差异,这表明植物激素与其雄性不育的发生存在着一定的关系。但是对于同一种激素来说,在一些植物中是浓度升高导致雄性不育,而在另一些植物中是浓度降低导致雄性不育,有些激素即使是在同一种植物的不同品种间,由于不育源不同其含量也不同,并且这些激素相互之间也存在着影响。到目前为止并没有确切的研究表明,在植物雄性不育的发生过程中植物激素到底是如何产生作用并最终导致雄性不育的。

表 1 - 1 - 1　植物五大类激素与雄性不育的关系

激素	与雄性不育的关系	代表作物
生长素 （IAA）	IAA 缺损导致小孢子 发育异常和败育	小麦、水稻、质不育玉米、 辣椒、芝麻、洋葱
	IAA 含量增加导致不育	黄瓜、番茄、核不育油菜 和胞质不育油菜等
赤霉素 （GA）	GA 缺损导致雄性不育	拟南芥、光敏核不育水稻、 核不育水稻、大麦、番茄
	GA 含量增加与雄性不育相关	玉米、细胞质雄性辣椒
脱落酸 （ABA）	ABA 含量高使花粉育性 下降甚至败育	油菜、小麦、辣椒
乙烯	不育系乙烯释放量高于可育系	光敏核不育水稻、 质不育水稻、小麦
细胞 分裂素	不同种类的细胞分裂素性质不同， 在雄性不育的发生中 所起的作用也不相同	—

1.2.2.2　物质代谢与雄性不育

在正常的小孢子发生、发育过程中需要累积大量营养物质，包括淀粉、糖类、蛋白质、氨基酸等等。在植物发生雄蕊败育的过程中，整个代谢系统的紊乱必定会导致这些物质含量发生剧烈的变化。

淀粉作为能量的主要来源和造壁物质，在小孢子的发育过程中起着重要作用。研究表明，在正常发育的过程中，花粉中淀粉含量是增加的，然而在不育的花粉中淀粉含量是减少的，如棉花、玉米、水稻、小麦。究其原因，有 3 种推测，第一种是淀粉在不育花药中分解得太快，第二种是淀粉向花药运输的过程受到了阻碍，第三种是淀粉在不育花药中不能正常合成。

花药中的糖类在小孢子的发育过程中也起着极为重要的作用。随着花粉的败育，花药中糖含量也必然发生改变。宋喜悦和李巍等人分别对小麦温敏雄性不育系在育性转换时期的生理、生化指标进行测定，研究结果均显示,不育条件下幼穗中可溶性糖的含量比其在可育条件下低,并且差异显著。但是这种变化在不同作物不同品种间是不同的。例如,在对大白菜雄性不育两用系可育株与不育株花蕾的糖含量进行测定时,其总糖含量没有明显差异,只是随着花发育,花蕾中的糖含量会发生明显改变。这可能是研究的雄性不育材料具有不同的发生机制所导致的。

随着功能基因组学研究的深入,作为基因功能最直接体现的蛋白质成为人们研究的热点。植物体内的各种酶分子、酶原以及代谢调节物质都属于蛋白质,在小孢子的发生发育过程中,这些物质的变化必然会引起代谢的紊乱,从而导致花粉败育。刘金兵等人对甜椒不育系与保持系的叶片和花蕾中的可溶性蛋白质含量进行测定,从花芽分化一直到盛花期的花蕾,不育系的可溶性蛋白质含量均明显比保持系低。

游离氨基酸是植物花药中蛋白质的主要成分。正常的花粉具有一个重要特征,就是富含脯氨酸,它可以与碳水化合物相互作用,提供营养物质,促进花粉管的发育和伸长。人们在对小麦、辣椒、烟草的研究中发现,不育株花蕾中的游离脯氨酸明显比可育花蕾中的低,而天冬门氨酸在不育花蕾中过量累积。有些学者认为,这些游离氨基酸含量的变化可能是花粉败育的结果,而不是花粉败育的原因。

1.2.2.3　能量代谢与植物雄性不育

能量代谢主要是指呼吸作用,它是植物生命活动中的一个重要的现象,它能够为生命活动提供腺苷三磷酸(ATP),还可以为其他代谢过程提供中间产物。对辣椒、萝卜、水稻等作物不育系与保持系之间的呼吸速率进行比较分析,不育株花药的呼吸速率低于可育株花药,并且在花蕾发育过程中不育株的呼吸速率逐渐下降而可育株的呼吸速率不断上升,表明雄性不育株的花药在某些呼吸作用的步骤中出现了问题。

植物有多种呼吸作用途径,其中主要包括:磷酸戊糖途径、糖酵解、三羧酸循环。这些呼吸途径中的相关酶活性在不育株花蕾中普遍低于可育株,如琥珀酸脱氢酶(SDH)、苹果酸脱氢酶(MDH)、异柠檬酸脱氢酶(IDH)等。张明永等人在对水稻和高粱等作物雄性不育株花药进行酶活性测定时发现,SDH、MDH、IDH 的酶活性均低于可育株。对水稻、棉花、大葱等不育系花药的研究中发现,不育株花药的细胞色素氧化酶(COD)含量低于可育株。ATPase 是一种在植物体内广泛存在的、用于催化 ATP 进行水解释放能量的酶,而能量又是与花粉发育密切相关的,因此很多学者致力于研究 ATPase 活性与雄性不育的关系。这方面的研究最早在水稻中有相关报道,邓继新等人发现水稻的光敏核不育材料中不育株与可育株花药中 ATP 的含量有明显差异,前者明显比后者低。之后对烟草、甘蓝、油菜、大葱等作物的报道也显示,它们雄性不育株花蕾中 ATP 含量显著低于其可育株花蕾,这是因为不育株中 ATPase 比可育株中低。

1.3 植物雄性不育的细胞学研究

研究植物雄性不育的发生机理首先是要确定花粉的败育时期。由于花粉的发育是一个多步骤并且十分复杂的过程,因此花粉败育发生的形式和时期也是多种多样的。有学者认为,被子植物中单子叶植物花粉败育多发生于二胞花粉期,也就是小孢子时期;双子叶植物则多数在四分体或者是小孢子发育的早期发生花粉败育。但上述规律只能包含一部分作物,不同作物或是相同作物不同类型的雄性不育材料的花粉败育发生时期和细胞学特点也都不尽相同。表 1-1-2 中列举了一些拟南芥雄性不育突变体在花粉败育发生时期的细胞学特点。

表 1 - 1 - 2　几种拟南芥雄性不育突变体在花粉败育发生时期的细胞学特点

突变体	细胞学特点
$ms3,ms4,ms5,ms15$	减数分裂时期或减数分裂前期发生异常
$ms1,ms7,ms8,apt1$	小孢子在从四分体中释放出来后发生变异
$ms2,ms157$	绒毡层液泡化
$ms9$	小孢子刚释放时没有外壁且形状异常
$ms10,ms13$	产生无活力花粉
$ms1142$	单核小孢子时期发生空泡化
$ms1502$	绒毡层过早衰亡
msH	花药不能正常开裂
msW,msY	花粉母细胞异常,胼胝体不能形成
msK	花粉母细胞异常,胼胝质异常消失
$M6492$	四分体时期发生异常
$M7953,M7219$	在减数分裂前小孢子母细胞停止发育
spl	小孢子母细胞极度液泡化,不能形成绒毡层和药室内壁
$EC2 - 157$	不能形成花粉粒

　　对大白菜雄性不育两用系小孢子发生的细胞形态学观察表明,大白菜雄性不育株小孢子的败育一般都发生在四分体时期,绒毡层发育异常不能形成正常的花粉粒而导致败育。绒毡层在小孢子发育过程中起到供给营养的作用,它的发育异常通常被认为是导致花粉败育的直接或间接原因。Vasil 等人在花发育的综述中指出,由于光、热、干旱、碳水化合物和矿物质不足等因素引起的绒毡层行为异常总是伴随着花粉败育。绒毡层细胞的降解产物,特别是脱氧核糖苷,是小孢子母细胞和小孢子中 DNA 合成的主要来源。在对雄性不育植株的花药进行组织细胞学观察时,人们常常可以发现绒毡层发育的异常。绒毡层细胞膨大或是提前解体等均会使小孢子发育异常。孟金陵等人统计,雄性不育花药中绒毡层行为异常或是持续不解体的占 67%。

1.4 植物雄性不育相关基因及 miRNA 研究

1.4.1 花粉和花药发育相关基因

目前以模式植物拟南芥和水稻为主,对植物花粉、花药发育相关基因的研究已经有众多进展。以拟南芥花粉为试验材料进行转录组分析,在发育过程的雄配子中有 13977 个基因表达,在花药和雄配子中大约有 15000 个基因表达。这清楚地说明了在花药和花粉的发育过程中基因表达的多样性。

随着大量的花药和花粉发育相关基因被鉴定,针对它们表达数据的比较分析人们构建了一个假定的拟南芥花粉发育调控网络。花粉发育起始的一个关键步骤是通过转录因子 AGAMOUS MADS box 诱发转录因子 NOZZ-LE/SPOROCYTELESS(NZZ/SPL)。NZZ/SPL 是雄蕊中小孢子发育起始所必需的,在其突变体中花粉母细胞(PMC)和周围的细胞层不能形成。花药孢原细胞的数量是受富亮氨酸重复类受体蛋白激酶 EXTRA SPOROGENOUS CELLS/EXCESS MICROSPOROCYTES1(EXS/EMS1)调控的。*exs/ems*1 突变体中会产生额外的减数分裂细胞,并且绒毡层和细胞中间层会缺失。这一现象也出现在 tpd1 突变体中。*TPD*1 编码一个小的分泌蛋白,主要在小孢子母细胞中表达,与 EXS/EMS1 协同作用。但是在 exs/ems1 和 tpd1 突变体中虽然绒毡层与细胞中间层缺失,但造孢细胞能够形成并进行减数分裂,只是胞质分裂失败随后减数分裂细胞降解,这说明绒毡层在减数分裂中起着至关重要的作用。目前鉴定到许多在绒毡层形成后产生作用的拟南芥基因,它们是绒毡层行使功能和花粉产生所必需的,包括:DYT1、ABORTED MIC-ROSPORE(AMS)及 MALE STERILITY 1(MS1)等。在 DYT1 突变体中,绒毡层发生高度液泡化,PMC 开始减数分裂,但胼胝质壁很薄并且很少发生胞质分裂。在 DYT1 突变体中 AMS 或 MS1 也未见表达,但是其他两个与绒毡层发育相关的基因 MYB33 和 MYB35 的表达没有受到影响。在 *myb*33*myb*65 双突变体中,PMC 阶段的绒毡层变得肥厚从而导致花粉在减数分裂前败育。AMS 是一个 bHLH 蛋白,在绒毡层中长期表达,其突变体减数分裂正常但是随后绒毡层和小孢子发生退化。之后的研究表明,拟南芥 SET 结构域

ASHR3 能够与 AMS 相互作用,其过表达会导致雄性不育。这说明 ASHR3 可能服务于目标基因 *AMS* 从而调控雄蕊的发育。*ms*1 编码一个植物同源结构域(PHD)转录因子,其突变体表现为不能产生花粉和绒毡层在分泌及细胞程序性死亡(PCD)上的变化。*ms*1 下游还有大量的基因参与绒毡层 PCD 以及花粉壁的形成,如 *flp*2、*ms*2、*nef*1、*tde*1 等,在这里就不一一阐述了。

1.4.2　芸薹属蔬菜作物花药发育相关基因

迄今为止学者们在对十字花科芸薹属蔬菜作物雄性不育相关基因的研究上取得了一定进展。2004 年方智远等人在早熟的甘蓝群体中鉴定出了一个由显性核不育基因 *CDMs*399 − 3 调控的雄性不育突变体,随后对其进行了定位及克隆。曹家树团队也先后获得了一系列的花粉发育相关基因,以大白菜雄性不育两用系"Bajh97 − 01A/B"花蕾为试材,通过全基因组的转录组测序、cDNA − AFLP 和拟南芥 *ATH*1 基因微阵列的分析分离了 72 个差异表达基因(DEG)。这些差异表达基因大多数参与花粉壁的代谢,其中 5 个是多聚半乳糖醛酸酶(PG)基因,通过 cDNA 末端快速扩增克隆其中 4 个基因,分别是 *BcMF*2、*BcMF*6、*BcMF*9 和 *BcMF*16;两个经典的阿拉伯半乳糖蛋白(AGP)基因,分别是与花粉内壁的发育和花粉管伸长相关的 *BcMF*8 和 *BcMF*18;两个果胶甲酯酶(PEM)基因 *BcMF*23*a* 和 *BcMF*23*b*,它们在维持花粉壁和花粉管基本结构上发挥着重要作用。

1.4.3　花粉发育相关 miRNA

miRNA(microRNA)是新发现的一类内源性非编码的 small RNA 分子,它在转录后水平上通过降解靶基因或者抑制基因翻译来负调控功能基因的表达,目前对 miRNA 的研究已经成为热点。之前许多研究表明,miRNA 在调节植物发育过程中起到重要作用,其中包括侧根发育、叶片发育、开花时间等。现已知 miRNA 在多种植物发育过程中发挥作用,但是在花粉中被报道的 miRNA 还比较少。Chambers 等人使用芯片技术发现了 26 个 miRNA 在成熟拟南芥花粉和花序间具有明显表达差异。Grant − Downton 等人利用 454 测序技术在拟南芥成熟花粉中鉴定到 33 个不同的 miRNA 家族,并且相对于叶片,它们大部分在花粉中表达量高。研究人员利用基因芯片技术在水稻中鉴定了 292 个已知 miRNA 和 75 个新 miRNA,其中 103 个已知 miRNA 是在花粉发育过程中富集到的,一半以上的新 miRNA 在花粉中或特异性阶段表达。曹家树等人以白菜可育株与不育株花蕾为试材进行 miRNA 的研究,利用基因芯片技术发现了 44 个差异表达的 miRNA,又通过 Illumina Solexa 测序技术鉴定了 18 个差异表达的 miRNA。以上这些研究都表明了花粉或花序中有 miRNA 的存在,但是 miRNA 是否参与花粉发育过程以及它们相应的功能还有待研究。

miRNA 是通过调控对应的靶基因产生作用的,通过鉴定其对应的靶基因可以预测 miRNA 的功能,如表 1 - 1 - 3 所示。Grant - Downton 等人通过转录组分析表明,一些 miRNA 的靶基因的表达产物在雄配子体发育过程中表达发生变化,例如 SPL(miR156,miR157)、MYB/TCP(miR159,miR319)、ARF(miR160,miR167)、AP2(miR172)和 GRF(miR396),这些 miRNA 是在花粉发育后期调控转录因子表达的。拟南芥 miR156 调控的转录因子包括 10 个 SPL 转录因子家族成员(SPL2、SPL3、SPL4、SPL5、SPL6、SPL9、SPL10、SPL11、SPL13、SPL15),这类转录因子与营养生长阶段叶片大小和数量变化、开花以及植物中大小孢子的发生相关。拟南芥 miR156 过表达植株叶片数量增多,开花时间延迟,植株育性下降,而拟南芥 miR156 抑制表达植株花期不变,叶片的数量减少。miR159 和 miR319 的靶基因是 MYB/TCP 转录因子相关基因,MYB 转录因子在绒毡层正常代谢和花粉发育中起重要作用,有学者研究发现 miR159/miR319 过表达将导致 MYB 转录因子异常表达,影响开花和雄蕊育性。在拟南芥 miR167 过表达植株中,其靶基因 *ARF*6、*ARF*8 的转录水平降低,并且其转基因植株表型为雄性不育。*AP*2 是花发育 ABC 模型中的重要基因,*AP*2 是 miR172 的靶基因,在拟南芥中过表达 miR172 会对花器官发育造成影响,导致花期提前,花器官发育畸形。目前人们已经发现了众多在植物花粉中特异性表达的基因,并初步研究了它们的功能,但是与众多花粉特异性表达基因相比,现在被鉴定和克隆到的 miRNA 的数目还非常有限。

表 1 - 1 - 3　花粉发育相关 miRNA 及其对应靶基因

miRNA 类型	靶基因
miR156	SPL(SQUAMOSA promoter binding protein - like)
miR157	SPL
miR159	MYB/TCP
miR160	ARF
miR164	NAC domain containing proteinsCUC2(Cup - Shaped Cotyledon 2)
miR166	HD - Zip transcription factors
miR167	ARF6/ARF8
miR168	AGO1(ARGONAUTE 1)
miR169	nitrate transporter, nitrogen starvation NFYA
miR170	Scarecrow - like transcription factor
miR171	Scarecrow - like transcription factor
miR172	AP2(APETALA2 - like transcription factors)
miR319	MYB/TCP transcription factors
miR395	SULTR2, APS
miR396	GRF(Growth Regulating Factor)
miR398	CSD(Copper superoxide dismutase)
miR399	PHO2(Phosphate overaccumulator 2)
miR402	AGO2(ARGONAUTE 2)
miR403	AGO2
miR408	LAC, plantacyanin
miR778	histone methyltransferase transcripts SUVH5 and SUVH6

1.5 DNA 测序技术在植物雄性不育研究中的应用

DNA 测序技术在推动分子生物学研究进展上起着举足轻重的作用。早在 20 世纪 70 年代,由于分子克隆技术的进步,开始出现了简单的 DNA 测序技术,而在过去的几十年中测序技术发生了巨大的变革,这种测序技术的发展给我们提供了更多便捷、高通量、低成本的测序平台。最早的 tRNA 测序技术是由 Robert Holley 实验组在 20 世纪 60 年代研究建立的。之后 Sanger 等人发明了加减法和双脱氧链终止法,Maxam 和 Gilbert 发明了化学降解法。其中双脱氧链终止法又称为 Sanger 法,到目前为止仍是基因序列分析中不可缺少的方法。

植物雄性不育的发生是一个非常复杂的过程,它涉及一系列复杂的调控网络中的众多基因表达以及一系列相关事件的发生。在花发育相关组织分化过程中,基因表达的变化很可能会使植物能量代谢和激素水平发生变化最终导致雄性不育。因此常规的针对个别基因的研究手段在大量雄性不育相关基因的研究上显得不太适用,最初人们使用基因芯片,但它只能检测到目前已知的特征序列,随着测序技术的不断发展与广泛应用,高通量测序技术已经应用在 20 多种植物的雄性不育研究中,并获得了大量的差异表达基因,如表 1 - 1 - 4 和表 1 - 1 - 5 所示。我们认为这些差异表达基因很可能参与了花粉、花药等发育的重要过程,在植物育性调控中很可能起到了重要作用,对这些基因的挖掘有助于我们对植物雄性不育机制的研究。

表1-1-4 部分植物差异表达基因高通量测序结果

作物	雄性不育类型	选取组织部位	差异表达基因数量
辣椒	CMS	花蕾	11387
	GMS	花蕾	668
甘蓝型油菜	pol CMS	花蕾	1148
	GMS	花蕾	3199
大豆	CMS	花蕾	365
小麦	化学剂诱导	花药	1088
棉花	CMS	造孢细胞和小孢子 时期的花蕾	709
	GMS	花药	2446
萝卜	CMS	花蕾	3199
拟南芥	GMS	花药	1114

表1-1-5 部分植物差异表达miRNA高通量测序结果

作物	雄性不育类型	选取组织部位	差异表达miRNA数量
小麦	TGMS	小穗	3个已知miRNA
棉花	GMS	花药	6个已知miRNA
玉米	CMS	小孢子时期花粉	9个已知miRNA
芥菜	CMS	花蕾	47个已知miRNA
不结球白菜	GMS	花蕾	18个已知miRNA
水稻	CMS	单核期花药	24个已知miRNA
大白菜	CMS	花蕾	11个已知miRNA 76个新miRNA
番茄	PGMS	花蕾	10个已知miRNA 2个新miRNA

　　大白菜作为我国栽培面积最大的蔬菜作物,一直是众多学者研究的对象。雄性不育是大白菜杂交育种中非常重要的性状,对于雄性不育的研究也一直是热点。目前,在芸薹属雄性不育蔬菜作物中已经分离克隆了许多雄性不育相关基因,但大多集中于对拟南芥的研究,相对于拟南芥来说,大

白菜雄性不育相关分子机制的研究还十分有限。本书在课题组前期对大白菜核雄性不育复等位基因的定位基础上,在以雄性不育两用系不育株(Ms-Ms)构建的 BAC 文库中找到了位于定位区间内的 2 个 BAC 克隆,将其测序并与已公布的大白菜 Chiffu 序列以及在 $Ms^f Ms^f$ 基因型材料中克隆的序列进行比对,发现存在差异的基因。这些基因可以作为不育基因研究的重点关注对象。以大白菜核基因复等位遗传的雄性不育两用系可育株与不育株花蕾为试材进行高通量测序,可以发现可育株与不育株花蕾中差异表达的基因,这些数据将为大白菜雄性不育相关基因的研究提供基础,有助于揭示大白菜雄性不育的分子机理。

第二章　菜豆紫化突变体
相关基因的挖掘

2.1　材料与方法

2.1.1　试验材料

本研究以菜豆 A18 – 1 及其紫化突变体 pv – pur 为植物材料,突变体 pv – pur是由本课题组以菜豆 A18 – 1 为试验材料,经过 ^{60}Co – γ 射线辐射处理产生的,自交多代后表现稳定,六世代杂交结果验证该突变性状为单显性核基因遗传。

将 A18 – 1 和 pv – pur 的种子播种于基地冷棚,幼苗期取胚轴部分用锡箔纸包好,液氮速冻后保存于 – 80 ℃冰箱中,用于代谢组和转录组测序。等到植株结荚后,分别取植株的胚轴、茎、叶片、花、荚,液氮速冻后保存于 – 80 ℃冰箱中,用于 RNA 提取及花青素含量测定。

2.1.2　试验方法

2.1.2.1　遗传规律分析

2018 年 10 月,将紫化突变体 pv – pur 与野生型 A18 – 1 播种于海南省南繁基地,进行正反交,于 2019 年 1 月收获种子。2019 年 2 月,将之前收获的种子播种于黑龙江大学呼兰校区实验示范基地(呼兰基地)温室中,分别与父母本回交,获得 BCF_1 代,同时自交获得 F_2 代。2019 年 6 月,将 F2 代播种于呼兰基地冷棚。分别调查 F_1、BC_1 和 F_2 代植株表型,采用 χ^2 检测其分离比。

2.1.2.2　总花青素含量测定

(1)称取 0.5 g 样品放入预冷的研钵中,同时加入 5 mL 提取液(80% 甲醇 +5% 盐酸 + 15% 超纯水),研磨成匀浆,将液体全部转入 10 mL 离心管中。

(2)将离心管用锡箔纸包好做避光处理,放入 4 ℃ 冰箱中冷藏 12 h。

(3)常温 8000 r/min 离心 15 min,离心后取上清液。

(4)用紫外分光光度计测定其在 637 nm 和 530 nm 处的吸光值,总花青素含量 = (OD_{530} − 0.15 × OD_{637})/0.5。

2.1.2.3　6 种花青素含量测定

本书利用高效液相色谱法测定飞燕草素、矢车菊素、矮牵牛素、天竺葵素、芍药素和锦葵素共 6 种花青素的含量。

试剂:无水乙醇(色谱纯)、甲酸(色谱纯)、甲醇(色谱纯)、盐酸(分析纯)、飞燕草素标准品、矢车菊素标准品、矮牵牛素标准品、天竺葵素标准品、芍药素标准品、锦葵素标准品。

仪器:高效液相色谱仪、天平、水浴锅、超声波清洗仪等。

试验步骤:

(1)制备单标储备液

分别称取 5 mg 的飞燕草素标准品、矢车菊素标准品、矮牵牛素标准品、天竺葵素标准品、芍药素标准品、锦葵素标准品,用 10% 盐酸甲醇溶液(盐酸:甲醇 = 1:9,体积比)溶解并定容至 10 mL,这时所制备的单标储备液浓度为 500 mg/L,于 − 20 ℃ 冰箱储存。

(2)混标使用液配制

将之前配制的单标储备液各取 200 μL 混合,用2800 μL 10% 的盐酸甲醇溶液定容至 4 mL,这时的混合标准液浓度为 25 mg/L。再用 10% 盐酸甲醇溶液稀释成不同浓度梯度(0.1 mg/L、1 mg/L、5 mg/L、10 mg/L、15 mg/L、

20 mg/L、25 mg/L)的混标使用液,用1.5 mL 棕色离心管分装,储存于4 ℃冰箱。

(3)样品制备

(称取0.5 g 新鲜样品放置于预冷的研钵中,加入5 mL 提取液(无水乙醇: 水: 盐酸 = 2: 1: 1,体积比)研磨至匀浆,室温超声提取 30 min。将经过 30 min 超声提取的样品放入沸水浴中水解 1 h,取出后室温冷却,然后补充提取液至 5 mL。8000 r/min 离心 10 min,吸取上清液 1.5 mL,用0.45 μm水相滤膜过滤至棕色离心管中,过滤液可放在 4 ℃ 冰箱保存 3 天。

(4)测定

A. 色谱条件

a. 色谱柱:C_{18}柱,250 mm×4.6 mm,5 μm。

b. 流动相 A 为含 1% 的甲酸水溶液,流动相 B 为含 1% 的甲酸乙腈溶液。

c. 检测波长:530 nm。

d. 柱温:35 ℃。

e. 进样量:20 μL。

f. 梯度洗脱条件如表 1 − 2 − 1 所示。

表 1 − 2 − 1 梯度洗脱条件

时间/min	流速/(mL · min^{-1})	A 流动相/%	B 流动相/%
0	0.8	92	8
3	0.8	88	12
7	0.8	82	18
15	0.8	80	20
18	0.8	75	25
23	0.8	70	30
26	0.8	55	45
28	0.8	20	80
35	0.8	92	8
40	0.8	92	8

B. 色谱分析

a. 流动相超声波清洗仪超声处理 20 min，0.45 μm 水相滤膜过滤。

b. 分别将单标储备液和试样溶液用 0.45 μm 水相滤膜过滤后备用。

c. 分别取单标储备液和试样溶液 20 μL 注入高效液相色谱仪中，以保留时间定性，以样品溶液峰面积与标准溶液峰面积比较定量。

2.1.2.4 DNA 提取

利用相应 DNA 提取试剂盒进行 DNA 提取。具体步骤如下：

（1）首先将装有植物叶片的离心管放入液氮中冷冻，然后用研磨棒将其研磨成粉末。迅速向离心管中加入 400 μL LP1 和 6 μL RNase A。剧烈振荡 1 min 后室温静置 10 min。

（2）静置后向离心管中继续加入 130 μLLP2，剧烈振荡 1 min。

（3）将离心管放入离心机中室温 12000 r/min 离心 5 min，用移液枪将上清液小心吸至新的 1.5 mL 离心管中。

（4）向离心管中加入体积约为上清液 1.5 倍的缓冲液 LP3，立刻剧烈振荡 15 s。

（5）将振荡后的液体全部倒入吸附柱中，将吸附柱放入离心机中室温 12000 r/min 离心 30 s，倒掉废液。

（6）向吸附柱中加入 600 μL 漂洗液 PW，然后将吸附柱放入离心机中室温 12000 r/min 离心 30 s，倒掉废液。然后再将此步骤重复一遍。

（7）将吸附柱室温 12000 r/min 离心 2 min，去掉多余液体。扔掉收集管，将吸附柱放入一个新的 1.5 mL 离心管中，打开吸附柱盖子，在通风橱下将吸附柱彻底晾干。

（8）晾干后向吸附柱的中间部位加入 100 μL 预热 60 ℃ 的灭菌水，室温静置 2 min 后放入离心机室温 12000 r/min 离心 2 min，扔掉吸附柱，在离心管的盖子上写好标号，-20 ℃ 保存。

（9）提取好的 DNA 用 1% 琼脂糖凝胶电泳和紫外分光光度计检测纯度与浓度。

2.1.2.5　BSA 建库与测序

（1）试验材料

极端性状的 2 个亲本为野生型 A18 – 1 和紫化突变体pv – pur，采用 2. 1.2.4 的方法分别提取叶片 DNA 并检测纯度和浓度。在 A18 – 1 和 pv – pur 构建的 F$_2$ 代群体中挑选的极端性状植株各 50 株，分别提取 DNA 并检测纯度和浓度后进行等量混合，构建 2 个子代混池。

（2）文库构建及库检

利用片段化试剂盒将 2 个亲本和 2 个子代混池的 DNA 打断成 400 bp 左右的片段，经过末端修复、尾部加 A、加测序接头、纯化、PCR 扩增等步骤构建文库。文库构建完成后，先使用 Qubit 2.0 进行初步定量，随后对文库的插入片段长度进行检测，长度符合预期后，使用 qRT – PCR 的方法对文库的有效浓度进行准确定量以保证文库质量。利用 Illumina Novaseq 6000 测序平台进行测序，测序模式为 PE150。

（3）生物信息学分析

测序数据下机后，首先对其进行质控，在去除低质量序列和带有测序接头的序列后得到干净数据（clean data）。接着将这些有效数据与参考基因组进行比对，根据比对结果进行 SNP 和 In Del 的检测与注释。计算子代混池的 SNP – index 以及差值，挑选两个子代混池 SNP – index 差异极显著的区域，并在染色体上对目标性状区域进行定位。

2.1.2.6　RNA 提取

试剂和用具：Trizol、氯仿、异丙醇、无水乙醇、DEPC 水；研钵、研磨棒、药匙（锡箔纸包好后 180 ℃ 灭菌 4 h）、无 RNase 的枪头、1.5 mL 离心管，以及移液枪。

（1）将样品从 – 80 ℃ 冰箱中取出，放入用液氮冷却的研钵中，在液氮中研磨成粉末。

（2）用药匙将粉末装入无 RNase 的 1.5 mL 离心管中，加入 1 mL Trizol，混匀后室温放置 5 min。

（3）加入 0.2 mL 氯仿，剧烈振荡 1 min，室温放置 5 min。

（4）4 ℃,12000 r/min 离心 10 min(离心机需要提前预冷)。

（5）取大约450 μL 上清液置于新的 1.5 mL 离心管中,加入等体积的异丙醇,摇匀后室温放置15 min。

（6）4 ℃,12000 r/min 离心 15 min 后弃上清液。

（7）加入 1 mL 用 DEPC 水配制的70%的乙醇,把沉淀弹起来。

（8）4 ℃,7500 r/min 离心 5 min,倒掉上清液后倒扣在纸上吸干多余的液体,通风橱中吹干。

（9）加入 20 μL 60 ℃ 预热的 DEPC 水,完全溶解后 -80 ℃ 冰箱保存。

2.1.2.7　RNA 反转录

将 -80 ℃ 保存的 RNA 在冰盒里解冻,使用反转录试剂盒进行反转录,首先去除基因组 DNA:

5 × gDNA 缓冲液	2 μL
总 RNA	8 μL
总计	10 μL

配好混合液之后用枪头进行吸打,将其彻底混匀,放于42 ℃ 水浴锅中水浴3 min,拿出后放到冰盒上。然后在离心管中继续加入以下物质:

10 × 快速 RT 缓冲液	2 μL
RT 酶混合	1 μL
FQ - RT 混合引物	2 μL
RNase Free ddH₂O	5 μL
总计	10 μL

2.1.2.8　qRT - PCR 检测

qRT - PCR 整体操作要在冰盒上进行。应用荧光定量 PCR 和相应荧光定量试剂盒,反应体系为:

2.5×主混合/20×SYBR 溶液	9 μL
正向引物	1 μL
反向引物	1 μL
cDNA 模板	2 μL
dd_2H_2O	7 μL
总计	20 μL

采用三步法反应程序:95 ℃,5 min,40 个循环;95 ℃,10 s;58 ℃,1 min。根据选出的差异表达基因序列用 Primer 6.0 设计基因特异性引物,actin 用作内标基因。所有反应进行 3 次重复,用 $2^{-\Delta\Delta Ct}$ 法计算相关基因表达。

2.1.2.9　转录组测序分析方法

(1)试验材料:A18 - 1 和突变体 pv - pur 胚轴,每组设置 3 个生物学重复。

(2)文库构建:从样品中提取总 RNA 后,利用涂有 oligo(dT)的磁珠富集 mRNA。首先,在加入片段缓冲液后,将 mRNA 打断成大约 200 bp 的短片段。然后,利用 mRNA 片段作为模板合成互补 cDNA 链。双链 cDNA 用 QIAquick PCR 提取试剂盒纯化,用 EB 缓冲液(一种 DNA 洗脱缓冲液)洗脱,用以进行末端修复和加 Poly(A)尾。最后,将测序引物连接到片段上。将需要的片段通过琼脂糖凝胶电泳纯化,PCR 扩增。用 Illumina HiSeq™ 2000 对 PCR 产物进行高通量测序。

(3)测序结果分析:测序后重复 base - calling 步骤以消除那些不想要的原始读序(raw read),其中包括带有接头的、未知碱基大于 10% 的以及低质量的读序(read)。然后,利用 TopHat 将干净读序(clean read)比对到参考基因组上。

(4)SNP/InDel 分析:基于各样品中的读序与参考基因组的 Hisat2 比对结果,使用 GATK 软件识别测序样品与参考基因组间的单碱基错配,识别潜在的 SNP 位点。同时 GATK 也能检测样品的插入缺失。GATK 识别标准如下:

A. 35 bp 范围内连续出现的单碱基错配不超过 3 个;

B. 经过序列深度标准化的 SNP 质量值大于 2.0。

（5）基因表达水平分析：在 RNA－seq 分析中，位于基因组区域或是外显子区域的读序会被用来做基因表达水平的估算，计算使用的是 FPKM 方法。差异表达基因的筛选要求两样品间的差异表达基因的 $FDR \leqslant 0.001$ 并且差异表达倍数 $\geqslant 1$。

（6）差异表达基因的 GO 和 KEGG 富集分析：GO 富集分析首先把所有的差异表达基因比对到 GO 数据库中，然后计算出每个 GO term 的基因数量。利用超几何分析将所有在差异表达基因中高度富集的 GO term 再次与基因组背景比较，校正后的 $P－value \leqslant 0.05$，差异表达基因的 GO 富集分析能够表明差异表达基因行使的主要生物学功能。在生物体内，不同基因相互协调行使生物学功能，基于 pathway 的分析有助于进一步了解基因的生物学功能。KEGG 是一个主要代谢通路相关的数据库，pathway 富集分析以 KEGG pathway 为单位，应用超几何分析找出与整个基因组相比较后差异表达基因中显著富集的 pathway，$Q－value \leqslant 0.05$。通过 pathway 富集分析可以确定差异表达基因参与的主要代谢和信号转导通路。

2.1.2.10　靶标代谢组分析方法

（1）试验材料

A18－1 和突变体 pv－pur 胚轴，每组设置 3 个生物学重复。

（2）样品提取

样品真空冷冻干燥，利用研磨仪 30 Hz 研磨 1.5 min 至粉末状。称取 100 mg 的粉末，溶解于 1.0 mL 70% 甲醇水溶液中。溶解后的样品放入 4 ℃ 冰箱过夜，期间旋涡振荡 3 次。1000 r/min 离心 10 min 后吸取上清液，用 0.22 μm 滤膜过滤，保存于样品瓶中，用于 LC－MS/MS 分析。

（3）液相采集条件

色谱柱：C_{18} 柱，2.1 mm × 100 mm，1.8 μm。

流动相：水相，超纯水 ＋0.04% 乙酸；有机相，乙腈 ＋0.04% 乙酸。

洗脱梯度：0 min，水：乙腈 ＝（95：5），体积比）；11 min，＝5：95（体积比）；12 min ＝5：95（体积比）；12 min ＝95：5（体积比）；15 min ＝95：5（体积比）。

流速：0.4 mL/min。

柱温:40 ℃。

进样量:5 μL。

(4)质谱采集条件

见表 1 - 2 - 2。

表 1 - 2 - 2 质谱采集条件

质谱条件	参数
电喷雾离子源(ESI)温度	500 ℃
质谱电压	5500 V
帘气(CUR)	25 psi
碰撞诱导电离(CAD)	高
去簇电压(DP)	优化
碰撞能(CE)	具体优化

(5)代谢物定性与定量

基于测序公司自建数据库以及代谢物信息公共数据库,对质谱检测的一级谱、二级谱数据进行定性分析。其中部分物质定性分析时去除了同位素信号,如含 K^+、Na^+ 等的重复信号,以及本身是其他更大相对分子质量物质的碎片离子的重复信号。

代谢物定量利用三重四级杆质谱的多反应监测模式(MRM)分析完成。获得不同样品的代谢物质谱分析数据后,对所有物质质谱峰进行峰面积积分,并对其中同一代谢物在不同样品中的质谱峰进行积分校正。

(6)质控分析

质控(QC)样品由样品提取物混合制备而成,用于分析样品在相同的处理方法下的重复性。在仪器分析过程中,每 10 个检测分析样品中插入一个质控样品,以监测分析过程的重复性。通过不同质控样品质谱检测分析的总离子流量图进行重叠展示分析,用于判断代谢物提取和检测的重复性。

(7)差异代谢物筛选

计算差异倍数值,并通过 Wilcoxon 秩和检验方法求出 $P - value$。筛选标准:选取差异倍数≥2 和差异倍数≤0.5 的代谢物为最终差异代谢物。差异倍数表示两样本(组)间表达量的比值。

2.1.2.11　代谢组与转录组联合分析

皮尔森相关系数用于计算代谢组和转录组数据整合。为此,要计算代谢组数据中每个品种的所有生物学重复的平均值和转录组数据中心每个转录本表达的平均值。在代谢组和转录组数据中计算紫化突变体的变化倍数,并与野生型进行比较。最后,根据 excel 程序从每个代谢物的 $\log_2$ 差异表达倍数和每个转录本的 $\log_2$ 差异表达倍数计算系数。选择与 $R^2 > 0.9$ 的系数相对应的相关性。代谢组和转录组之间的关系用 Cytoscape(version 2.8.2)进行可视化。

2.1.2.12　基因克隆与转化

以野生型 A18 – 1 和突变体 pv – pur 的 DNA 为模板,利用基因克隆引物进行 PCR 扩增,DNA 聚合酶采用 LA Taq 酶。反应体系如下:

缓冲液	5 μL
dNTP	4 μL
上游引物	2.5 μL
下游引物	2.5 μL
LA Taq 酶	0.5 μL
DNA	5 μL
ddH$_2$O	30.5 μL
总计	50 μL

将 50 μL 反应体系的 PCR 产物进行琼脂糖凝胶电泳并切胶回收。琼脂糖凝胶回收采用凝胶回收试剂盒,具体操作步骤简化如下:(1)取胶放入 2 mL 离心管中称重(0.1g 约等于 100 μL),向离心管中加入等体积的 Buffer XP2,放入 60 ℃水浴锅中将胶完全溶解(大约 15 min)。(2)完全溶解后将液体全部倒入过滤柱中,放入离心机中 10000 r/min 离心 1 min,倒掉废液。(3)向过滤柱中加入 300 μL 的 Buffer XP2,放入离心机中 10000 r/min 离心

1 min,倒掉废液。(4)向过滤柱中加入 700 μL 的 SPW Wash Buffer,10000 r/min 离心 1 min,倒掉废液。此步骤重复 1 次。(5)将过滤柱 13000 r/min 离心 2 min。将过滤柱放入一个新的 1.5 mL 离心管中,开盖晾干。(6)晾干后向过滤柱中加入 50 μL 的 Elution Buffer,室温静置 2 min。(7)13000 r/min 离心 1 min,将液体重新加入过滤柱中放置 1 min 后再次离心,即完成回收。回收产物进行跑胶检测,检测合格后将回收产物与载体 pEGM - T 连接,连接体系如下:

2 × 快速连接缓冲液	2.5 μL
载体 pEGM - T	0.5 μL
T4 DNA 连接酶	0.5 μL
胶回收产物	1.5 μL
总计	5 μL

用移液枪吸打混匀后稍离心,室温孵育 1 h,4 ℃过夜后可以用于转化。

转化操作步骤:(1)首先准备冰盒,将水浴锅温度升至 42 ℃,超净工作台提前灭菌。(2)准备好后将 Top10 感受态 I 放在冰盒里解冻,5 min 后将感受态 I 进行分装,每管 50 μL。(3)将 5 μL 连接产物全部加入感受态 I 中,轻轻吸打混匀,放在冰中孵育 30 min。(4)将离心管插入漂浮板中放入 42 ℃水浴锅中热击 90s,到时间后立即拿出插入冰中静置 3 min。(5)向离心管中加入 500 μLLB 液体培养基(在超净工作台中进行)。放入摇床中培养,37 ℃、200 r/min 振荡 1 h。(6)8000 r/min 离心 2 min,用移液枪吸除 300 μL 上清液,再向离心管中加入 16 μL IPTG 和 40 μL X - GAL 混匀,用于蓝白斑筛选。(7)吸取 150 μL 混合液加入 LB 平板(含抗生素),用推子推开直至完全干燥,封口后 37 ℃倒置培养 12 ~ 14 h。(8)第二天选取白色菌落进行挑菌测序。

2.2 结果与分析

2.2.1 紫化突变体 pv - pur 表型特征

在试验材料中,野生型 A18 - 1 为矮生菜豆品种,其子叶、胚轴、茎、叶都为绿色,花为淡粉色,豆荚为黄色。而突变体 pv - pur 的叶、胚轴、茎、叶脉均表现为紫色,花也为紫色,豆荚表面出现紫红色条纹。

2.2.2 紫化突变体 pv - pur 的遗传规律

为了研究突变体紫化性状的遗传规律,分别以野生型 A18 - 1 和紫化突变体 pv - pur 作为亲本,做六世代杂交,调查各世代植株的表型,结果如表 1 - 2 - 3 所示,在正反交的 F_1 代植株中均表现为紫化突变体 pv - pur 一样的表型,这说明突变体 pv - pur 的紫化表型是显性的,而且该性状是由核基因控制的。在回交世代中,$F_1 \times$ A18 - 1 的分离比为 $1.17:1$($\chi^2 = 0.1154 < \chi^2_{0.05} = 3.84$),符合 $1:1$ 的理论比例;$F_1 \times$ pv - pur 后代植株全部为紫化突变体表型;F_2 群体中,野生型 A18 - 1 和紫化突变体 pv - pur 表型的分离比为 $1:2.95$($\chi^2 = 0.0535 < \chi^2_{0.05} = 3.84$),符合预期的 $1:3$ 的分离比。因此,这一结果表明,该突变体为功能获得型突变体,且 pv - pur 的紫化突变性状受一对显性核基因控制。

表 1 - 2 - 3　菜豆紫化突变体 pv - pur 的遗传规律分析

世代	总数	野生型	突变体	分离比	卡平方测验 χ^2
P_1(A18 - 1)	25	25	0	—	—
P_2(pv - pur)	25	0	25	—	—
F_1($P_1 \times P_2$)	53	0	53	—	—
F_1($P_2 \times P_1$)	47	0	53	—	—
BC_1($F_1 \times$ A18 - 1)	39	21	18	1.17:1	0.1154
BC_1($F_1 \times$ pv - pur)	40	0	40	—	—
F_2	1351	342	1009	1:2.95	0.0535

2.2.3　野生型与突变体各组织部位中花青素含量

利用紫外分光光度计测定野生型 A18 - 1 和突变体 pv - pur 的胚轴、叶片、花、豆荚荚壁中花青素的含量。突变体 pv - pur 各部位花青素的含量为 3.311 ~ 10.831 mg/g,其中豆荚荚壁中花青素含量最低,为(3.311 ± 0.444) mg/g,其次是叶片中,花青素含量为(5.367 ± 0.196) mg/g,花中花青素的含量相对较高,为(10.206 ± 0.368) mg/g,胚轴中花青素的含量最高,为(10.831 ± 0.773) mg/g。突变体 pv - pur 的胚轴、叶片、花以及豆荚荚壁中花青素的含量均显著高于野生型 A18 - 1。其中突变体 pv - pur 的胚轴和花中花青素含量与野生型 A18 - 1 差异最大,分别为野生型 A18 - 1 的 5.805倍和 5.726 倍,如图 1 - 2 - 1 所示。

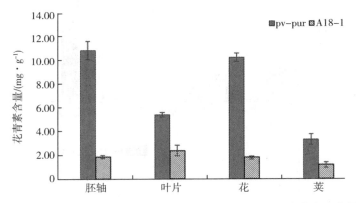

图 1 - 2 - 1　突变体 pv - pur 和野生型 A18 - 1 各组织部位中花青素含量比较

利用高效液相色谱法对野生型 A18 - 1 和突变体 pv - pur 的胚轴、叶片、花中 6 种花青素(飞燕草素、矢车菊素、矮牵牛素、天竺葵素、芍药素和锦葵素)含量进行测定。结果显示,这 6 种花青素在野生型和突变体的不同组织部位中均存在显著差异,如图 1 - 2 - 2 所示。突变体中飞燕草素、矮牵牛素和锦葵素含量要显著高于野生型。突变体胚轴中的飞燕草素约为野生型的 16 倍;突变体花中的飞燕草素约为野生型的 19 倍;野生型叶片中不含飞燕草素,而突变体叶片中含有飞燕草素但与胚轴和花相比含量较低。野生型胚轴和叶片不含矮牵牛素,而突变体胚轴和叶片中能够检测到矮牵牛素;野生型花中能够检测到矮牵牛素,但突变体花中矮牵牛素显著高于野生型。锦葵素是 6 种花青素中在突变体各组织部位里含量最高的,并且显著高于野生型。其他 3 种花青素(矢车菊素、天竺葵素和芍药素)在突变体中的含量均显著低于野生型。说明从二氢黄酮醇之后出现的 3 个分支中,经 F3′5′H 这一分支产生的 3 种花青素含量增加,另外两个分支产生的 3 种花青素含量减少,推测这种含量变化可能是由于突变基因导致二氢黄酮醇之后的 3 个分支步骤出现了改变。

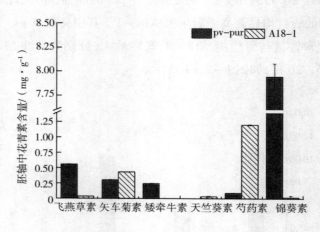

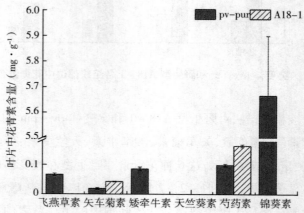

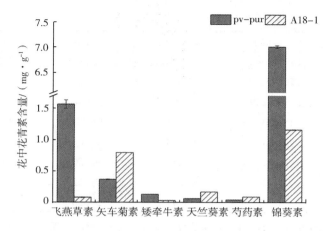

图 1 - 2 - 2　野生型 A18 - 1 和突变体 pv - pur 不同组织部位中 6 种花青素含量

2.2.4　*pv - pur* 基因初步定位

利用紫化突变体 pv - pur 与野生型 A18 - 1 进行杂交,构建 F_2 代定位群体。在 F_2 代群体中分别筛选与野生型表型一致的植株 50 株进行 DNA 提取,等量混合构建混池,记作 W_type;在 F_2 代群体中筛选与突变体表型一致的植株 50 株进行 DNA 提取,等量混合构建混池,记作 M_type;亲本分别选取 1 株突变体和野生型的叶片进行 DNA 提取,分别记作 P_mutant 和 P_wild。利用 BSA 方法进行基因定位。

2.2.4.1　测序质控分析

测序产生的原始读序在 cutadapt 软件处理下去除测序接头,然后过滤掉带有接头读序、含有无法确定碱基信息(N)的比例大于 5% 的读序以及质量值 $Q \leqslant 10$ 的碱基数占整个读序的 20% 以上的读序后,得到有效数据,对原始测序数据量、有效数据测序量、$Q20$ 含量、$Q30$ 含量、GC 含量进行统计,如表 1 - 2 - 4 所示。综合评价后发现测序质量满足建库测序分析要求,可以进行后续分析。使用 BWA 将干净读序比对到菜豆参考基因组上,比对结果经 SAMtools 去除重复后,结果如表 1 - 2 - 5 所示。

表 1 - 2 - 4 测序数据质控分析

样品	P_mutant	P_wild	M_type	W_type
原始读序数	135547068	118554446	302314114	210208286
原始碱基数	20.33G	17.78G	45.35G	31.53G
有效读序数	125667830	107975082	269198004	185721966
有效碱基数	18.85G	16.20G	40.38G	27.86G
有效数据/%	92.71	91.08	89.05	88.35
$Q20$/%	96.52	96.57	96.50	96.09
$Q30$/%	91.45	91.60	91.62	90.98
GC/%	38.31	38.47	39.30	38.91

注:$Q20$,测序错误率小于1%的碱基数量百分比;$Q30$,测序错误率小于0.1%的碱基数量百分比;GC,C+G占所有碱基的数量百分含量;N,测序无法判断的碱基N在每百万碱基中的含量。

表 1 - 2 - 5 与参考基因组比对情况

	P_wild	W_type	P_mutant	M_type
原始读序数	118554446 (100%)	210208286 (100%)	135547068 (100%)	302314114 (100%)
有效读序数	107975082 (91.08%)	185721966 (88.35%)	125667830 (92.71%)	269198004 (89.05%)
重复读序数	11314279 (10.48%)	19951654 (10.74%)	125667830 (10.13%)	269198004 (89.05%)
比对到参考基因组上的总读序数	102828846 (95.23%)	176855041 (95.23%)	120266429 (95.70%)	257392549 (95.61%)
参考基因组的平均覆盖深度	8.37	13.76	11.06	19.52
PCT_30X	0.44	2.25	0.97	16.47
PCT_20X	2.00	22.45	7.81	55.15
PCT_10X	41.17	70.69	61.45	77.08
PCT_5X	74.86	81.76	70.01	83.54

注:PCT_30X 为参考基因组中覆盖深度不低于30X 的碱基所占的比例;PCT_20X 为参考基因组中覆盖深度不低于20X 的碱基所占的比例;PCT_10X 为参考基因组中覆盖深度不低于10X 的碱基所占的比例;XPCT_5X 为参考基因组中覆盖深度不低于5X 的碱基所占的比例。

2.2.4.2　群体变异检测结果与分析

对基因组上的 SNP 和 InDel 位点进行检测与分析,根据 GATK 的分析流程,将各样品测序结果与参考基因组进行比对,对突变位点进行分析,得到各样品可能的 SNP 和 InDel 信息,并利用 ANNOVAR 软件对突变位点进行结构注释,结果如表 1-2-6 所示。

表 1-2-6　群体 SNP 和 InDel 统计结果

SNP			InDel		
类型	数量	百分比/%	类型	数量	百分比/%
下游基因变化	197676	5.20	保守序列缺失	494	0.08
起始密码变异	13	0.00	保守序列插入	665	0.11
基因间区域	2869233	75.41	破坏性缺失	952	0.15
内部变异	387715	10.19	破坏性插入	632	0.10
内含子变异	70531	1.85	下游基因变异	50568	8.09
错义改变	189	0.00	移码变异	1983	0.32
拼接受体变异	151	0.00	基因间区域	429258	68.69
拼接供体变异	8990	0.24	内含子变异	84755	13.56
起始缺失	89	0.00	剪切供体变异	87	0.01
停止获得	1105	0.03	剪切受体变异	130	0.02
停止丢失	182	0.00	剪切区域变异	1913	0.31
停止保留变异	106	0.00	起始缺失	49	0.01
同义突变	65355	1.72	停止获得	59	0.01
上游基因变异	203474	5.35	停止丢失	60	0.01
			上游基因变异	53281	8.53

2.2.4.3　紫化突变基因 $pv-pur$ 相关染色体区域定位

SNP-index 是一种通过混池间基因型频率差异进行标记关联分析的方法。本书对 F_2 代中野生型表型混池和突变体表型混池进行突变位点检测,寻找混池之间基因型频率的显著差异,用 SNP – index 统计。SNP – index 越接近 1,说明 SNP 与性状的关联度越强,如图 1 – 2 – 3 所示。根据结果进行滑动窗口计算,筛选 SNP – index 值在前 1% 的区域,定位紫化突变基因 *pv – pur* 相关染色体区段。根据结果预测紫化突变基因 *pv – pur* 位于 Chr06 染色体 3740000 ～ 9590000 kb 范围内,如表 1 – 2 – 7 所示。该区域内共有 125 个基因,经过注释分析后发现其中有 3 个基因可能与花青素生物合成相关,分别是编码 F3′5′H 的基因 *Phvul.* 006*G*015400、*Phvul.* 006*G*018800 和 *MYB* 基因 *Phvul.* 006*G*020200。

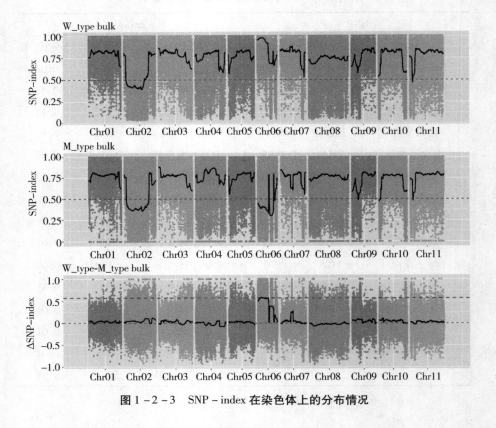

图 1 – 2 – 3　SNP – index 在染色体上的分布情况

表 1 – 2 – 7　菜豆紫化突变基因 *pv – pur* 染色体区域定位

染色体	起始位置/kb	终止位置/kb	区间长度/Mb
Chr06	3740000	9590000	5.85

2.2.5　转录组分析

在研究中发现,紫化突变体 pv – pur 与野生型 A18 – 1 相比,各组织部位的花青素含量差异显著,尤其是在胚轴中。紫化突变体 pv – pur 胚轴中花青素含量是各组织部位中最高的,并且其与野生型 A18 – 1 相比也是差异最大的。因此选择紫化突变体 pv – pur 与野生型 A18 – 1 的胚轴作为试验材料用于转录组测序分析,"CK"代表野生型,"M"代表紫化突变体,每组进行 3 次生物学重复。

2.2.5.1　转录组测序质控分析

本书共构建了 6 个独立的测序文库,其中 3 个是野生型 A18 – 1 胚轴的,另外 3 个是突变体 pv – pur 胚轴的。对原始测序数据进行质控处理后,在 6 个样品中分别获得了 21952601、26966989、22764371、21999131、23371341、22957321 个干净读序,如表 1 – 2 – 8 所示,符合测序质量要求。

表 1 – 2 – 8　测序数据统计

样品	干净读序	干净碱基	GC 含量/%	≥Q30/%
CK1	21952601	6559344468	44.42	93.16
CK2	26966989	8062164766	44.94	93.49
CK3	22764371	6808059600	44.76	93.62
M1	21999131	6582927588	45.07	93.97
M2	23371341	6993536892	45.28	93.39
M3	22957321	6868860210	45.70	93.60

对测序质量进行进一步的评估,前人研究表明,在建库和测序的过程中如果出现 AT/GC 分离的现象会对后续的测序分析质量造成影响。对样品 CK1 中各个碱基含量分别进行了分析,结果显示,A、T、G、C 含量仅在前 10 个碱基有较大波动,随后各碱基的含量基本相等,趋于稳定,其他 5 个样品的分析结果与 CK1 基本相似,符合测序要求,可以进行正常测序。

2.2.5.2 转录组数据与参考基因组比对结果

本书使用菜豆基因组作为参考基因组进行序列比对以及后续分析。将之前所得的所有干净读序比对到参考基因组上。CK1 中比对上的读序共有42078985(95.84%)个,其中能够唯一比对的是 40487266(92.22%)个;CK2中比对上的共有 51830644(96.10%)个 read,其中能够唯一比对的有49743687(92.23%)个;CK3 中比对上的共有 43616099(95.80%)个读序,其中能够唯一比对的有 41282545(90.67%)个;M1 中比对上的共有 42442745(95.87%)个读序,其中能够唯一比对的有 40452308(91.94%)个;M2 中比对上的共有 44814232(95.84%)个读序,其中能够唯一比对的有 40942481(87.59%)个;M3 中比对上的共有 44192448(96.25%)个读序,其中能够唯一比对的有 39841003(86.77%)个,如表 1 – 2 – 9 所示。综合上述结果,本次构建的 6 个测序文库适用于后续测序分析。

表 1 – 2 – 9　测序数据与参考基因组的序列比对统计表

样品	总读序数	总映射	唯一比对	多个比对
CK1	43905202	42078985(95.84%)	40487266(92.22%)	1591719(3.63%)
CK2	53933978	51830644(96.10%)	49743687(92.23%)	2086957(3.8777)
CK3	45528742	43616099(95.80%)	41282545(90.67%)	2333554(5.13%)
M1	43998682	42442745(95.87%)	40452308(91.94%)	1990437(4.52%)
M2	46742682	44814232(95.84%)	40942481(87.59%)	3871751(8.28%)
M3	45914642	44192448(96.25%)	39841003(86.77%)	4351445(9.48%)

注:(1)总读序数:干净读序数,按单端计算。

(2)总映射:比对到参考基因组上的读序数,以及其所占百分比。

(3)唯一比对:比对到参考基因组唯一位置的读序数,以及其所占百分比。

(4)多个比对:比对到参考基因组多处位置的读序数,以及其所占百分比。

2.2.5.3 新基因和 SNP/InDel 分析

将转录组测序数据与原有的菜豆基因组注释信息进行比较,发现了新转录本和新基因,本书共发掘了 778 个新基因,其中 569 个新基因能够编码蛋白质,209 个新基因不能编码蛋白质。

RNA - seq 序列技术具有快速、可靠的检测 SNP 和 InDel 的潜力。而在遗传、进化和植物育种研究中,SNP 和 InDel 是两种非常有价值的标记。在本研究中,6 个样品分别鉴定出 97781、98621、90178、80116、86555、85934 个 SNP 和 InDel,如表 1 - 2 - 10 所示。其中,17529 个 SNP 和 2283 个 InDel 存在于野生型 A18 - 1 和突变体 pv - pur 中。这些 SNP 和 InDel 可能与紫化的突变表型有关。

表 1 - 2 - 10 SNP 位点统计

样品	SNP 总数	基因区 SNP	基因间区 SNP	转换 SNP/%	颠换 SNP/%	杂合型 SNP/%
CK1	97781	88865	8916	57.00	43.00	2.91
CK2	98621	89608	9013	57.18	42.82	2.88
CK3	90178	82345	7833	57.12	42.88	3.51
M1	80116	73462	6654	57.27	42.73	12.96
M2	86555	79256	7299	56.83	43.17	13.47
M3	85934	78597	7337	57.26	42.74	17.42

2.2.5.4 野生型与突变体的差异表达基因

为了能够真实地反映转录本的表达水平,对样品中总映射(mapped read)的数目和转录本长度进行归一化,采用 FPKM 作为衡量转录本或基因表达水平的指标。表达水平存在显著差异的基因,即差异表达倍数 ≥2 且 $FDR < 0.01$,为差异表达基因。对样品间的重复性以及各个样品的表达密度进行测试分析,样品间重复性较好且表达密度符合正态分布。本书共鉴定到 209 个差异表达基因,与野生型相比,在突变体中上调表达的有 132 个,下调表达的有 77 个,由此可以看出,在突变体中上调基因的数目要显著高于下调基因的数目。同时在 209 个差异表达基因中发现了 12 个特异性表达基因,其中 3 个基因在野生型中特异性表达,9 个基因在突变体中特异性表达。

2.2.5.5 差异表达基因功能注释

为了研究差异表达基因的功能,对 209 个差异表达基因进行了 GO 和 KEGG 富集分析。在 GO 富集分析中共得到 50 个 GO term,其中细胞成分有 16 条,分子功能有 14 条,生物过程有 20 条。其中分子功能这一条目中"催化活性"包含的差异表达基因是最多的,由此推测与野生型相比突变体中花青素含量的变化可能与催化过程有关。

为了更清楚这些差异表达基因所行使的生物学功能,对其进行代谢途径分析。主要利用的是 KEGG pathway 的数据库。对所有的差异表达基因进行了 KEGG 富集分析,结果显示,差异表达基因在 12 条代谢途径中显著富集,分别是:甘油酯代谢,缬氨酸、亮氨酸和异亮氨酸降解,丙氨酸、天冬氨酸和谷氨酸代谢,半胱氨酸与甲硫氨酸代谢,丙氨酸生物合成,黄酮类化合物生物合成,内质网蛋白质加工,黄酮与黄酮醇的生物合成,赖氨酸降解,精氨酸生物合成,氮代谢,以及硫代谢。上调表达差异表达基因富集到了 10 条代谢途径,包括黄酮类化合物生物合成。下调表达差异表达基因富集到了 4 条代谢途径,包括异黄酮生物合成。

2.2.5.6 参与花青素合成代谢相关的基因鉴定与 qRT – PCR 分析

分别通过 Blast、GO、KO、KEGG 对差异表达基因进行注释,筛选出与花青素生物合成代谢相关的基因。27 个差异表达基因参与了菜豆花青素的生物合成代谢,其中包括结构基因 11 个、调节基因 13 个、参与花青素生物合成的其他基因 3 个,如表 1 – 2 – 11 所示。

表 1-2-11 参与花青素生物合成代谢的差异表达基因

分类	基因	编号	KO 号
合成基因	*F3′5′H*	*Phvul.* 006*G*018800	K13083
	F3′H	*Phvul.* 004*G*021200	K00512
	ANS	*Phvul.* 002*G*152700	K05277
降解基因	*POD*	*Phvul.* 008*G*249500	K00430
		Phvul. 006*G*207033	K00430
		Phvul. 006*G*129900	K00430
	*BGLU*12	*Phvul.* 005*G*151500	K01188
	*PRDX*6	*Phvul.* 002*G*189300	K11188
类苯丙烷	*SHT*	*Phvul.* 006*G*024700	K13065
	VR	*Phvul.* 008*G*076600	K13265
	I2′H	*Phvul.* 009*G*244100	K13260
调节基因	*MTR_3g*055120	*Phvul.* 011*G*153600	—
	*HSFB*3	*Phvul.* 010*G*132433	—
	*bHLH*153	*Phvul.* 003*G*296500	—
	*BEE*3	*Phvul.* 002*G*316900	—
	*HEC*1	*Phvul.* 003*G*243350	—
	*ARPC*1*B*	*Phvul.* 006*G*036500	K05757
	*APRR*2	*Phvul.* 003*G*228600	—
	*GBF*4	*Phvul.* 006*G*211201	—
	*ERF*110	*Phvul.* 007*G*082000	—
	*RAP*2-1	*Phvul.* 001*G*023700	—
	*BZIP*61	*Phvul.* 005*G*097800	—
	*HSFB*3	*Phvul.* 007*G*251900	—
	*AGL*8	*Phvul.* 009*G*203400	—
其他	*CYP*71*D*10	*Phvul.* 006*G*209700	—
		Phvul. 006*G*209500	—
		Phvul. 006*G*209600	—

为了验证测序结果的准确性,选择 21 个与花青素生物合成代谢相关的

基因进行了 qRT-PCR 验证。其中包括 12 个结构基因、9 个调节基因，内标基因选用 actin，如表 1-2-12 和图 1-2-4 所示。qRT-PCR 结果与测序结果相比，表达趋势一致，说明测序结果准确性高。

表 1-2-12　内参及其他基因荧光定量引物

基因	引物序列(5′—3′)
RAP2-1（Phvul. 001G023700）	F：TTCAACCATCACCAACAGA
	R：CCACTTCCTCATCCGTATT
ANS（Phvul. 002G152700）	F：GAGAAGGAAGTTGGTGGAA
	R：GAGGAGGAAGGTGAGTGA
PRDX6（Phvul. 002G189300）	F：GGTGCCAAGGTGAATTATC
	R：GTTGCCAGTGGAGTCTT
BEE3（Phvul. 002G316900）	F：CCAGTGTTAGTTCCTATCAGT
	R：TCTCTTGCCTCTTCCAGAA
APRR2（Phvul. 003G228600）	F：GAGGTGAGTTCAAGCAGTA
	R：TGTGTTCAGGCAATGGTT
HEC1（Phvul. 003G243350）	F：AGGATAAGCGAGAAGATAAGG
	R：CGACAGCACCAACAGTAT
bHLH153（Phvul. 003G296500）	F：TAGAGGACGCAATGGAGTA
	R：GACACAGGAACAAGGCATA
F3′H（Phvul. 004G021200）	F：ACTCTTGAATGCCTCACAA
	R：TGACACCGAACTTGATGG
bZIP61（Phvul. 005G097800）	F：GCCATTATCAGCATCATCAA
	R：GTTCTCACCACACCTTATTG
BGLU12（Phvul. 005G151500）	F：GCTTGCCAATGGTCTACA
	R：CAATGCGAGGACTTAGGAA
F3′5′H（Phvul. 006G018800）	F：GAACAACAAGACGCTCATC
	R：TCTGCCAAGGACCACTC
SHT（Phvul. 006G024700）	F：GTAAGGCTCGTGGATTAGAT
	R：TGTGATGATGCTGCTGTTA

续表

基因	引物序列（5′—3′）
ARPC1B（*Phvul.* 006*G*036500）	F：GTGCCAACTCTTGTTATCC
	R：CGGTTATTATCCTGCTCATAG
POD（*Phvul.* 006*G*129900）	F：TCAAGACAGCGGTGGAA
	R：AGTTGAGTGAGGTTGAAGAA
PNC2（*Phvul.* 006*G*207033）	F：TGCCTGGTCCTAATGATAAC
	R：GCGGTTGTGCCTATTGTA
GBF4（*Phvul.* 006*G*211201）	F：ATGTGCCATCTCAGAGTTC
	R：CAACGGAGGTCAACAACA
ERF110（*Phvul.* 007*G*082000）	F：CGAGCAGTGGTTCTATGAT
	R：AAGGAAGCAGAGGATGGT
VR（*Phvul.* 008*G*076600）	F：AGTGCTTGGAGTGATGTG
	R：ACTGCCTTCTCTGTCAAC
*GSVIVT*00023967001（*Phvul.* 008*G*249500）	F：TGGTTGCGATGGTTCAG
	R：TGCTTCCACCTTAGACTTG
I2′H（*Phvul.* 009*G*244100）	F：CTCGTCTCGTGGTTGTG
	R：CGGTGGTGTTGTCGTAG
*MTR_3g*055120（*Phvul.* 011*G*153600）	F：GCAATGGAGGAGGAGAAG
	R：GATGTCTTGGTAGGCTTGA
内参	F：GAAGTTCTCTTCCAACCATCC
	R：TTTCCTTGCTCATTCTGTCCG

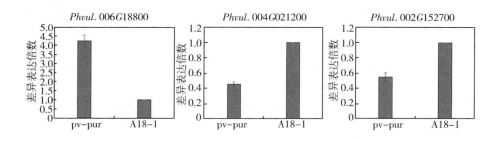

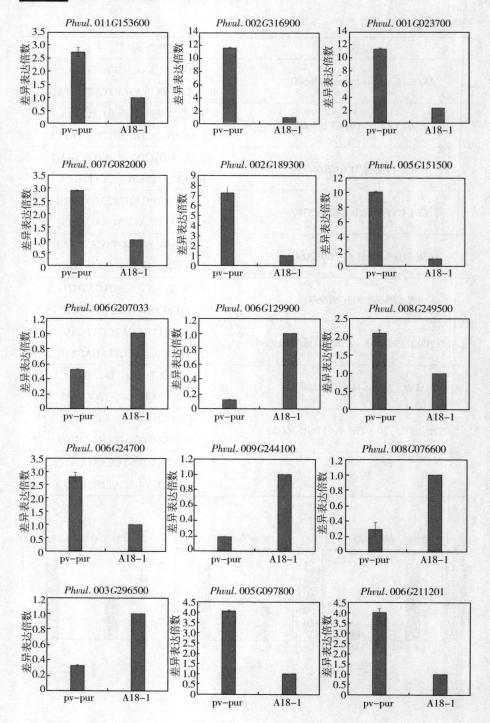

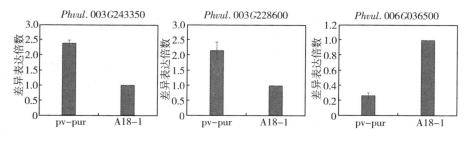

图 1 - 2 - 4 基因表达的 qRT - PCR 验证

2.2.5.7 参与花青素生物合成的差异表达基因

在花青素生物合成途径中共有 7 个 *PAL* 基因、3 个 *C4H* 基因、10 个 *4CL* 基因、14 个 *CHS* 基因、4 个 *CHI* 基因、1 个 *F3H* 基因、2 个 *F3′H* 基因、2 个 *F3′5′H* 基因、8 个 *DFR* 基因、1 个 *ANS* 基因、3 个 *UFGT* 基因、1 个 *5MAT* 基因和 5 个 *3AT* 基因。其中仅有 3 个基因发生了差异表达,分别是 *F3′5′H*(*Phvul. 006G018800*)、*F3′H*(*Phvul. 004G021200*)和 *ANS*(*Phvul. 002G152700*)。编码 *F3′5′H* 的基因在紫化突变体中上调表达,其他两个编码 F3′H 和 ANS 的基因在紫化突变体中下调表达。图 1 - 2 - 5 为参与花青素生物合成的基因的表达模式。

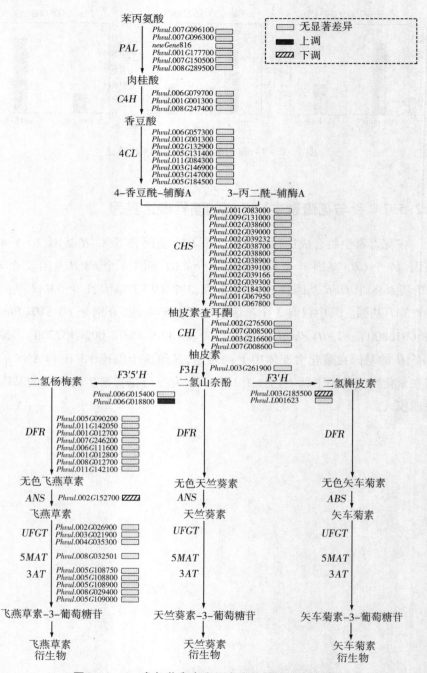

图 1 - 2 - 5　参与花青素生物合成的基因的表达模式

2.2.6 靶向代谢组分析

选择与转录组分析相同部位的试验材料进行代谢组分析,"CK"代表野生型,"M"代表紫化突变体,每组进行 3 次重复。

2.2.6.1 代谢物定性定量及质控分析

原始数据下机后通过软件 Analyst 1.6.3 进行质谱分析,用于后续定性定量。基于本地代谢数据库,对样品的代谢物进行了质谱定性定量分析。图 1-2-6 中显示的是质控样品的总离子流以及 MRM 代谢物检测多峰图。MRM 代谢物检测多峰图展示了样品中能够检测到的物质,每个不同颜色的质谱峰代表检测到的一个代谢物。本书中共检测到 12 种已知的花青素类代谢物,对应信息如表 1-2-13 所示。

表 1-2-13 花青素类代谢物信息统计表

标号	物质	KEGG
pma1590	芍药素 -O-己糖苷	花青素
pmb2957	矢车菊素 -O-丁香酸	—
pme0442	飞燕草素	C05908
pme0443	锦葵素 3-O-半乳糖苷	—
pme0444	锦葵素 3-O-葡糖苷	C12140
pme1398	飞燕草素 3-O-葡萄糖苷	C12138
pme1777	花色苷	C08639
pme1786	锦葵素苷	C08718
pme3391	矮牵牛花素 -3-O-葡萄糖	C12139
pme3609	矢车菊素	C05905
pmf0203	芍药素 -3-O-葡萄糖苷氯化物	—

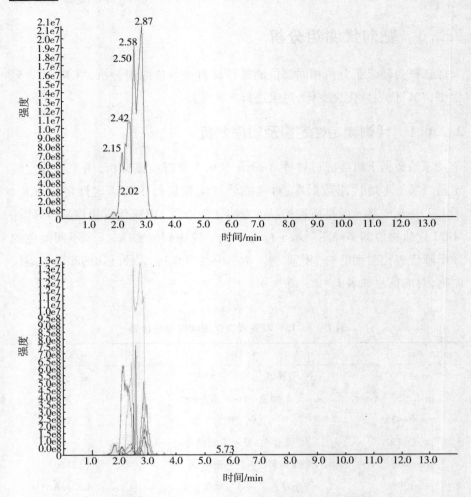

图 1 - 2 - 6　样品质谱分析总离子流和 MRM 代谢物检测多峰图

　　为了比较 12 个代谢物中每个代谢物在不同样品之间的物质含量差异，需要对每个代谢物在不同样品中检测到的质谱峰进行校正，以确保定性定量的准确性。图 1 - 2 - 7 为随机选取的代谢物在不同样品中的定量分析积分校正结果。

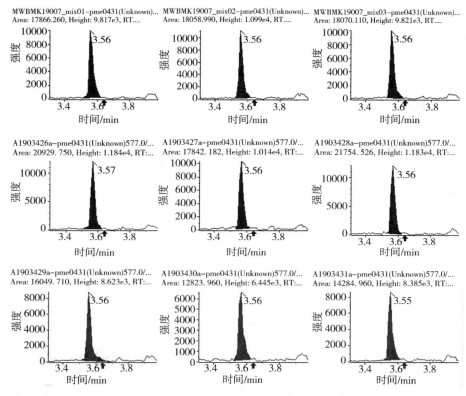

图 1 - 2 - 7 代谢物定量分析积分校正图

注:横坐标代表代谢物检测的保留时间,纵坐标代表代谢物离子检测的离子流强度,峰面积代表物质的相对含量。

　　为了分析在相同的处理方法下试验的重复性,在分析的过程中,每 10 个检测分析样品中就会插入 1 个质控样品,用来监测分析过程的重复性。如图 1 - 2 - 8 所示,代谢物检测总离子流的曲线重叠性高,这意味着保留时间和峰强均一致,表明质谱对同一样品在不同时间检测时信号稳定性好,代谢组结果数据重复性好、可靠性高。

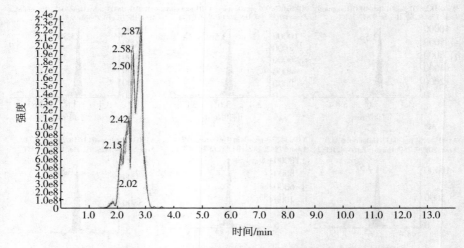

图 1 - 2 - 8　QC 样品质谱检测 TIC 重叠图

2.2.6.2　差异代谢物筛选

通过计算 fold change，并采用 Wilcoxon 秩和检验方法求出 P – value，选择 fold change≥2 和 P – value≤0.5 的代谢物为最终差异代谢物。本书中差异显著的代谢物共有 10 个，其中在紫化突变体中显著上调的代谢物有 5 个，分别是锦葵素 – 3 – O – 半乳糖苷、锦葵素 – 3 – O – 葡糖苷、飞燕草素 – O – 葡萄糖苷、锦葵素苷和矮牵牛素 – 3 – O – 葡萄糖。在紫化突变体中显著下调的代谢物有 5 个，分别是芍药素 – O – 己糖苷、矢车菊素 – O – 丁香酸、飞燕草素、花色苷和芍药素 – 3 – O – 葡萄糖苷氯化物。如表1 – 2 – 12 所示。

表 1 – 2 – 14　差异代谢物筛选结果

物质	P – value	$\log_2$ 差异变化倍数	上调/下调
芍药素 – O – 己糖苷	0.1	– 3.997763584	下调
矢车菊素 – O – 丁香酸	0.1	– 3.525739329	下调
飞燕草素	0.1	– 1.659700902	下调
锦葵素 – 3 – O – 半乳糖苷	0.1	9.953751834	上调
锦葵素 – 3 – O – 葡糖苷	0.1	10.2034867	上调

续表

物质	$P-value$	$\log_2$ 差异变化倍数	上调/下调
飞燕草素－3－O－葡萄糖苷	0.06360257	19.86383696	上调
花色苷	0.1	−3.916313106	下调
锦葵素苷	0.1	5.370178769	上调
矮牵牛素－3－O－葡萄糖	0.1	5.974442025	上调
芍药素－3－O－葡萄糖苷氯化物	0.1	−4.031065859	下调

2.2.6.3　差异代谢物功能注释

为了了解差异代谢物在生物体内的相互作用,利用 KEGG 数据库对差异代谢物进行注释。结果显示,10 个差异代谢物中 5 个代谢物能够比对到 KEGG 数据中。其中飞燕草素、锦葵素－3－O－葡糖苷、飞燕草素－3－O－葡萄糖苷、花色苷和矮牵牛素－3－O－葡萄糖参与了花青素生物合成,如表 1－2－15 所示,而飞燕草素同时参与了黄酮类化合物生物合成。

表 1－2－15　差异代谢物在 KEGG 数据库中注释情况

代谢物	化合物编号	代谢通路
芍药素－O－己糖苷	—	—
矢车菊素 O－丁香酸	—	—
飞燕草素	C05908	花青素生物合成,黄酮类化合物生物合成
锦葵素－3－O－半乳糖苷	—	—
锦葵素－3－O－葡糖苷	C12140	花青素生物合成
飞燕草素－3－O－葡萄糖苷	C12138	花青素生物合成
花色苷	C08639	花青素生物合成
锦葵素苷	C08718	
矮牵牛素 3－O－葡萄糖	C12139	花青素生物合成
芍药素－3－O－葡萄糖苷氯化物	—	—

2.2.7　代谢组与转录组联合分析

根据本书花青素靶向代谢组中差异代谢物的分析结果,结合转录组差异表达基因进行分析,将相同分组的差异表达基因及差异代谢物同时映射到 KEGG 通路上,这样可以更好地了解基因与代谢物之间的关系。对差异代谢物及基因进行相关性分析,首先在分析前统一对数据进行 $\log_2$ 转换,然后对代谢组和转录组数据进行联合分析,利用 PCC 和对应的 P – value (PCCP)进行筛选,标准是:│PCC│> 0.8 且 PCCP < 0.05。按照通路选取相关性大于 0.8 的差异表达基因和差异代谢物进行作图,可以直观地看出差异代谢物与差异表达基因之间的关系,如图1 – 2 – 9所示,最终得到 1 个代谢物 $Pme0442$(飞燕草素)的差异代谢与 3 个基因的差异表达有关,这 3 个基因分别是 $Phvul.006G024700$(SHT)、$Phvul.002G152700$(ANS)和 $Phvul.006G018800$($F3'5'H$)。由此推测,这 3 个基因表达量的变化很可能是导致突变体紫化表型的原因。

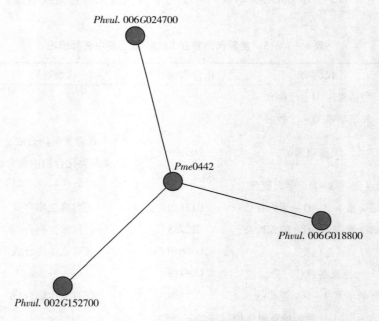

图 1 – 2 – 9　代谢物和基因的相关性网络图

2.2.8　紫化突变基因 *pv-pur* 候选基因预测

综合初步定位、转录组及代谢组结果对紫化突变基因 *pv-pur* 候选基因进行预测。在 BSA 测序结果中，将紫化突变基因 *pv-pur* 定位于 Chr06 染色体 3740000～9590000 范围内，其间有 3 个基因与花青素生物合成相关，分别是 *Phvul.006G015400*（*F3′5′H*）、*Phvul.006G018800*（*F3′5′H*）和 *Phvul.006G020200*（*MYB*）；通过转录组测序结果已知在 209 个差异表达基因中，仅有 3 个基因参与了花青素生物合成途径，分别是 *Phvul.006G018800*（*F3′5′H*）、*Phvul.004G021200*（*F3′H*）和 *Phvul.002G152700*（*ANS*）；在转录组和花青素靶向代谢组联合分析的结果中，代谢物 Pme0442（飞燕草素）的差异代谢与 3 个基因的差异表达有关，这 3 个基因分别是 *Phvul.006G024700*（*SHT*）、*Phvul.002G152700*（*ANS*）和 *Phvul.006G018800*（*F3′5′H*）。因此预测 *pv-pur* 的候选基因为 *Phvul.006G018800*（*F3′5′H*）。对紫化突变体豆荚与茎进行了遮光处理，将豆荚与茎的一部分用锡箔纸包裹遮光，结果表明，遮光部分表现为白色或绿色，未遮光部分正常表现为紫色，说明紫化突变基因受光诱导。将基因 *Phvul.006G018800* 分别在野生型A18-1和紫化突变体 pv-pur 中进行克隆测序，比对后发现该基因在紫化突变体 pv-pur 的序列中存在 4 个 SNP，其中第 1 个和第 4 个 SNP 为非同义突变，如图 1-2-10 所示。

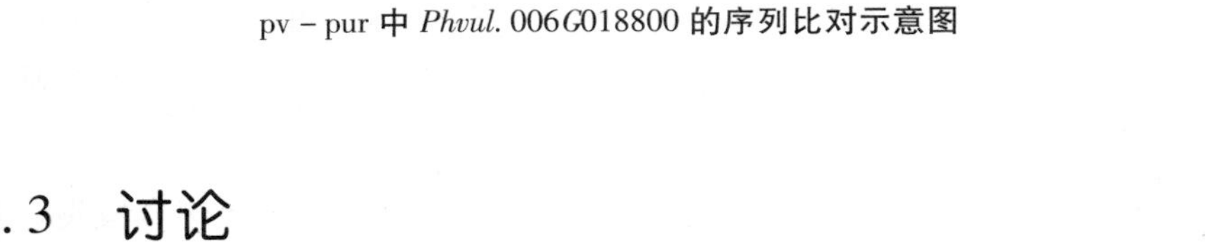

Phvul.006G018800(cDNA 长度: 1156 bp)

	1	493	669	798	864	1156
A18-1		T	C	A	C	
pv-pur		A	T	G	A	

图 1-2-10　野生型 A18-1 和紫化突变体

pv-pur 中 *Phvul.006G018800* 的序列比对示意图

2.3　讨论

在利用高通量测序技术挖掘与目标性状相关的基因时，通常会选择在目标性状上存在明显差异,而其他遗传背景比较一致的材料进行转录组测序。这样会尽可能排除遗传背景差异造成的差异表达基因过多的现象。例如,可以选择近等基因系作为试验材料,相关研究人员对大白菜雄性不育基因挖掘采用的就是一个能够稳定遗传的雄性不育两用系,其不育株与可育株之间相当于近等基因系。另外选择突变体与野生型进行转录组测序时,寻找与突变性状相关的差异表达基因也是一种非常好的选择。例如,研究人员对一株生长发育迟缓的大白菜突变体与其野生型的叶片进行转录组测序分析,共检测到了 338 个差异表达基因,这对转录组测序得到成千上万个差异表达基因来说,目标基因的范围已经大大缩小了,在这个小范围的差异表达基因中很容易筛选到一些与生长发育迟缓相关的基因,推测出该突变体可能是由于叶绿素生物合成和叶绿体发育出现了问题而整个植株生长发育迟缓。综合前人的研究结果,本书转录组测序采用的材料是突变体,它是由野生型经 $^{60}Co-\gamma$ 射线辐射处理后经过筛选自交得到的一个纯合植株,突变体与野生型仅在目标性状颜色上存在差异,遗传背景简单一致,非常适于差异转录组分析。试验得到的结果也证实了这一点,通过转录组分析共得到了 209 个差异表达基因,而其中与花青素生物合成相关的基因仅有 3 个。

在植物花青素生物合成的研究中,转录组、蛋白质组、代谢组的应用都比较多。在对具有黑色果实的枸杞的转录组测序中,得到了参与枸杞果实发育过程中调控花青素变化的 83 个 *MYB* 基因。通过转录组测序对猕猴桃花青素生物合成相关基因进行分析,发现 *ANS* 和 *UFGT7* 是决定其花青素生物合成的关键基因。转录组测序也在马铃薯、核桃、桂花等植物花青素研究中起到了很好的应用效果。在花青素的代谢组研究中前人对葡萄、拟南芥、马铃薯等植物进行了研究。其中刘芳等人对紫色马铃薯和红色马铃薯进行了转录组和代谢组的联合分析,探讨了马铃薯花青素生物合成过程中颜色由紫色向红色转变的调控机制。本书采用多组学联合分析的方法,结合转录组、代谢组和基因组测序结果,目标明确指向合成花青素途径中调控基因 *F3′5′H*,该结论比较可靠。

F3′5′H 属于细胞色素 P450 家族,是花青素生物合成途径中合成飞燕草色素这一分支中最关键的酶之一。它的主要作用是使 DHK 和 DHQ 转换为 DHM,而 DHM 是飞燕草素的前体物质,F3′5′H 是这一步反应中必不可少的酶。*F3′5′H* 基因最早是在茄子中克隆的,这也是在植物中最早克隆的 *CYP* 基因,利用基因探针发现该基因位于茄子幼苗的胚轴中,并且受白光诱导。在此之后有研究人员在矮牵牛的花中克隆到了与茄子 *F3′5′H* 基因同源的一个基因。随后在其他一些植物中陆续克隆分离得到了 *F3′5′H* 基因,如长春花、风铃草、水稻、拟南芥等。前人的研究表明,*F3′5′H* 基因的表达具有时空特异性,但其在不同植株和不同组织部位的表达情况也不相同。在茄子中,*F3′5′H* 基因的表达受白光诱导,随着光强的增加 *F3′5′H* 基因的表达量升高。在对矮牵牛的研究中,*F3′5′H* 基因不在叶子中表达,而在花蕾中表达,且在其发育中期表达量最高。此外,在免疫组织化学定位分析中发现,*F3′5′H* 在韧皮部中优势表达。本书认为,紫化突变体表型变异是编码 *F3′5′H* 基因的 *Phvul.006G018800* 突变造成的,对紫化突变体进行观察发现,紫色表型出现在胚轴、茎、叶脉、花瓣以及豆荚荚壁中,其中在胚轴、茎和叶脉中表现尤为明显,这符合 *F3′5′H* 基因在韧皮部中优势表达的特点。对紫化突变体进行遮光处理,发现利用锡箔纸进行遮光处理的部分没有出现紫色,而未遮光的部分表现出紫色,这说明突变基因也受到光的诱导,与茄子中的研究结果表现一致。所以菜豆紫化突变体是编码*F3′5′H*的基因 *Phvul.006G018800* 突变导致的。

本章采用 BSA、转录组测序及代谢组分析等方法,对菜豆紫化突变体 pv - pur 花青素遗传特征及相关基因进行了研究,最终得到如下结论:

1. 利用功能获得型紫化突变体 pv - pur 与其野生型 A18 - 1 进行六世代杂交,突变体紫化表型由单显性核基因控制,将该基因命名为 *pv - pur*。

2. 利用 BSA 技术对等化突变体与野生型构建的 F_2 代基因定位群体进行测序,紫化突变基因 *pv - pur* 位于 Chr06 染色体 5.85 Mb 范围内。

3. 利用 RNA - seq 对等化突变体与野生型胚轴进行转录组测序,共筛选到 209 个差异表达基因,其中在花青素生物合成途径中仅有 3 个基因发生了差异表达,分别是 *F3′5′H*(*Phvul.006G018800*)、*F3′H*(*Phvul.004G021200*)和 *ANS*(*Phvul.002G152700*),推测这 3 个基因可能是紫化突变体中飞燕草素、矮牵牛素和锦葵素增加的原因。

4. 利用花青素靶向代谢组对紫化突变体与野生型胚轴进行分析,共检测到 10 个差异显著的代谢物,将其与差异表达基因进行联合分析,得到差异代谢物飞燕草素与基因 *Phvul. 006G024700*（*SHT*）、*Phvul. 002G152700*（*ANS*）和 *Phvul. 006G018800*（*F3'5'H*），推测这 3 个基因表达量的变化很可能是导致紫化表型的原因。

5. 综合初步定位、转录组测序及代谢组分析结果，预测 *pv - pur* 的候选基因为 *Phvul. 006G018800*（*F3'5'H*）。将该基因在紫化突变体与野生型中进行 cDNA 序列克隆比对，发现其在紫化突变体中存在 2 个非同义的 SNP 突变位点，这可能是造成基因突变的原因。

第三章 大白菜复等位基因遗传雄性不育分子机理研究

雄性不育系的利用是大白菜杂交制种的重要途径。本课题组发现的大白菜核雄性不育复等位遗传材料,为雄性不育系的创制开辟了新的途径。魏鹏等人利用 AFLP 与 SSR 标记技术对大白菜核不育复等位基因进行定位,将不育基因 Ms 和它的恢复基因 Ms^f 定位于 A07 染色体上。任芳在这一初步定位结果的基础上,扩大精细定位群体,开发与 Ms 连锁更加紧密的 SSR 标记,将其定位在 A07 染色体 6700~6800 kb 区间内。由于在该区间内没有找到具有多态性的 SSR 和 Indel 标记,而且在定位区间内也没有发现与雄蕊育性相关的基因,因此猜测不育材料的基因组在这一区间内可能发生了片段插入、倒位等未知的变化。本书以雄性不育两用系的不育株叶片为试材,构建了 BAC 文库,筛选对应定位区间的 BAC 克隆,旨在摸清该区间内 DNA 序列发生的变化,找到大白菜核不育复等位基因(Ms、Ms^f 和 ms)。

3.1 材料与方法

3.1.1 试验材料

本章选用的植物材料分别为:具有纯合不育基因型($MsMs$)的核雄性不育两用系不育株和具有纯合恢复基因型($Ms^f Ms^f$)的大白菜自交系 12d1(用于基因克隆)。两用系可育株与不育株分离比例为 1∶1,不育株花药退化彻底,不能产生花粉。将两用系和 12d1 的种子催芽,4 ℃春化 15 天后播种于基地冷棚。12d1 在幼苗期即可取样,取硬币大小幼嫩叶片放于 2 mL 离心管中,液氮速冻后保存于 −80 ℃冰箱,用于 DNA 提取。等到两用系开花,鉴别出群体内的不育株,将不育株的叶片取样保存,用于 BAC 文库构建与 DNA 提取。

在菌株与载体的选择上,BAC 文库构建所选用的菌种为大肠杆菌 DH10B,载体 pIndigoBAC −5。在基因克隆连接转化中用到的菌株与载体分为大肠杆菌 Top10 和载体 pEGM −T。

3.1.2　DNA 提取与检测

采用植物 DNA 快速提取试剂盒进行样品 DNA 提取,具体操作步骤如下:

(1)首先将 −80 ℃保存的植物叶片在液氮中速冻,然后用研磨棒将其研磨成粉末。迅速向离心管中加入 400 μL 缓冲液 LP1 和 6 μLRNase A,剧烈振荡 1 min 后室温静置 10 min。

(2)静置后向离心管中继续加入 130 μL 缓冲液 LP2,剧烈振荡 1 min。

(3)将离心管放入离心机中室温 12000 r/min 离心 5 min,用移液枪将上清液小心吸至新的 1.5 mL 离心管中。

(4)向离心管中加入约为上清液 1.5 倍体积的缓冲液 LP3,立刻剧烈振荡 15 s。

(5)将振荡后的液体全部倒入吸附柱中,将吸附柱放入离心机室温 12000 r/min 离心 30 s,倒掉废液。

(6)向吸附柱中加入 600 μL 漂洗液 PW,然后将吸附柱放入离心机室温 12000 r/min 离心 30 s,倒掉废液。然后再将此步骤重复一遍。

(7)将吸附柱放入离心机室温 12000 r/min 离心 2 min,去掉多余液体。扔掉收集管,将吸附柱放入一个新的 1.5 mL 离心管中,打开吸附柱盖,将吸附柱彻底晾干。

(8)晾干后向吸附柱的中间部位加入 100 μL 灭菌水(60 ℃预热),室温静置 2 min 后放入离心机室温 12000 r/min 离心 2 min,扔掉吸附柱,在离心管的盖子上写好标号,−20 ℃冰箱保存。

DNA 提取后采用 1% 琼脂糖凝胶电泳和紫外分光光度计检测其纯度与浓度。

3.1.3 BAC 克隆筛选引物与基因克隆引物的设计

BAC 克隆筛选引物设计:在定位试验的基础上,根据 Batabase Database 公布的大白菜基因组信息,利用 premier 5 设计该定位区间内引物,筛选引物共设计6对,如表1-3-1所示,退火温度为58 ℃。基因克隆引物设计:根据 BAC 克隆测序结果进行引物设计,若是基因超过1500 bp 则可将其分成几段,保证每段 PCR 产物不超过1200 bp,这样可以保证其与 T 载体的连接效率。基因克隆引物利用 premier 5 设计,退火温度为55 ℃。

表1-3-1 BAC 克隆筛选引物

引物名称	引物序列
LCSK1 – L	AAAAGAAGCAGCAGAGACGAGTAA
LCSK1 – R	CTTGTCATAGCCCACATAACCATAG
LCSK2 – L	ACACTACTACTCACCAAACCCCA
LCSK2 – R	TTTACACGAAATCCCAAAAAGAC
LCSK3 – L	AACATCATCTTCGTCATCCTCCC
LCSK3 – R	AACATCATCTTCGTCATCCTCCC
LCSK4 – L	TAACCGTGAAATCCCAAAAACTG
LCSK4 – R	CCTCTTGCTGAACCAATGTGCT
LCSK5 – L	TCGTTTTGCTGTTGAGGATTGTC
LCSK5 – R	TCATAAGCTCGTTCTTCACTTGG
LCSK6 – L	TTATTCGACAGCAAAGACGGC
LCSK6 – R	TGTTCAGCAGATTTACCCCGA

3.1.4 BAC 克隆筛选

本书构建的 BAC 文库为一个约51840个克隆混合型文库,分成96个细胞放置于96孔板中,平均每孔有540个克隆。在筛选单克隆时首先将96孔板的每一列构建一个混池,即在超净工作台中从每一列8个孔中各吸出10 μL 菌液加入同一个新的离心管中混匀。构建好12个混池后,标好序号,每管中加入 1 mL2 × YT 培养基(氯霉素浓度为12.5 μg/mL),37 ℃避光摇菌(200 r/min)16 ~ 24 h。菌液摇起后提出质粒 DNA,用 BAC 克隆筛选引物对12 个质粒 DNA 进行 PCR 扩增,扩增产物用 1% 琼脂糖凝胶电泳进行检测。

PCR 反应程序:

95 ℃	5 min	
95 ℃	30 s	
58 ℃	30 s	} 30 个循环
72 ℃	1 min	
72 ℃	5 min	
4 ℃	保存	

从 12 个混池中挑选出 1 个阳性混池继续进行试验,将选出的混池在 96 孔板中对应的那一列的 8 个孔中各吸出 10 μL 菌液分别加入新的离心管中,再加入 1 mL 含有氯霉素的 2 × YT 培养基,37 ℃避光摇菌(200 r/min)16 ~ 24 h。菌液摇起后提取质粒 DNA,用 BAC 克隆筛选引物对这 8 个质粒 DNA 进行 PCR 扩增,扩增产物用 1% 琼脂糖凝胶电泳进行检测。PCR 反应程序同上。

筛选出阳性孔后就可以进行单克隆的筛选了。在超净工作台中,首先从筛选出的阳性孔中吸出 4 μL 菌液加入 40 mL2 × YT 培养基进行稀释。混匀后吸出 100 μL 到含有氯霉素的 LB 固体培养基平板上,用推子涂匀涂干,37 ℃避光倒置培养 12 ~ 14 h,要随时注意菌落情况(不要长得太密)。菌落长好后,向紫外线杀菌过的新 96 孔板的各孔中加入 10 μL 灭菌水,用白枪头挑取单克隆菌落于水中混匀。为了找到符合条件的单菌落,每次挑菌要尽可能多,本书中每次挑 10 块 96 孔板共 960 个单克隆。以 96 孔板中混入菌落的水为 DNA 模板进行 PCR 扩增,PCR 反应程序同上,扩增产物用 1% 琼脂糖凝胶电泳进行检测,找出阳性单克隆。

找出阳性单克隆后,将对应的 96 孔板中的液体全部吸出,加入 1 mL 含有氯霉素的 2 × YT 培养基中,37 ℃避光摇菌(200 r/min)16 ~ 24 h。菌液摇起后,加入同样体积的甘油,摇匀后 - 80 ℃冰箱保存备用。

3.1.5　质粒提取

BAC 克隆的片段长度在 150 kb 左右并且拷贝数低,本书中 BAC 克隆的提取采用相应试剂盒,为提高质粒提取的纯度与质量,对提取步骤进行了摸索,具体操作如下:

(1)前一天下午将筛选出的 BAC 克隆用 500 mL 2 × YT 培养基摇起,37 ℃避光摇菌 16 ~ 24 h。第二天在质粒提取前将药品准备好。准备100 mol/L的 ATP 溶液,即将 2.75 g ATP 溶于 40 mL 蒸馏水,用 10 mol/LNaOH将 pH 值调到 7.5,再用蒸馏水定容到 50 mL。准备 70% 乙醇。将225 μL核酸外切酶溶剂加入一瓶 ATP 依赖型核酸外切酶溶剂中,用手轻轻敲击瓶壁将其混匀,室温放置 15 min。将 Buffer P3 放到 4 ℃冰箱中预冷,Buffer QF 放到 65 ℃水浴锅中预热。

(2)把准备好的菌液分装到 2 个 50 mL 离心管中,放入离心机中4 ℃、6000 r/min 离心 15 min。分多次离心,直到将菌液全部离心完。

(3)向离心管中各加入 10 mLBuffer P1,用移液枪将菌液沉淀吸打混匀。

(4)向离心管中加入 10 mLBuffer P2,立即盖上盖子上下颠倒4 ~ 6 次,室温孵育 5 min(不要超过 5 min)。

(5)将冰箱中的 Buffer P3 拿出,吸取 10 mL 加入离心管中,盖上盖子后立即上下颠倒 4 ~ 6 次,这时会出现白色絮状沉淀,放入冰中孵育 10 min。

(6)从冰中拿出后放入离心机中,4 ℃ 大于 20000 r/min 以上转速离心30 min(若离心机没有这么高转速可以将时间延长)。离心后将两管中的上清液合在一起。

(7)将折叠滤芯放入三角瓶,用蒸馏水润湿滤芯备用。将上清液倒入滤芯中进行过滤,过滤后液体为淡黄色。

(8)将过滤液倒入离心管中,估计过滤后液体的体积,加入 0.6 倍体积的异丙醇混匀用于沉淀 DNA。将离心管放入离心机中,4 ℃、15000 r/min 或15000 r/min 以上转速离心 30 min,小心地倒掉上清液。

(9)向离心管中加入 5 mL 70% 乙醇,冲洗 DNA 沉淀,放入离心机中15000 r/min 离心 15 min。

(10)倒掉上清液后将离心管倒置于滤纸上,吸掉离心管中多余液体后将离心管正置,然后在通风橱中晾干(大约 30 min)。

(11)晾干后用 9.5 mLBuffer EX 溶解 DNA(将加入 Buffer EX 的离心管放入摇床中摇 1 h 左右)。

(12)向离心管中加入 200 μLATP 依赖型核酸外切酶和 300 μL 100 mol/L 的 ATP 溶液,用移液枪轻轻混匀,然后放入 37 ℃培养箱中静置 1 h。

(13)将过滤柱放入一个新的离心管中,向过滤柱中加入 10 mL Buffer QBT,利用重力使其流下。

(14)向 DNA 样品中加入 10 mL Buffer QS,混匀后将液体倒入(分几次倒入)过滤柱中,利用重力将其通过柱子。

(15)向过滤中柱加入 30 mL Buffer QC 进行清洗,并重复 1 次。

(16)将过滤柱放入一个新的离心管中,向其中加入 15 mL 预热的 Buffer QF,将 DNA 洗脱下来。

(17)估计离心管中液体的体积,加入 0.7 倍(约 10.5 mL)异丙醇沉淀 DNA 后立即混匀,放入离心机中 4 ℃、15000 r/min 离心 30 min。

(18)倒掉上清液,用 5 mL 70% 乙醇清洗 DNA,15000 r/min 离心 15 min。

(19)倒掉上清液后将离心管倒置于滤纸上,吸掉离心管中多余液体后将离心管正置,然后在通风橱中晾干(大约 30 min)。

(20)晾干后向离心管中加入 500 μL 灭菌水,放入摇床中摇 1 h,使 DNA 完全溶解。用 1% 琼脂糖凝胶电泳和酶标仪进行检测后,-80 ℃保存。

3.1.6　BAC 克隆测序

将符合要求的 BAC 克隆质粒送到测序公司进行测序,一份进行第二代测序,一份进行第三代测序。

3.1.6.1　第二代测序与生物信息学分析

用检测合格后的 BAC 克隆质粒构建测序文库,首先将质粒 DNA 片段打断为 500 bp 左右的小片段,然后片段 3′端加上一个接头,利用琼脂糖凝胶电泳回收纯化目的片段,再使用 PCR 扩增两端带有接头的 DNA 片段,最后将检测合格的测序文库进行 cluster 制备和测序。测序后的原始数据经过去接头和去低质量数据后得到高质量的数据,然后将其进行基因组的组装。根据组装结果,与参考基因组比对,进行编码基因预测以及 rRNA、tRNA 和非编码 RNA 的预测,然后对预测的基因进行 Nr、KEGG、GO 等数据库的功能注释和分析。

3.1.6.2　第三代测序与生物信息学分析

取 5 μg 样品 DNA,利用 Covaris® g – TUBE®将 DNA 打断至 10 kb。片段化后的 DNA 用相应试剂盒构建文库:加入 0.45 倍体积的 AMPure® Beads 进行纯化,得到 37 μL 溶解于洗脱缓冲液的剪切 DNA;随后依次加入 DNA 损伤修复缓冲液、NAD$^+$、ATP high、dNTP 和 DNA 损伤修复混合液,37 ℃ 反应 20 min,快速回到 4 ℃,加入末端修护混合液,25 ℃ 反应 5 min,回到 4 ℃;加入 0.45 倍体积的 AMPure® Beads 进行纯化,得到 30 μL 末端修复 DNA;随后加入 Annealed Blunt Adapter、Template Prep Buffer、ATP low 和连接酶,25 ℃ 反应 15 min,65 ℃ 反应 10 min,回到 4 ℃;随后加入 Exo Ⅲ 和 Exo Ⅶ,37 ℃ 反应 1 h,用 0.45 倍体积的 AMPure® Beads 进行两次纯化,即可得到供测序的 SMRTbell Template。构建好的 SMRTbell Template 利用相应试剂盒退火测序引物并将聚合酶结合到 SMRTbell Template 上,随后在 PacBio RS Ⅱ 平台上进行测序反应。

得到测序数据后,首先对测序获得的数据进行质量控制,而后获得的高质量数据组装成全基因组序列(如果是完成图项目,则需要通过试验手段进行补洞使其成为一个完整的基因组),然后对全基因组序列进行后续基因组分分析和比较基因组学分析,对预测的基因进行功能注释和蛋白质分类,最终汇总统计。分析流程如图 1 – 3 – 1 所示。

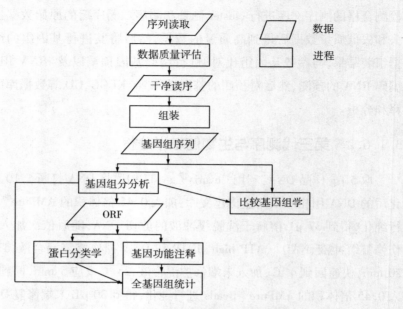

图 1 – 3 – 1   第三代测序与生物信息学分析流程

3.1.7   基因克隆与转化

以雄性不育两用系不育株和 12d1 的 DNA 为模板,利用基因克隆引物进行 PCR 扩增,DNA 聚合酶采用 LA Taq 酶。反应体系如下:

缓冲液	5 μL
dNTP	4 μL
上游引物	2.5 μL
下游引物	2.5 μL
LA Taq 酶	0.5 μL
DNA	5 μL
ddH$_2$O	30.5 μL
总计	50 μL

反应程序参照前面的 PCR 反应程序,只是将退火温度变成 55 ℃,循环中 72 ℃延伸 45 s。将 50 μL 反应体系的 PCR 产物进行琼脂糖凝胶电泳并

切胶回收。琼脂糖凝胶回收采用相应试剂盒,具体操作步骤简化如下:①挖胶放入 2 mL 离心管中称重(0.1 g 约等于 100 μL),向离心管中加入等体积的 Buffer XP2,放入 60 ℃ 水浴锅中将胶完全溶解(大约 15 min)。②完全溶解后将液体全部倒入过滤柱中,放入离心机中 10000 r/min 离心 1 min,倒掉废液。③向过滤柱中加入 300 μLBuffer XP2,放入离心机中 10000 r/min 离心 1 min,倒掉废液。④向过滤柱中加入 700 μLSPW Wash Buffer,10000 r/min 离心 1 min,倒掉废液。此步骤重复一次。⑤将过滤柱空离 1 次,13000 r/min 离心 2 min。将过滤柱放入一个新的 1.5 mL 离心管中,开盖晾干。⑥晾干后向过滤柱中加入 50 μL 洗脱缓冲液,室温静置 2 min。⑦13000 r/min 离心 1 min,将离下的液体重新加入过滤柱中放 1 min 后再次离心,即回收完成。将回收产物进行琼脂糖凝胶电泳胶检测,检测合格后将胶回收产物与载体 pEGM - T 连接,连接体系如下:

2 × 快速连接缓冲液	2.5 μL
载体 pEGM - T	0.5 μL
T4 DNA 连接酶	0.5 μL
胶回收产物	1.5 μL
总计	5 μL

用移液枪吸打混匀后稍离心,室温孵育 1 h,4 ℃ 过夜后可以用于转化。

转化操作步骤如下:①首先准备冰盒,将水浴锅打开至 42 ℃,超净工作台提前灭菌。②准备好后将 Top10 感受态细胞放在冰盒里解冻,5 min 后将感受态细胞进行分装,每管 50 μL。③将 5 μL 的连接产物全部加入感受态细胞中,轻轻吸打混匀,放在冰中孵育 30 min。④将离心管插入漂浮板中放入 42 ℃ 水浴锅中热击 90 s,到时间后立即拿出插入冰中静置 3 min。⑤向离心管中加入 500 μLLB 液体培养基(在超净工作台中进行)。放入摇床中培养,37 ℃、200 r/min 振荡 1 h。⑥到时间后 8000 r/min 离心 2 min,用移液枪吸除 300 μL 上清液,再向离心管中加入 16 μL IPTG 和 40 μL X - GAL 混匀,用于蓝白斑筛选。⑦吸取 150 μL 混合液加入 LB 平板(含抗生素),用推子推开直至完全干燥,封口后 37 ℃ 倒置培养 12 ~ 14 h。⑧第二天选取白色菌落进行挑菌测序。

3.1.8　石蜡切片

将两用系的种子催芽后 4 ℃ 春化 20 天,2014 年 9 月播种于沈阳农业大学园艺学院实验基地。待第一朵花开后将两用系的可育株与不育株分开,分别收集可育株与不育株花蕾,一部分用锡箔纸包好速冻于液氮中, – 80 ℃ 保存用于提取 RNA,另一部分用于石蜡切片。

3.1.8.1　石蜡切片法操作方法

(1)第一天配制 FAA 固定液:

甲醛	10 mL
无水乙醇	50 mL
乙酸	5 mL
超纯水	35 mL
总计	100 mL

将花蕾按照长度大小分成六级,分别放入装有 FAA 固定液的带胶塞的玻璃小瓶中,用注射器将小瓶中空气抽出让花蕾完全浸没于 FAA 固定液中,放于 4 ℃ 冰箱保存。准备各种浓度乙醇(100%、90%、80%、70%)以便第二天使用。

(2)第二天用前一天配好的不同浓度的乙醇进行梯度洗脱:

70% 乙醇	1 h	
80% 乙醇	1 h	振荡培养
90% 乙醇	1 h	
100% 乙醇	对样品进行清洗	
100% 乙醇	脱色,4 ℃ 过夜	

(3)第三天首先将 4 ℃ 样品瓶中无水乙醇倒掉,换上新的无水乙醇室温放置 30 min。接着进行二甲苯的置换,按照无水乙醇:二甲苯 = 3∶1、1∶1、1∶3 各放置 2 h,然后用 100% 二甲苯置换 3 次每次 1 h。最后用 1∶3 的石蜡:二甲苯在 60 ℃ 培养箱中过夜孵育。

（4）第四天：

$$石蜡:二甲苯 = 1:1 \quad 4\ h$$
$$石蜡:二甲苯 = 3:1 \quad 4\ h$$
$$100\%\ 石蜡 \quad\quad 过夜$$

放于 60 ℃ 培养箱中，样品瓶盖要封好

（5）第五天更换 3 次 100% 石蜡，早、中、晚各一次，要始终放置于60 ℃ 培养箱中，否则石蜡会凝固。

（6）第六天用镊子将花蕾从样品瓶中拿出，放在模具上，倒入在 60 ℃ 培养箱中提前融化好的石蜡溶液，用镊子调整好花蕾位置后立即将模具放于冰上 2 h，石蜡彻底凝固后放入自封袋中，−20 ℃ 冰箱保存。

（7）第七天切片，从模具中把已经包埋好的石蜡块取出，粘在小木块上之后进行修块，准备切片。切片的厚度大约是 10 μm，将切片平铺在载玻片上，滴几滴超纯水将它粘上，放在展片机上 42 ℃ 过夜。

（8）第八天番红固绿染色，中性树胶封片。

3.1.8.2　RNA 提取

试剂和用具：Trizol 品牌、氯仿、异丙醇、无水乙醇、DEPC 水；研钵、研磨棒、药匙（锡纸包好后 180 ℃ 灭菌）、无 RNase 的枪头、1.5 mL 离心管、移液枪。

（1）将样品从 −80 ℃ 冰箱中取出，放入用液氮冷却好的研钵中，在液氮中研磨成粉末。

（2）用药匙将粉末装入无 RNAase 的 1.5 mL 离心管中，加入 1 mL Trizol，混匀室温放置 5 min。

（3）加入 0.2 mL 氯仿，剧烈振荡 1 min，室温放置 5 min。

（4）4 ℃，12000 r/min 离心 10 min（离心机要提前预冷）。

（5）取大约 450 μL 上清液置于新的 1.5 mL 离心管中，加入等体积的异丙醇，摇匀后室温放置 15 min。

（6）4 ℃，12000 r/min 离心 15 min 后弃上清液。

（7）加入 1 mL 用 DEPC 水配制的 70% 乙醇，把沉淀弹起。

（8）4 ℃，7500 r/min 离心 5 min，倒掉上清液后倒扣在纸上吸干多余液体，通风橱中吹干。

（9）加入 20 μL 60 ℃ 预热的 DEPC 水，完全溶解后 −80 ℃ 保存。

3.1.8.3 RNA 反转录及 qRT−PCR 检测

（1）将 −80 ℃ 保存的 RNA 在冰盒里解冻，使用反转录试剂盒进行反转录，首先去除基因组 DNA：

5×gDNA 缓冲液	2 μL
总 RNA	8 μL
总计	10 μL

用枪头吸打几次将其彻底混匀，放于 42 ℃ 水浴锅中水浴 3 min，拿出后放到冰上。然后在管中继续加入：

10×快速 RT 缓冲液	2 μL
RT 酶混合物	1 μL
FQ−RT 混合引物	2 μL
RNase Free ddH$_2$O	5 μL
总计	10 μL

充分混匀后，42 ℃ 水浴 15 min，95 ℃ 水浴 3 min 终止反应后放于冰上，得到 cDNA 后稀释 100 倍，−20 ℃ 保存。

（2）qRT−PCR 操作过程要在冰上进行。应用 Bio−Rad iQ5 软件和荧光定量试剂盒。反应体系为：

2.5×主混物/20×SYBR 溶液	9 μL
正向引物	1 μL
反向引物	1 μL
cDNA 模板	2 μL
ddH$_2$O	7 μL
总计	20 μL

反应程序参照相应试剂盒中三步法反应程序。根据选出的差异表达基因序列用 Primer 6.0 设计基因特异性引物（附录 1），actin 用作内标基因。所有反应进行 3 次重复，数据分析使用 Bio−Rad iQ5 软件。

3.1.8.4 转录组测序分析方法

从样品中提取总 RNA 后，构建转录组文库，利用 Illumina HiSeq™ 2000

完成测序。测序后重复 base - calling 步骤以消除那些不想要的原始读序,其中包括带有接头的、位置碱基大于10%的和低质量的读序。然后利用 TopH-at 将干净读序比对到参考基因组上。

在 RNA - seq 分析中,位于基因组区域或外显子区域的读序可用于基因表达水平的估算,要求两样本差异表达基因的 FDR≤0.001 并且 $\log_2$ 差异表达倍数≥1。

GO 富集分析首先把所有的差异表达基因比对到 GO 数据库中,然后计算出每个 GO term 的基因数量。利用超几何分析将所有在差异表达基因中高度富集的 GO term 再次与基因组背景比较,校正后的 P - value≤0.05。差异表达基因的 GO 富集分析能够表明差异表达基因行使的主要生物学功能。在生物体内,不同基因相互协调行使生物学功能,基于 pathway 的分析有助于进一步了解基因的生物学功能。pathway 富集分析以 KEGG pathway 为单位,应用超几何分析找出与整个基因组相比较后差异表达基因中显著富集的 pathway,Q - value≤0.05。通过 pathway 富集分析可以确定差异表达基因参与的主要代谢和信号转导通路。

3.1.9　miRNA 分析

本书选用大白菜核雄性不育两用系可育株与不育株花蕾进行高通量测序。两用系的可育株(Ms^fMs)与不育株($MsMs$)分离比例为1:1,它是通过杂交、自交和十代以上的兄妹交获得的,相当于一个近等基因系,遗传背景一致。不育株花药雌蕊正常,雄蕊萎蔫,不能产生花粉粒。将两用系的种子进行催芽,春化15天后播种于温室大棚。等到第一朵花开后鉴定植株的育性,分别收集可育株与不育株花蕾,用锡箔纸包好后放入液氮中快速冷冻,于 -80℃冰箱保存,用于总 RNA 和 miRNA 提取。

3.1.9.1　miRNA 反转录及 qRT - PCR 检测

(1)将 -80℃保存的 miRNA 与试剂在冰盒中解冻。首先对 miRNA 的 3'端进行加 Poly(A)尾处理:

miRNA	5 μL
E. coli Poly（A）聚合酶	0.4 μL
10×Poly（A）聚合酶 Buffer	2 μL
5×rATP 溶液	4 μL
RNase – Free ddH₂O	6 μL
总计	17.4 μL

配好混合液后用移液枪轻轻吸打混匀,稍稍离心后37 ℃水浴1 h。接着对加 Poly（A）尾后的 miRNA 进行反转录:

上一步反应液	2 μL
10×RT 引物	2 μL
10×RT 缓冲液	2 μL
超纯 dNTP	1 μL
RNasin	1 μL
定量反转录酶	0.5 μL
RNase – Free ddH₂O	11.5 μL
总计	20 μL

配好混合液后用移液枪吸打混匀,稍离心后37 ℃水浴1 h。得到 cDNA 后稀释100 倍,−20 ℃保存。

（2）本书中的 qRT – PCR 应用 Bio – Rad iQ5 软件,20 μL 反应体系如下,qRT – PCR 反应程序参照试剂盒说明进行。

2×miRcute miRNA 预混物	10 μL
正向引物	0.4 μL
反向引物	0.4 μL
cDNA	2 μL
RNase – Free ddH₂O	7.2 μL
总计	20 μL

在荧光定量引物制备上,试剂盒中自带反向引物,正向引物设计原则遵循引物设计的最基本原则,19 个差异表达的 miRNA 正向引物,如表1 – 3 – 2 所示。

表 1 - 3 - 2　差异表达的 miRNA 正向引物

miRNA	引物序列
bra - miR168b - 3p, bra - miR168c - 3p	CCCGCCTTGCATCAACTGAAT
bra - miR156e - 3p	GCGTCTGCTCACCTCTCTTTCTGTCAGT
bra - miR172d - 5p	GCGTCCGCAGCATCATTAAGATTCACA
bra - miR172d - 3p	CCGAGCGGAATCTTGATGATGCTGCAT
bra - miR172c - 5p	GTCCGCATCATCATCAAGATTCAGA
bra - miR160a - 5p	GCCTGGCTCCCTGTATGCCA
bra - miR164b - 5p, bra - miR164d - 5p, bra - miR164c - 5p	TGGAGAAGCAGGGCACGTGCGA
bra - miR319 - 3p	CCGTGGTTGGACTGAAGGGAGC
bra - miR391 - 3p	CCGTCCTCGGTATCTCTCCTACGTAGC
bra - miR391 - 5p	TTCGCAGGAGAGATAGCGCCA
bra - miR396 - 5p	CCGTCCTTCCACAGCTTTCTTGAACT
bra - miR860 - 3p	CCTACCGTCAATACATTGGACTACATAT
bra - miR5718	CCGTCCTCAGAACCAAACACAGAACAAG
bra - miR9569 - 3p	CCGTCCACACAGGAACAATACTAACTCATT
bra - miR9569 - 5p	CCGTCCTGAGTTATCATTGGTCTTGTG
actin - L	CGAAACAACTTACAACTCCA
actin - R	CTCTTTGCTCATACGGTCA

3.1.9.2　small RNA 文库的构建与测序

用 Trizol 提取样品的总 RNA 后,使用 Agilent 2100 生物分析仪和1% 琼脂糖凝胶电泳进行检测。检测合格后的总 RNA 由 15% 变性聚丙烯酰胺凝胶电泳(PAGE)进行分离,对应 18 ~ 30 个核苷酸的区域回收和纯化。将回收纯化后的小分子片段连接到5′和3′接头上,通过 RT - PCR 转化为 cDNA。cDNA 文库使用 Illumina HiSeq™ 2000 进行高通量测序。

3.1.9.3　生物信息学分析

测序数据分析。首先,将由高通量测序得到的读序进行处理,去除带接头、低质量和被污染的读序。然后将 small RNA 序列比对到 GenBank 数据库和 Rfam ncRNA 数据库中，找到并去除对应 rRNA、tRNA、snRNA、snoRNA 和其他非编码 RNA 的读序。随后将剩下的读序比对到 miRBase 数据库中的植物 miRNA，鉴定这些序列代表的 miRNA。在将所有的 small RNA 片段进行注释后，把未注释的片段进行预测分析。

新 miRNA 的预测。将上一步中未注释的序列用于新 miRNA 预测。新的 miRNA 可以用 miRNA 前体的标志性发夹结构来预测。通过对截取一定长度 small RNA 比对上的基因组序列，探寻其二级结构及 Dicer 酶切位点信息、能量等特征，miRNA 预测软件 Mireap 用来检测鉴定新的 miRNA 的参数如下：(1)测序深度应大于 50；(2)二级结构的最小自由能(MFE)小于 -18；(3)能够检测到 miRNA 序列，如果符合上述条件则被认为可能是一个真正的 miRNA。

差异表达 miRNA 的鉴定。对两样品已知 miRNA 的表达情况进行比较鉴定。操作过程如下：(1)对两样品 miRNA 的表达量进行均一化，公式：均一化的表达量 = miRNA 表达量/样品总表达量×均一量级；(2)从均一化后的表达量计算出差异表达倍数和 P – Value，并比较两样品中共有 miRNA 的表达量差异。在均一化后，如果某个 miRNA 在一个样品中表达量为 0，则修改为 0.01；如果某个 miRNA 在两样品中表达量都小于 1，则由于其表达量过低不参与差异表达分析。

miRNA 靶基因预测参照 2005 年的两篇文献，使用如下规则：(1)small RNA 与靶基因之间的错配数目不能超过 4 个；(2)在 miRNA 与靶基因的复合体中相邻位点的错配不能超过 2 处；(3)在 miRNA 与靶基因的复合体中，miRNA 从 5′端起第 1～12 个位点不能有两个相邻位点都发生错配；(4)miRNA 与靶基因的复合体第 10 个和第 11 个位点不能发生错配；(5)miRNA 与靶基因的复合体中 miRNA 从 5′端起第 1～12 个位点不能有超过 2.5 个错配；(6)miRNA 与靶基因的复合体最小自由能应该不小于此 miRNA 与其最佳互补结合体结合时最小自由能的 75%。

3.2 结果与分析

3.2.1 大白菜雄性不育基因 *Ms* 定位区间 BAC 克隆筛选与测序

3.2.1.1 BAC 克隆筛选结果

对 6 对筛库引物(LCSK1 ~ LCSK6)进行筛选。以雄性不育两用系不育株的 DNA 作为模板,分别用 6 对引物进行 PCR,最后选出一个引物进行后续 BAC 文库的筛选。从图 1 – 3 – 2 中可以看出除了 LCSK2、LCSK3、LCSK4 没有条带以外,其他 3 对引物都可用,本书选择的筛库引物为 LCSK5。

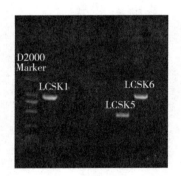

图 1 – 3 – 2 6 对筛库引物的筛选

选择好筛库引物后,对 12 个混池进行筛选,即分别将 12 个混池的质粒作为模板,LCSK5 作为引物进行 PCR,筛选结果如图 1 – 3 – 3 所示。从图中可以看到,第 6、7、10 列没有条带,其他 9 列的混池条带清晰,并且片段长度与两用系不育株扩增片段大小相同。选择第 12 列进行下一步试验。

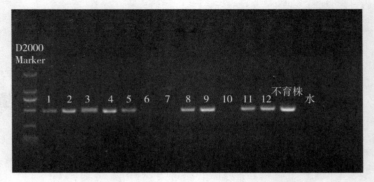

图 1 - 3 - 3　用 LCSK5 对 12 个混池进行筛选

基于混池的筛选,将第 12 列对应的 8 个孔的质粒作为 DNA 模板,用 LCSK5 作为引物进行 PCR,筛选出阳性克隆孔,结果如图 1 - 3 - 4 所示。其中 96 孔板第 12 列第 4 孔(D12)的条带与两用系不育株片段大小相同,所以确定 D12 为阳性克隆孔,可以进行 BAC 单克隆的筛选。

图 1 - 3 - 4　阳性克隆孔的筛选

从 D12 中吸取 4 μL 菌液稀释后,吸取 200 μL 至含抗生素的 LB 培养基中,用推子涂匀涂干,37 ℃倒置培养 12 ~ 14 h,长出如图 1 - 3 - 5 所示的菌落。挑取单菌落至 10 μL 灭菌水中混匀,以其为模板。LCSK5 为引物进行 PCR,筛选结果如图 1 - 3 - 6 所示。其中有两个阳性单克隆,选取其中一个进行摇菌保存,命名为 FH48 - LCSK5(命名方式:FH——BAC 克隆对应的 96

孔板中的阳性克隆孔,A1 为 1、A2 为 2 以此类推——筛库引物名称)。

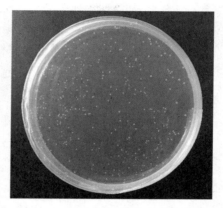

图 1 – 3 – 5 BAC 阳性孔菌液稀释后长出的单菌落

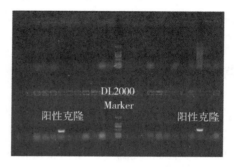

图 1 – 3 – 6 阳性单克隆的筛选

3.2.1.2 BAC 克隆质粒提取结果

将筛选到的 BAC 克隆 FH48 – LCSK5 与之前任芳筛选到的 FH20 – SK-RF1 分别用 500 mL 2 × YT 培养基摇起,用试剂盒提取质粒。质粒提出后用 1% 的琼脂糖凝胶电泳进行检测,结果如图 1 – 3 – 7 所示。用酶标仪检测 OD_{260}/OD_{280} 比值和总量,FH48 – LCSK5 的 OD_{260}/OD_{280} = 1. 96,总量为 31. 64 μg;FH20 – SKRF1 的 OD_{260}/OD_{280} =1. 94,总量为 34. 51 μg,符合测序 要求。

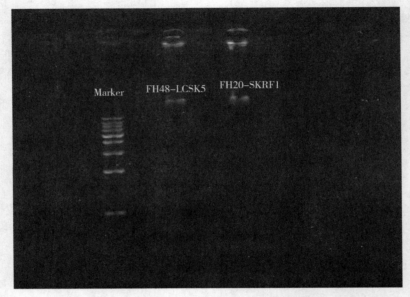

图 1 - 3 - 7　FH48 - LCSK5 和 FH20 - SKRF1 质粒提取结果

3.2.1.3　BAC 克隆测序结果

(1) BAC 克隆 FH20 - SKRF1 的测序结果

　　FH20 - SKRF1 质粒进行第三代测序,采用 PacBio RS Ⅱ 测序平台。测序下机后得到的原始数据,经过过滤接头和去除低质量数据后得到 150978 条子读序,其平均长度为 5785,具体数据如表 1 - 3 - 3 所示。

表1-3-3　FH20-SKRF1有效数据统计

有效数据	统计量
过滤前的碱基数目	1415009371
过滤前读序的平均长度	9415
过滤后碱基数目	1334859500
过滤后读序的平均长度	13572
过滤后读序的平均准确率	0.828
子读序的碱基数目	873397584
子读序的平均长度	5785
子读序的条数	150978

　　选取读长范围为18~26 kb进行基因组装,组装结果如表1-3-4所示。将组装的结果序列进行自我比对后发现,总长度170 kb以上的几组组装结果序列的尾端有冗杂现象并且不能环化,而长度小于170 kb的序列是可以环化的,同时读长为24 kb时用于纠错的短读序覆盖长读序的比例比较高,因此最后选择读长为24 K的组装结果进行后续分析,其contig长度为159659 bp。

表1-3-4　FH20-SKRF1的组装结果

读长	18000	19000	20000	21000	22000	23000	24000	25000	26000
总长度/bp	155800	170533	159659	172335	171540	171627	159659	171608	202831
contig数	1	1	1	1	1	1	1	1	1

　　将组装的序列进行环化处理,结果如表1-3-5所示。通过NCBI的VecScreen识别环化的组装序列中载体序列部分,提取插入基因序列,插入基因序列长127658 bp。筛库标记SKRF1以及与*Ms*基因连锁的SSR标记LZY6能够在测序得到的序列中找到,说明该BAC克隆确实是我们想要的。

表1-3-5　FH20-SKRF1组装序列环化结果统计

	环化前序列长度/bp	环化后序列长度/bp	线化/环化
重叠区	159659	135792	环化

(2)BAC 克隆 FH48-LCSK5 的测序结果

将 FH48-LCSK5 质粒进行第二代测序。在高通量测序中通常会出现一些错误,为了提高质量,得到更准确的生物信息学分析结果,需要将下机后的原始数据进行处理,对低质量数据进行过滤,去除污染以及接头序列。干净数据统计如表1-3-6所示。

表1-3-6　干净数据统计

样品名称	读序平均长度	读序的数量	总碱基数	$Q20/\%$	$Q30/\%$	$GC/\%$	$N/1\times10^{-6}$
LCSK5	244.22	4214342	1029217320	99.67	97.36	41.61	0.35

将原始数据进行处理后,使用 Velvet(version 1.2.10)进行 k-mer 分析,得到几段 contig 序列。然后使用 SSPACE(version 3.0)将几个 contig 序列进一步组装得到 scaffold 序列。最后使用 GapFiller 将 scaffold 序列中的 gap 补齐,对拼接得到的 scaffold 序列进行统计,结果见附录2。拼接后所得序列长度为 126871 bp。筛库引物 LCSK5 能够在该序列中找到。在对序列进行分析时发现,由于第二代测序技术读长较短,在拼接时可能发生一些错误,从而导致 FH48-LCSK5 的第二代测序结果与 FH20-SRF 序列不能拼接。因此又对 FH48-LCSK5 进行了第三代测序。

将 FH48-LCSK5 质粒进行第三代测序,采用 PacBio RSⅡ测序平台。将下机原始数据进行转化和过滤,得到干净数据。测序质控统计如表1-3-7所示。

表 1 – 3 – 7　FH48 – LCSK5 测序质控统计

	过滤前	过滤后
数据量	1733259169	1662533818
读序数	150292	92641
读序 N50	33749	34164
读序平均长度	11532	17945
读序平均质量	0.541	0.844

将组装的序列进行环化处理,结果如表 1 – 3 – 8 所示。通过 NCBI 的 VecScreen 识别环化的组装序列中载体序列部分,提取外源基因序列,插入基因序列长 130005 bp。筛库引物 LCSK5 能够在测序得到的序列中找到,说明该 BAC 克隆确实是我们想要的。

表 1 – 3 – 8　FH48 – LCSK5 组装序列环化结果统计

	环化前序列长度/bp	环化后序列长度/bp	线化/环化
重叠区	165019	133513	环化

3.2.1.4　BAC 克隆序列中的倒位与大片段插入

将两个 BAC 克隆(FH20 – SKRF1 和 FH48 – LCSK5)的测序结果进行拼接,使得 BAC 克隆序列能够完全覆盖 A07 染色体 6700 ~ 6800 kb 的区间。首先将 FH20 – SKRF1 第三代测序结果与 FH48 – LCSK5 的第二代测序结果进行拼接,发现两个序列不能进行拼接,这可能是由于第二代测序中产生了测序或拼接错误的。随后将 FH48 – LCSK5 进行了第三代测序,然后将两个 BAC 克隆的第三代测序结果进行拼接,结果显示,FH20 – SKRF1 和 FH48 – LCSK5 可以进行拼接,两个序列中有 24358 bp 的重叠,拼接后得到的序列为 233305 bp。

3.2.1.5　BAC 克隆拼接序列基因预测

利用 Augustus、tRNAscan – SE、Mammer 对拼接序列进行 CDS 序列、

tRNA、rRNA 的预测,如图 1 – 3 – 8 所示。表 1 – 3 – 9 为基因结构预测统计。

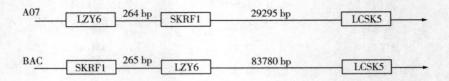

图 1 – 3 – 8   BAC 克隆拼接序列与网上序列比对简图

表 1 – 3 – 9   基因结构预测统计

类型	总碱基数量/bp	数量	平均长度/bp	占基因组百分比/%
CDS	90721	57	1592	38.89
tRNA	0	0	0	0
rRNA	0	0	0	0

对预测到的 57 个基因进行功能注释,首先将预测的蛋白质与已知数据库 NR 比对,挑选最好的比对结果,并结合数据库内蛋白质的功能信息对预测蛋白质进行功能预测,预测基因的 NR 数据库注释如表 1 – 3 – 10 所示。其中有 7 个基因没能比对上,分别是 g1、g4、g7、g14、g24、g42、g51。

表 1 - 3 - 10　基因预测与 NR 数据库注释

基因	起始	终止	NR 数据库中注释
*g*1	1	102	未比对上
*g*2	2196	3729	BnaAnng37620D, partial［*Brassica napus*］
*g*3	3771	4160	BnaA10g06090D［*Brassica napus*］
*g*4	9052	10912	未比对上
*g*5	17684	21527	En/Spm - 相关蛋白［*Brassica oleracea* var. *alboglabra*］
*g*6	21677	21919	BnaA08g10250D［*Brassica napus*］
*g*7	25380	28986	未比对上
*g*8	31796	32315	BnaCnng15260D［*Brassica napus*］
*g*9	32606	35826	BnaC07g48000D［*Brassica napus*］
*g*10	37232	40071	Agenet 主区域蛋白［*Brassica oleracea*］
*g*11	40550	43413	BnaC04g09990D［*Brassica napus*］
*g*12	44014	45964	预测：无特性蛋白 LOC104753666［*Camelina sativa*］
*g*13	47692	47925	假定蛋白 CHLREDRAFT_108940 ［*Chlamydomonas reinhardtii*］
*g*14	48413	49394	未比对上
*g*15	53412	53777	预测：无特性蛋白 LOC103838868［*Brassica rapa*］
*g*16	59574	59997	无名蛋白产物［*Vitis vinifera*］
*g*17	62510	64082	预测:镁转运 NIPA2［*Brassica rapa*］
*g*18	64366	65478	预测：F - box/kelch - 重复蛋白 At3g23880［*Brassica rapa*］
*g*19	65727	70167	预测：无特性蛋白 LOC103828695 isoform X1［*Brassica rapa*］
*g*20	72223	72579	相似转录酶［*Arabidopsis thaliana*］
*g*21	74051	74466	BnaA05g14320D［*Brassica napus*］
*g*22	75035	75545	预测:无特性蛋白 LOC103828871［*Brassica rapa*］
*g*23	76382	77653	预测：假定核酸酶 HARBI1［*Brassica rapa*］
*g*24	79777	80088	未比对上
*g*25	80256	81978	预测:glutathione S - transferase T3 - like［*Brassica rapa*］

续表

基因	起始	终止	NR 数据库中注释
g26	83043	83662	预测:假定核酸酶 HARBI1［Brassica rapa］
g27	85530	90441	BnaA01g00190D［Brassica napus］
g28	92242	92617	BnaC01g01430D［Brassica napus］
g29	93541	95057	预测:cyclin – B1 – 1［Brassica rapa］
g30	96358	96702	预测:无特性蛋白 LOC104747043［Camelina sativa］
g31	97718	99758	BnaA01g00460D［Brassica napus］
g32	99839	101281	预测:无特性蛋白 LOC103846245［Brassica rapa］
g33	102057	102311	BnaC01g02480D［Brassica napus］
g34	102722	107218	gypsy/Ty – 3 逆转录因子；69905 – 74404 ［Arabidopsis thaliana］
g35	107270	108794	BnaA01g00480D［Brassica napus］
g36	111292	114493	预测:无特性蛋白 LOC103872634［Brassica rapa］
g37	115505	122501	AC069473_8 gypsy/Ty – 3 逆转录多蛋白； 69905 – 74404［Arabidopsis thaliana］
g38	124640	129540	预测:推测 H 核酸蛋白 At1g65750［Brassica rapa］
g39	138335	139315	BnaA05g19010D［Brassica napus］
g40	139416	144210	逆转录酶相关蛋白［Arabidopsis thaliana］
g41	144915	145739	BnaA05g18930D［Brassica napus］
g42	145746	146670	未比对上
g43	147445	151277	预测:丝氨酸/精氨酸重复基质蛋白 2 isoform X2［Brassica rapa］
g44	151716	152920	假设蛋白质 EUTSA_v10002536mg［Eutrema salsugineum］
g45	153725	154883	假定的核酸酶 HARBI1［Brassica rapa］
g46	156564	157720	BnaA07g06180D［Brassica napus］
g47	164873	166600	预测:UDP – glucuronate 4 – epimerase 6［Brassica rapa］
g48	167145	168520	预测:假定的核酸酶 HARBI1［Brassica rapa］
g49	169046	170360	预测:谷胱甘肽转移酶 T3 – like isoform X1［Brassica rapa］
g50	170518	171910	预测:无特征蛋白 LOC103844315［Brassica rapa］
g51	175115	180040	未比对上

续表

基因	起始	终止	NR 数据库中注释
g52	182260	186160	预测:无特征蛋白 LOC103863876〔*Brassica rapa*〕
g53	189029	194460	预测:推测的核糖核酸酶 H 蛋白 At1g65750〔*Brassica rapa*〕
g54	203625	210451	预测:40S 核糖体蛋白 S19,类线粒体〔*Brassica rapa*〕
g55	210578	213410	假定非 ltr 逆转录酶〔*Arabidopsis thaliana*〕
g56	216855	220229	预测:adenosylhomocysteinase 2 – like〔*Brassica rapa*〕
g57	220508	223470	BnaA07g06220D〔*Brassica napus*〕

3.2.1.6 基因序列的比对

将预测到的 57 个基因分段在 12d1 中进行克隆测序,测序拼接后与 BAC 克隆序列进行比对。结果显示,12d1 中测序得到的大部分基因与 BAC 克隆的一致,只有个别基因存在序列的插入、缺失或碱基的变异。基因 *g21* 在 12d1 中有 11 个碱基的缺失,并有 2 个碱基的突变,如图 1 – 3 – 9 (a)所示;基因 *g29* 在 12d1 中与 BAC 序列相比有 5 个碱基的插入,如图 1 – 3 – 9(b)所示;基因 *g35* 在 12d1 中克隆测序结果与 BAC 序列相比有大约 350 bp 片段存在差异,如图 1 – 3 – 9(c)所示;基因 *g37* 在 12d1 中有 1 个碱基的突变,如图 1 – 3 – 9(d)所示;基因 *g38* 在 12d1 中有 3 个碱基的缺失,并有 1 个碱基的突变,如图 1 – 3 – 9(e)所示;基因 *g45* 在 12d1 中的测序序列与 BAC 序列相比差异比较大,有多个碱基的缺失和突变,如图 1 – 3 – 9(f)所示。在 PCR 试验中而 *g34* 的 11 对引物在两用系不育株中条带正常,在 12d1 中第 2 ~ 9 对引物没有条带,并且第 10 对引物在两用系不育株与 12d1 中产物长度不同,如图 1 – 3 – 10 所示。

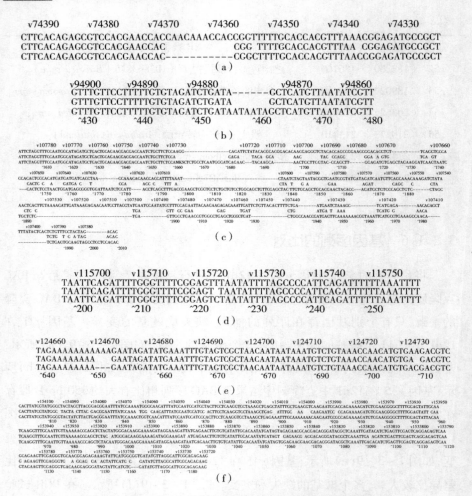

图 1-3-9　12d1 中基因克隆序列与 BAC 克隆序列的比对

注:序列比对中第一行为 BAC 克隆序列,对应的数值为其在 BAC 克隆序列中所在位置;第三行为 12d1 中的克隆测序结果。

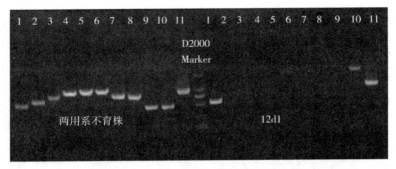

图 1 - 3 - 10　预测基因 $g34$ 在不育株与 12d1 中的 PCR 结果

3.2.2　大白菜核雄性不育相关基因的挖掘

3.2.2.1　不育株花蕾形态特征

对于该雄性不育两用系来说,在整个花发育的过程中,雄性不育株的花丝和花药总是比可育株的花丝和花药小,不育株的花蕾也要小于可育株花蕾,如图 1 - 3 - 11 所示。此外,不育株除了花药不产生花粉之外,其他花器官的部分都是正常的。为了进一步探究雄性不育原因与发生时期,本书制作石蜡切片来观察不育株花药与可育株花药的不同发育阶段。在图 1 - 3 - 12 中可以看到。不育株与可育株花药发育的前 3 个阶段的细胞学观察中没有明显的差异,然而到了花药发育的第 4 阶段,不育株花粉母细胞不能进行正常的减数分裂,并且绒毡层细胞异常膨胀,如图 1 - 3 - 12(d)所示。随后没有四分体的形成,与可育株相比其绒毡层明显增厚,如图 1 - 3 - 12(e)所示。最后可育株花药中形成成熟的花粉粒,而不育株花药的花粉囊皱缩,不能产生花粉粒,如图 1 - 3 - 12(f)所示。

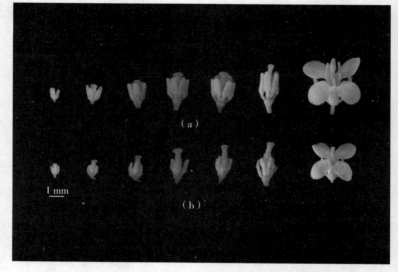

图 1 - 3 - 11　两用系可育株与不育株花和花蕾的形态特征

（a）可育株花和花蕾；（b）不育株花和花蕾，相邻花蕾间的长度差为 0.5 mm

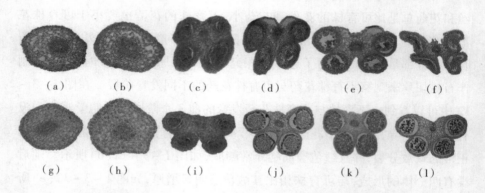

图 1 - 3 - 12　不育株(a) ~ (f) 与可育株(g) ~ (l)花药不同发育时期的细胞学观察

3.2.2.2　转录组测序质量分析

本书构建了两个独立的测序文库，分别是可育株花蕾的和不育株花蕾的。对原始读序进行处理后在可育和不育样品中分别获得 7445426 和 6667737 个干净读序。研究人员对测序质量进行评估，研究显示，测序或建库引起的 A + T/G + C 分离的现象会对后续的测序分析质量造成影响。所以研究对 GC 含量分布进行了调查,结果显示,只有前 10 个碱基有较大的波动,随后趋于水平,可以进行正常测序。

3.2.2.3 unigene 的组装与比对

首先将所有的干净读序按照无参考基因进行组装。结果分别在可育样品和不育样品中得到 70703 条和 70799 条 Unigene(具体信息未列出)。将得到的 7 个存在序列差异的基因 *g*21、*g*29、*g*34、*g*35、*g*37、*g*38、*g*45 与 Unigene 的序列进行比对。结果显示,其中 *g*21、*g*29、*g*34、*g*35、*g*37 能够分别与可育和不育样品的 unigene 比对上,如表 1 - 3 - 11 所示。这一结果说明,BAC 文库中存在序列差异的基因,有 5 个能够在不育花蕾中正常表达的。

表 1 - 3 - 11 unigene 比对结果

基因编号	长度	起始	终止	unigene 编号	长度	起始	终止
*g*21	416	1	416	S_Unigene22232_All	404	65	387
*g*21	416	23	416	F_CL7153. Contig1_All	416	116	416
*g*21	416	1	284	F_Unigene2701_All	231	11	231
*g*29	1517	1	1517	F_CL1944. Contig4_All	1343	137	1343
*g*29	1517	1	1517	F_CL1944. Contig3_All	1360	154	1360
*g*29	1517	1	1517	F_CL1944. Contig5_All	1332	154	1332
*g*29	1517	1	1517	F_CL1944. Contig1_All	1312	137	1312
*g*29	1517	1	1517	S_CL10591. Contig2_All	1299	121	1299
*g*29	1517	1329	1517	F_CL1944. Contig2_All	314	154	314
*g*29	1517	911	1015	S_Unigene16046_All	737	633	737
*g*29	1517	911	1015	S_CL4086. Contig1_All	737	633	737
*g*34	4497	3203	3808	F_Unigene28872_All	606	1	606
*g*34	4497	1457	2042	S_Unigene25125_All	586	1	586
*g*34	4497	500	1081	S_Unigene29451_All	582	1	582
*g*34	4497	764	1286	F_Unigene26952_All	523	1	523
*g*34	4497	2630	3113	S_Unigene27244_All	484	1	484

续表

基因编号	长度	起始	终止	unigene 编号	长度	起始	终止
g34	4497	2387	2865	F_Unigene26979_All	479	1	479
g34	4497	1482	1800	F_Unigene27046_All	319	1	319
g34	4497	2298	2591	S_Unigene30136_All	294	1	294
g34	4497	1081	1355	S_Unigene29595_All	275	1	275
g34	4497	2163	2381	F_Unigene32091_All	219	1	219
g34	4497	3444	3651	S_Unigene26973_All	208	1	208
g35	1525	532	955	S_CL2623.Contig1_All	299	1	299
g35	1525	358	1468	F_Unigene19202_All	969	64	969
g35	1525	358	1525	F_CL9067.Contig2_All	1007	64	1007
g35	1525	358	1525	S_CL2623.Contig3_All	1129	186	1129
g35	1525	358	1525	S_CL2623.Contig2_All	1129	186	1129
g35	1525	358	1468	F_CL9067.Contig3_All	1200	295	1200
g35	1525	358	1525	F_CL9067.Contig1_All	1238	295	1238
g35	1525	515	1082	F_Unigene11058_All	286	1	286
g37	5364	3128	3733	F_Unigene28872_All	606	1	606
g37	5364	1457	2042	S_Unigene25125_All	586	1	586
g37	5364	500	1081	S_Unigene29451_All	582	1	582
g37	5364	764	1286	F_Unigene26952_All	523	1	523
g37	5364	2387	2865	F_Unigene26979_All	479	1	479
g37	5364	1482	1800	F_Unigene27046_All	319	1	319
g37	5364	4692	4990	S_CL2623.Contig1_All	299	1	299
g37	5364	2298	2591	S_Unigene30136_All	294	1	294
g37	5364	2630	3038	S_Unigene27244_All	484	1	484
g37	5364	1081	1355	S_Unigene29595_All	275	1	275
g37	5364	4520	5364	F_CL9067.Contig2_All	1007	66	1007
g37	5364	4520	5364	S_CL2623.Contig3_All	1127	186	1127
g37	5364	4520	5364	S_CL2623.Contig2_All	1127	186	1127
g37	5364	4520	5307	F_CL9067.Contig3_All	1200	297	1200
g37	5364	4520	5364	F_CL9067.Contig1_All	1238	297	1238

续表

基因编号	长度	起始	终止	unigene 编号	长度	起始	终止
g37	5364	2163	2381	F_Unigene32091_All	219	1	219
g37	5364	3369	3576	S_Unigene26973_All	208	1	208
g37	5364	4675	5117	F_Unigene11058_All	286	1	286
g37	5364	3740	4523	S_CL10076.Contig2_All	1405	1	861

3.2.2.4　测序数据与参考基因组比对结果

利用 TopHat 将所有干净读序比对到参考基因组上。可育花蕾中比对上的读序共有 6766700 个,唯一比对的有 6350103 个;不育花蕾中比对上的读序共有 6055982 个,唯一比对的有 5708635 个,如表 1 – 3 – 12 所示。在对比对到基因组的读序进行统计时发现,可育样品中有 85.68%、不育样品中有 86.12% 能够比对到基因组上。综上所述,本书中构建的测序文库适用于测序分析。

表 1 – 3 – 12　比对到参考基因组的读序数

	总读序数	总映射	多个映射	唯一比对	非剪接读序数	剪接读序数
可育	7445426	6766700	416597	6350103	5255629	1094474
不育	6667737	6055982	347347	5708635	4660036	1048599

3.2.2.5　不育与可育花蕾的差异表达基因

用 DEGseq 的方法来鉴定可育与不育样品间的差异表达基因,基因的表达丰度用 RPKM 来计算。用限制条件 $\log_2 \text{ratio} > 1.0$ 和 $P - \text{value} < 0.05$ 进行筛选后共鉴定到 1013 个显著差异表达基因,其中 907 个基因在可育样品中上调表达,106 个基因在可育样品中下调表达。将这 1013 个基因在 NCBI 网站上进行 BLASTN 搜索,结果显示其中有 990 个基因能够比对到数据库中,其中 113 个基因功能未知。

目前为止,人们对模式作物拟南芥中花粉发育相关的基因和代谢过程的研究是相对透彻的。因此,我们将差异表达基因与 TAIR 数据库中花粉发育相关基因进行比对,其中有 10 个基因能够与拟南芥中确定与花粉发育相关基因比对上,例如 *AtMS*2、*AMS*、*AGP*6、*AGP*11 等,如表 1 – 3 – 13 所示。这些基因都在可育花蕾中上调表达,在不育花蕾中下调表达。

表 1 – 3 – 13　花粉发育相关基因

基因编号	基因名称	突变类型
*Bra*001090	*AtMS*2	形成极薄的花粉外壁,雄性不育
*Bra*002004、*Bra*013041	*AMS*	缺乏角果伸长导致小孢子的分离
*Bra*008762	*AGP*6	花粉粒不能正常发育
*Bra*000995	*AGP*11	花粉粒不能正常发育
*Bra*021515、*Bra*027389	*ms35/myb26*	花药内胚层没有二次增厚,导致开裂失败
*Bra*000438、*Bra*040474、*Bra*004481	*VGD*1	花柱和传送带中花粉管生长缓慢

在 Brassica Database 中查找到的果胶甲酯酶类基因共有 110 个,将这些基因比对到差异表达基因列表中,发现材料中有 19 个果胶甲酯酶类差异表达基因,如表 1 – 3 – 14 所示。19 个基因全部在可育花蕾中表达量高,且 $\log_2$ 差异表达倍数都大于 5。

在差异表达基因中还发现了大量的特异性表达基因(只在可育或不育花蕾中表达)。在鉴定到的 481 个特异性表达基因中有 475 个在可育花蕾中特异表达,6 个在不育花蕾中特异表达。由于拟南芥是开花植物中用于研究花粉发育的模式植物,因此把所有的特异性表达基因用拟南芥数据库 TAIR 进行注释,结果显示,其中 82 个基因编码未知功能蛋白,如表 1 – 3 – 15 所示,37 个基因在成熟花粉期和萌发花粉期表达,例如 *Bra*025352。3 个基因在花粉和花粉管细胞中表达,如 *Bra*035462、*Bra*035912 和 *Bra*008228。这些功能未知的特异性表达基因也将是下一步研究中重点关注的对象。

表 1 – 3 – 14　差异表达的果胶甲酯酶类基因

基因编号	RPKM_ 可育	RPKM_ 不育	$\log_2$ 差异 表达倍数	注释
Bra007665	1502.441398	0	12.4543176	VGDH2；酶抑制剂/果胶甲酯酶
Bra014410	1166.936749	0.36915435	11.8655247	VGDH2；酶抑制剂/果胶甲酯酶
Bra000438	879.7166834	0	11.7413155	VGD1；酶抑制剂/果胶甲酯酶
Bra040474	813.761156	0.35616902	11.3971377	VGD1；酶抑制剂/果胶甲酯酶
Bra004481	488.1833801	0	10.8820009	VGD1；酶抑制剂/果胶甲酯酶
Bra009265	400.0276601	0	9.89848904	ATPPME1，PPME1；果胶甲酯酶
Bra003491	217.3918455	0.35978495	9.47825735	VGDH2；酶抑制剂/果胶甲酯酶
Bra040532	211.19325	0	8.88751792	果甲胶酯酶家族的蛋白质
Bra028699	168.1018666	0	8.63981982	ATPPME1，PPME1；果胶甲酯酶
Bra020658	97.12500902	0	8.49795111	果胶甲酯酶家族的蛋白质
Bra036610	29.4935355	0	7.07648734	果胶甲酯酶家族的蛋白质
Bra000541	39.48195938	0.35204123	7.04861544	果胶甲酯酶家族的蛋白质
Bra040293	32.62257656	0	6.89848904	果胶甲酯酶家族的蛋白质
Bra009938	23.2100557	0	6.67852335	果胶甲酯酶家族的蛋白质
Bra028698	37.27865332	0	6.45895697	果胶甲酯酶家族的蛋白质
Bra001652	31.61395583	0	6.15177546	果胶甲酯酶家族的蛋白质
Bra036219	39.53008229	0.66865693	6.12485102	PME31，ATPME31； 果胶甲酯酶家族的蛋白质
Bra001157	14.57239719	0	5.39841543	果胶甲酯酶家族的蛋白质
Bra005934	16.34132748	0	5.26913242	果胶甲酯酶家族的蛋白质

表 1 - 3 - 15　未知功能的特异性表达基因

基因编号	描述
Bra025352	在成熟花粉期、萌发花粉期、开花期、球形花粉期、花瓣分化扩展期表达
Bra005946	涉及生物过程未知
Bra025386	在成熟花粉期、萌发花粉期表达
Bra032390	在成熟花粉期、萌发花粉期、开花期、球形花粉期表达 花瓣分化扩张期表达
Bra028692	表达于单分子膜包围的脂质贮存体,与膜整合
Bra025354	在成熟花粉期、萌发花粉期、开花期、花瓣分化扩张期表达
Bra010803	功能未知蛋白,DUF538
Bra033060	在成熟花粉期、萌发花粉期、开花期、球形花粉期、花瓣分化扩张期表达
Bra024610	未知功能区域(DUF220)
Bra025637	在成熟花粉期、萌发花粉期、开花期、花瓣分化扩张期表达
Bra008396	在成熟花粉期、萌发花粉期表达
Bra012929	在成熟花粉期、萌发花粉期、开花期、球形花粉期、花瓣分化扩张期表达
Bra023613	在开花期、花瓣分化扩展期表达
Bra017977	未知的蛋白质;分子式未知
Bra012383	未知功能区域(DUF220)
Bra033061	在成熟花粉期、萌发花粉期、开花期、球形花粉期表达 花瓣分化扩展期
Bra022674	在成熟花粉期、萌发花粉期、开花期、花瓣分化和膨大期表达
Bra016337	在开花期、花瓣分化扩展期表达
Bra008228	表达于心皮、集体叶结构、花、花瓣、胚胎、精子细胞、花粉、花粉管细胞、萼片、雄蕊
Bra007349	表达于保卫细胞
Bra040503	在成熟花粉期、萌发花粉期、开花期、球形花粉期、花瓣分化期表达
Bra035912	表达于心皮、集体叶结构、花、花瓣、胚胎、精子细胞、花粉、花粉管细胞、萼片、雄蕊

续表

基因编号	描述
*Bra*039133	在成熟花粉期、萌发花粉期、开花期、C 球形花粉期、花瓣分化扩展期表达
*Bra*035462	表达于花粉、花粉管细胞
*Bra*027884	表达于花粉、花粉管细胞
*Bra*016338	表达于开花期、花瓣分化扩展期
*Bra*001013	在成熟花粉期、萌发花粉期、开花期、球形花粉期、花瓣分化扩展期表达
*Bra*010772	在成熟花粉期、萌发花粉期表达
*Bra*034815	表达于保卫细胞
*Bra*039046	在成熟花粉期、萌发花粉期、开花期、球形花粉期、花瓣分化扩展期表达
*Bra*032226	在开花期、成熟胚期、花瓣分化和膨大期、膨大子叶期表达
*Bra*004325	在成熟花粉期、萌发花粉期、花期、花瓣分化和膨大期、植物胚球形期表达
*Bra*033010	表达于开花期、4 个叶片衰老期、球形花粉期、双侧期、膨大子叶期、成熟胚期
*Bra*040334	参与生物过程未知
*Bra*016341	在花期、花瓣分化扩展期表达
*Bra*009256	涉及生物过程未知
*Bra*001015	表达于膜内系统
*Bra*025705	在成熟花粉期、萌发花粉期、开花期、球形花粉形期、花瓣分化扩展期表达
*Bra*019600	参与 N 端蛋白的肉豆蔻酰化
*Bra*032507	在成熟花粉期、萌发花粉期表达
*Bra*038559	在成熟花粉期、萌发花粉期、开花期、球形花粉期、花瓣分化扩展期表达
*Bra*010024	功能未知蛋白，DUF538
*Bra*015340	在开花期、成熟花粉期、花瓣分化扩展期表达
*Bra*033059	在成熟花粉期、萌发花粉期、开花期、花瓣分化期表达
*Bra*017444	在成熟花粉期、萌发花粉期表达
*Bra*010120	在开花期、球形花粉期、成熟花粉期、萌发花粉期、花瓣分化和膨大期表达
*Bra*001103	在成熟花粉期、萌发花粉期、开花期、球形花粉期、花瓣分化扩展期
*Bra*020356	表达于膜内系统

续表

基因编号	描述
Bra012382	表达于叶绿体
Bra007690	在开花期、成熟花粉期、萌发花粉期、花瓣分化和扩展期表达
Bra039134	位于:内膜系统
Bra010673	在成熟花粉期、萌发花粉表达期、开花期、球形花粉期、花瓣分化扩张期表达。
Bra038836	在成熟花粉期、萌发花粉期、开花期、球形花粉期、花瓣分化扩张期表达
Bra036291	在开花期、成熟胚期、花瓣分化和扩大期、双侧期表达
Bra031287	蛋白质直接或间接参与内质网和液泡在叶片衰老过程中的膜分裂以及液泡在根中的膜融合
Bra024876	在成熟花粉期、萌发花粉期表达
Bra040502	表达于膜内系统
Bra009030	在 13 个生长阶段表达
Bra023551	在成熟花粉期表达
Bra032974	表达于膜内系统。
Bra015318	在成熟花粉期、萌发花粉期表达
Bra031274	表达于未知细胞成分
Bra001119	在开花期、球形花粉期、双侧期、膨大子叶期、成熟胚期、成熟花粉期、萌发花粉期、花瓣分化扩展期表达
Bra032495	在开花期、成熟花粉期、花瓣分化和展开期表达
Bra010973	在开花期、花瓣分化和扩展期表达
Bra031659	表达于膜内系统
Bra029321	表达于叶绿体、膜的组成部分
Bra034329	在开花期、球形花粉期、成熟花粉期、萌发花粉期、花瓣分化和膨大期表达
Bra016504	在成熟花粉期、萌发花粉期、开花期、球形花粉期、花瓣分化扩展期表达
Bra019042	在 6 个生长阶段、生长发育阶段表达

续表

基因编号	描述
Bra022939	在成熟花粉期、萌发花粉期、开花期、球形花粉期、花瓣分化扩展期表达
Bra023028	表达于膜内系统
Bra035268	表达于膜的组成部分
Bra000482	在开花期、花瓣分化和扩展期表达
Bra018297	在开花期、成熟花粉期、萌发花粉期表达
Bra033165	表达于膜的组成部分
Bra035713	在开花期、球形花粉期、成熟花粉期、萌发花粉期、花瓣分化和膨大期表达
Bra039132	在成熟花粉期、萌发花粉期、开花期、球形花粉期、花瓣分化扩展期表达
Bra011760	表达于膜的组成部分
Bra021011	在开花期、球形花粉期、成熟花粉期、萌发花粉期、花瓣分化和膨大期
Bra022062	在开花期、球形花粉期、成熟花粉期、萌发花粉期、花瓣分化扩展期表达
Bra031916	在成熟花粉期、萌发花粉期、开花期、球形花粉期、花瓣分化扩展期表达

3.2.2.6 差异表达基因的 GO 和 pathway 富集分析

研究为了进一步了解差异表达基因的功能进行了 GO 富集分析。1013 个差异表达基因被分成了 530 个组,但是进行富集分析后仅有 19 个 GO term 是显著富集的。19 组 GO term 又可以分成 3 种类型:"细胞成分""分子功能"和"生物过程"。"膜的组成""果胶甲酯酶活性"和"跨膜运输"分别是这 3 类 GO term 中的主要部分,它们分别包括 76、42 和 41 个差异表达基因。

为进一步了解基因的生物学功能,进行了 pathway 分析。KEGG 是一个主要的发布 pathway 的数据库,它可以在一个整体网络中比较基因及其表达信息。本章进行了差异表达基因的 KEGG 分析,最终富集到了 5 条 pathways,它们是戊糖和葡萄糖醛酸转换,丙氨酸、天门冬氨酸和谷氨酸代谢,半胱氨酸和甲硫氨酸代谢,维生素 C 代谢以及淀粉蔗糖代谢,如表 1 - 3 - 16

所示。

表 1 - 3 - 16　KEGG 分析

代谢途径	编号	P – value	差异表达基因
戊糖和葡萄糖醛酸转换	ath00040	5.69E – 06	*Bra*023504、*Bra*006279、*Bra*008721、*Bra*012756、*Bra*020658、*Bra*026221、*Bra*016700、*Bra*036219、*Bra*010872、*Bra*010873、*Bra*030510、*Bra*033347、*Bra*026583、*Bra*017412、*Bra*040506、*Bra*001011、*Bra*024619、*Bra*007332、*Bra*028699、*Bra*009265
丙氨酸、天门冬氨酸和谷氨酸代谢	ath00250	0.020179021	*Bra*021272、*Bra*022241、*Bra*000060、*Bra*008561、*Bra*018160、*Bra*036428
半胱氨酸和甲硫氨酸代谢	ath00270	0.021378317	*Bra*006334、*Bra*001090、*Bra*031798、*Bra*038031、*Bra*008662、*Bra*017219、*Bra*001921、*Bra*014984
维生素 C 代谢	ath00053	0.026360417	*Bra*002825、*Bra*024619、*Bra*039021、*Bra*030706
淀粉蔗糖代谢	ath00500	0.047187875	*Bra*019455、*Bra*034983、*Bra*015364、*Bra*020658、*Bra*036219、*Bra*010872、*Bra*010873、*Bra*030510、*Bra*033347、*Bra*003378、*Bra*007332、*Bra*028699、*Bra*009265

3.2.2.7　差异表达基因的表达模式验证

为了验证 RNA – seq 结果的准确性，选择了 30 个差异表达基因进行 qRT – PCR 验证，其中包括 27 个花粉发育相关基因和 3 个未知功能基因，如表 1 – 3 – 17 所示。在内标基因的选择上，首先找到了 3 个比较常用的内标基因 actin、ubiquitin 和 5.8S rNA，分别用这 3 个基因作为内标进行 qRT – PCR。比较它们的溶解曲线，如图 1 – 3 – 13 所示，actin 和 ubiquitin 的溶解曲线比较好。再将分别用 actin 和 ubiquitin 做内标的 qRT – PCR 结果进行比较，如图 1 – 3 – 14 所示，发现它们的结果比较一致，说明 actin 和 ubiquitin 都可以作为内标基因使用，最终选择了 actin 作为内标基因进行 qRT – PCR 验证。

表 1-3-17 应用于 qRT-PCR 的 30 个差异表达基因及其功能注释

基因编号	比对结果
*Bra*000438	VGD1,酶抑制剂/果胶甲酯酶
*Bra*000995	AGP11，ATAGP11
*Bra*002004	AMS,DNA 结合/转录因子
*Bra*004481	VGD1，酶抑制剂/果胶甲酯酶
*Bra*006279	裂解酶和果胶酸裂解酶
*Bra*008762	AGP6
*Bra*012756	果胶酸裂解酶家族蛋白
*Bra*030510	PGA4,多聚半乳糖醛酸酶
*Bra*033347	PGA4,多聚半乳糖醛酸酶
*Bra*040474	VGD1,酶抑制剂/果胶甲酯酶
*Bra*007665	VGDH2,酶抑制剂/果胶甲酯酶
*Bra*007666	转化酶/果胶甲酯酶抑制剂家族蛋白
*Bra*013821	APPB1,酶抑制剂/果胶甲酯酶/果胶甲酯酶抑制剂
*Bra*025354	未知功能蛋白
*Bra*025355	未知功能蛋白
*Bra*025637	未知功能蛋白
*Bra*001011	果胶酸裂解酶家族蛋白
*Bra*026583	果胶酸裂解酶家族蛋白
*Bra*007332	ADPG1,多聚半乳糖醛酸酶
*Bra*008721	裂解酶/甲胶酸裂解酶
*Bra*009265	ATPPME1，PPME1,果胶甲脂酶
*Bra*010872	PGA4,聚半乳糖醛酸酶
*Bra*016700	AT59,裂解酶和果胶酸裂解酶

续表

基因编号	比对结果
*Bra*017412	果胶酸裂解酶家族蛋白
*Bra*020658	果胶甲酯酶家族蛋白
*Bra*024619	ALDH2B7，ALDH2B 3 – 氯丙烯醛脱氢酶/醛脱氢酶(NAD)
*Bra*026221	AT59，裂解酶和果胶酸裂解酶
*Bra*028699	ATPPME1，PPME1，果胶甲脂酶
*Bra*040506	果胶酸裂解酶家族蛋白
*Bra*023504	裂解酶和果胶酸裂解酶

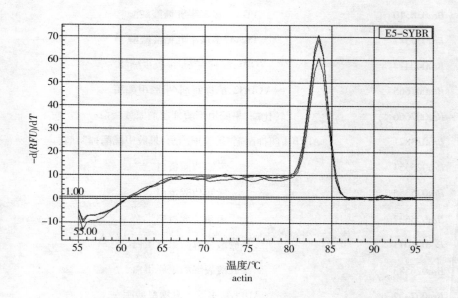

actin

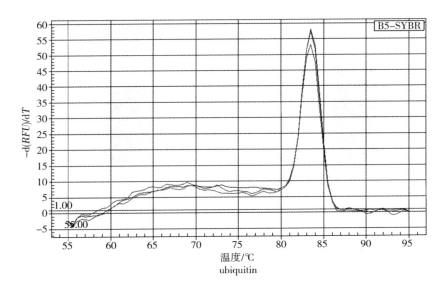

ubiquitin

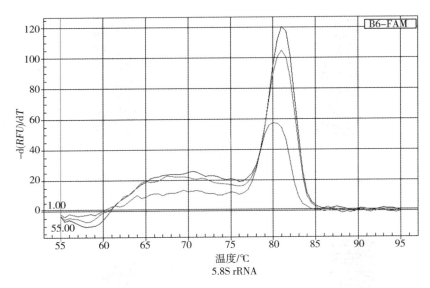

5.8S rRNA

图 1 - 3 - 13　3 种内标基因的溶解曲线

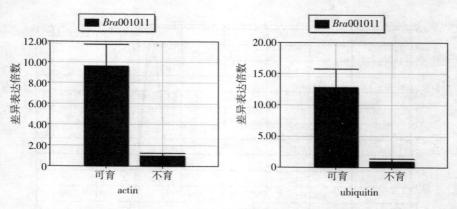

图 1 - 3 - 14　两种内标基因的 qRT - PCR 结果比较

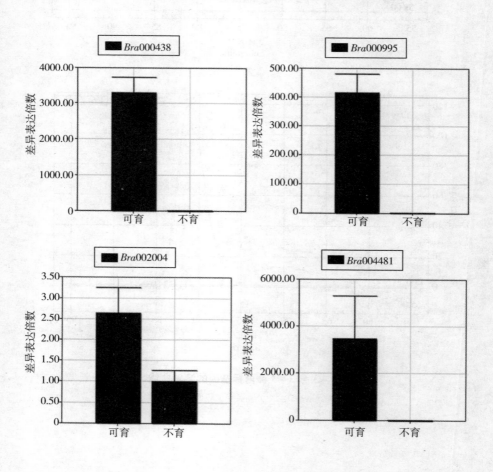

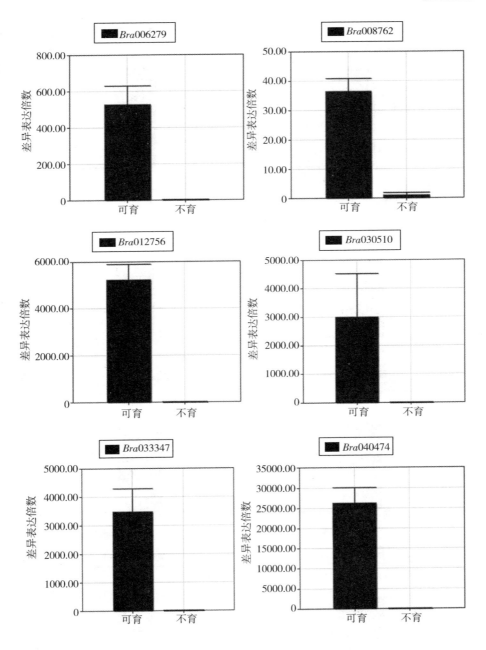

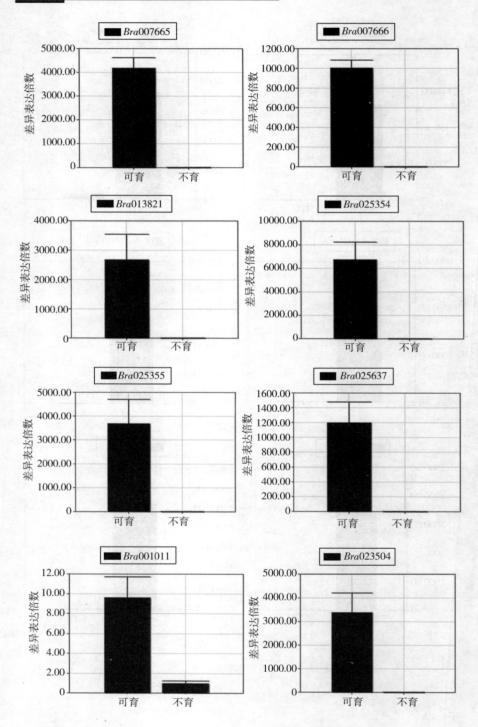

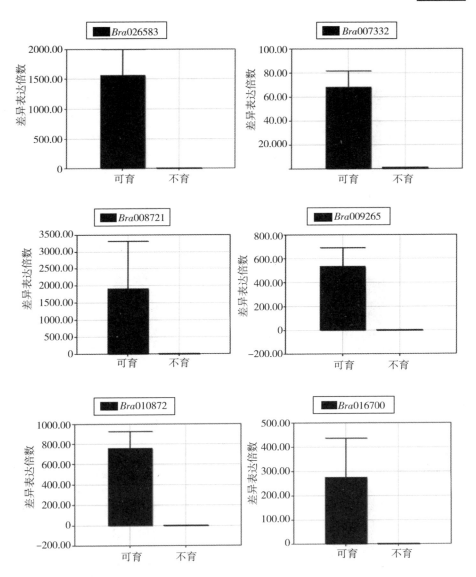

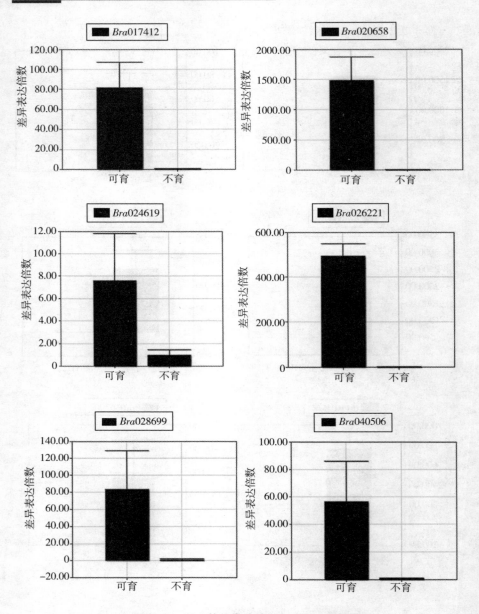

图 1 – 3 – 15　基因表达的 qRT – PCR 结果

3.2.3　大白菜核雄性不育相关 miRNA 的鉴定

3.2.3.1　small RNA 文库测序质量分析

利用 Illumina Solexa 高通量测序技术,在可育株与不育株花蕾的 small RNA 文库中分别获得原始读序 18625877 条和 20682486 条。去掉 3′接头缺失的序列、小于 18 bp 的序列以及低质量读序后,两个 small RNA 文库中还剩下 18084177 条和 20107786 条,如表 1-3-18 所示。利用 SOAP 将这些读序比对到大白菜基因组中,将它们分成 miRNA(分别占 6.40% 和 6.48%)和其他类型 RNA,包括 tRNA(4.73%,2.78%)、rRNA(1.42%,1.47%)、snRNA(0.04%,0.04%)和 snoRNA(0.04%,0.05%),如表 1-3-19 所示。

表 1-3-18　small RNA 测序数据分析

类型	可育花蕾		不育花蕾	
	数量/条	百分数/%	数量/条	百分数/%
总读序数	18625877	—	20682486	—
高质量读序数	18261955	100%	20254901	100%
3′接头缺失的读序数	21964	0.12%	25383	0.13%
插入片段缺失的读序数	3033	0.02%	2414	0.01%
5′端污染的读序数	105801	0.58%	74122	0.37%
长度小于 18 bp 的读序数	41580	0.23%	39425	0.19%
含 Poly (A)尾的读序数	5400	0.03%	5771	0.03%
干净读序数	18084177	99.03%	20107786	99.27%

表 1 - 3 - 19　small RNA 测序数据分析

类型	可育花蕾		不育花蕾	
	small RNA 种数	small RNA 总数	small RNA 种数	small RNA 总数
rRNA	40412	255913	32561	294918
snRNA	3075	7763	3429	8320
snoRNA	2082	7222	2288	9306
tRNA	12581	854562	9344	558548
其他	6549214	16958717	7309579	19236694
总计	6607364	18084177	7357201	20107786

3.2.3.2　已知 miRNA 的鉴定

通过与已知植物 miRNA 数据库 miRBase 比较,两个文库中分别有 132 个和 144 个 miRNA 与已知的 bra - miRNA 序列相同(附录 3)。其中一些 miRNA的读序值比较高,表明它们在花蕾中表达量高,例如 bra - miR167b、bra - miR167d、bra - miR167c 和 bra - miR167a 等。然而,一些 miRNA 的读序值很低,表明它们在花蕾中表达量低或者不表达,例如 bra - miR5717、bra - miR164d - 3p、bra - miR9555b - 5p、bra - miR9554 - 5p 和 bra - miR164c - 3p 等。small RNA 长度分布分析如图 1 - 3 - 16 所示。

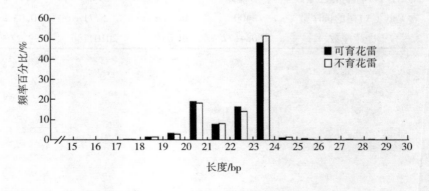

图 1 - 3 - 16　small RNA 长度分布分析

3.2.3.3 新 miRNA 的发现

本书中,利用高通量测序技术分别在两个 smallRNA 文库中发现了 22 个和 24 个新 miRNA,如表 1 – 3 – 20 和表 1 – 3 – 21 所示。它们分别被命名为 F – m0001 ~ F – m0022 和 S – m0001 ~ S – m0024。生物信息学分析表明,它们的 pre – miRNA 长度为 81 ~ 374 bp,MFE 在 – 80.02 ~ – 21.70 kcal/mol[①] 之间,符合 miRNA 的特点。此外,这些新的 miRNA 的 pre – miRNA 序列能够形成合格的茎环结构。以 F – m0003 – 5p 和 S – m0017 – 5p 为例,在图 1 – 3 – 17 中展示它们的茎环结构。而这些新 miRNA 的读序值表明它们普遍在花蕾中表达量低。

表 1 – 3 – 20 可育花蕾中鉴定到的新 miRNA

miRNA 名称	miRNA 序列	位置	数目	*LP/* bp	*MEF/* (kcal · mol^{-1})
F – m0001 – 3p	GTGGCTGTAGTTTAG-TGGTGAGAATTCC	A01:146546:146648:+	36	103	– 25.54
F – m0002 – 5p	AACAAAGTCGTTGTA-GTATAGTGGTAA	A03:3747016:3747175:+	25	160	– 45.2
F – m0003 – 5p	AAGGATTTGTGCGGT-TGAGACGCGGTG	A03:16128480:16128569:+	12	90	– 39.1
F – m0004 – 3p	GGGTGTTTGGTCTAG-TGGTATGATTCTC	A03:15082325:15082486:–	41	162	– 48.5
F – m0005 – 3p	GGGTGTTTGGTCTAG-TGGTATGATTCTC	A03:16245242:16245584:–	41	343	– 80.02
F – m0006 – 5p	CGGTGTTTGTTCGGA-AGCAGTGCTGCA	A04:586614:586819:+	95	206	– 66.4

---

① 1 kcoal = 4.1868 kJ。

续表

miRNA 名称	miRNA 序列	位置	数目	LP/bp	MEF/(kcal·mol^{-1})
F－m0007－3p	AAGCTGTGATGAAA-AAAACCGTGTGCCA	A05：4954236：4954365：＋	182	130	－28.4
F－m0008－5p	GGGTGTTTGGTCTAG-TGGTATGATTCTC	A05：24221460：24221742：＋	41	283	－74.5
F－m0009－5p	CGGTGTTTGTTCGGA-AGCAGTGCTGCA	A05：13219429：13219634：－	95	206	－66.4
F－m0010－3p	AAGGATTTGTGCGGT-TGAGACGCGGTG	A05：22591465：22591838：－	14	374	－143.5
F－m0011－5p	CGGTGTTTGTTCGGA-AGCAGTGCTGCA	A06：19878988：19879193：＋	95	206	－66.4
F－m0012－5p	CGGTGTTTGTTCGGA-AGCAGTGCTGCA	A06：19844792：19844997：－	95	206	－66.4
F－m0013－5p	CGGTGTTTGTTCGGA-AGCAGTGCTGCA	A06：19885930：19886135：－	95	206	－66.4
F－m0014－5p	CGGTGTTTGTTCGGA-AGCAGTGCTGCA	A06：19933105：19933310：－	95	206	－66.4
F－m0015－3p	AACAAAGTCGTTGTA-GTATAGTGGTAA	A06：21319584：21319693：－	23	110	－21.7
F－m0016－3p	AGGCGAGGATGATG-AGAAAAGATTACCA	A07：17314646：17314845：＋	57	200	－42.1
F－m0017－5p	AAGCCAATTTGCAGA-GCAATGACGTCAA	A07：16229347：16229433：－	268	87	－24.4
F－m0018－5p	CGGTGTTTGTTCGGA-AGCAGTGCTGCA	A08：9636343：9636548：＋	95	206	－66.4
F－m0019－5p	AAGCCAATTTGCAGA-GCAATGACGTCAA	A09：30898314：30898397：－	265	84	－24.7

续表

miRNA 名称	miRNA 序列	位置	数目	LP/ bp	MEF/ (kcal · mol⁻¹)
F – m0020 – 5p	GTGGCTGTAGTTTAG-TGGTAAGAATTCC	A09:37431621:37431782:–	131	162	– 49.3
F – m0021 – 5p	AACAAAGTCGTTGTA-GTATAGTGGTAA	A10:10080994:10081179:+	25	186	– 49.06
F – m0022 – 5p	AACAAAGTCGTTGTA-GTATAGTGGTAA	A10:15040078:15040318:–	25	241	– 49.8

注:*LP* 为 pre – miRNA 的长度;*MFE* 为茎环结构的最小自由能。

表 1 – 3 – 21　不育花蕾中鉴定到的新 miRNA

miRNA 名称	miRNA 序列	位置	数目	LP/ bp	MEF/ (kcal · mol⁻¹)
S – m0001 – 3p	TGGCTGTAGTTTAG-TGGTGAGAATTCC	A01:146331:146648:+	79	318	– 77.44
S – m0002 – 5p	AACAAAGTCGTTGTA-GTATAGTGGTAA	A03:3747016:3747175:+	28	160	– 45.2
S – m0003 – 5p	GGGTCCTTAGCTCAG-TGGTAGAGCAAT	A03:11352574:11352772:–	14	199	– 51.8
S – m0004 – 3p	GGGTGTTTGGTCTAG-TGGTATGATTCTC	A03:15082325:15082486:–	38	162	– 48.5
S – m0005 – 3p	GGGTGTTTGGTCTAG-TGGTATGATTCTC	A03:16245242:16245584:–	38	343	– 80.02
S – m0006 – 5p	CGGTGTTTGTTCGGAA-GCAGTGCTGCA	A04:586614:586819:+	102	206	– 66.4
S – m0007 – 3p	AAGCTGTGATGAAAA-AAACCGTGTGCCA	A05:4954236:4954365:+	150	130	– 28.4

续表

miRNA 名称	miRNA 序列	位置	数目	LP/ bp	MFE/ (kcal·mol⁻¹)
S－m0008－5p	GGGTGTTTGGTCTAG-TGGTATGATTCTC	A05:24221460:24221742:+	38	283	−74.5
S－m0009－5p	CGGTGTTTGTTCGGAA-GCAGTGCTGCA	A05:13219429:13219634:−	102	206	−66.4
S－m0010－5p	CGGTGTTTGTTCGGAA-GCAGTGCTGCA	A06:19878988:19879193:+	102	206	−66.4
S－m0011－5p	CGGTGTTTGTTCGGAA-GCAGTGCTGCA	A06:19844792:19844997:−	102	206	−66.4
S－m0012－5p	CGGTGTTTGTTCGGAA-GCAGTGCTGCA	A06:19885930:19886135:−	102	206	−66.4
S－m0013－5p	CGGTGTTTGTTCGGAA-GCAGTGCTGCA	A06:19933105:19933310:−	102	206	−66.4
S－m0014－3p	AACAAAGTCGTTGTA-GTATAGTGGTAA	A06:21319584:21319693:−	25	110	−21.7
S－m0015－3p	AACAAGCACCAGTGG-TCTAGTGGTAGA	A07:15891467:15891675:+	13	209	−34.9
S－m0016－3p	AGGCGAGGATGATGA-GAAAAGATTACCA	A07:17314646:17314845:+	79	200	−42.1
S－m0017－5p	AAGCCAATTTGCAGA-GCAATGACGTCAA	A07:16229347:16229433:−	269	87	−24.4
S－m0018－5p	CGGTGTTTGTTCGGAA-GCAGTGCTGCA	A08:9636343:9636548:+	102	206	−66.4
S－m0019－5p	TTGCACTCTGTCTCGA-TGGCTATGTCA	A09:20734526:20734607:+	25	82	−36.6
S－m0020－5p	AAGCCAATTTGCAGA-GCAATGACGTCAA	A09:30898314:30898397:−	266	84	−24.7
S－m0021－5p	GTGGCTGTAGTTTAG-TGGTAAGAATTCC	A09:37431621:37431782:−	256	162	−49.3
S－m0022－5p	AACAAAGTCGTTGTA-GTATAGTGGTAA	A10:10080994:10081179:+	28	186	−49.06

续表

miRNA 名称	miRNA 序列	位置	数目	LP/bp	MFE/(kcal·mol⁻¹)
S－m0023－5p	AACAAAGTCGTTGTA-GTATAGTGGTAA	A10:15040078:15040318:－	28	241	-49.8
S－m0024－5p	GACCTACGCGGATTA-AGGTGGTGACCT	scaffold025391:42:122:－	20	81	-28.2

注:LP 为 pre－miRNA 的长度;MFE 为茎环结构的最小自由能。

（a）　　　　　　　　　　　（b）

图 1 －3 －17　新 miRNA 的茎环结构

（a）F － m0003 － 5P；（b）S － m0017 － 5P

3.2.3.4 不育花蕾与可育花蕾中差异表达的 miRNA

为了确定与花蕾发育相关的 miRNA,本书仅分析了高表达的 miRNA。通过分析和筛选,确定了 19 个差异表达的 miRNA,它们的读序值均大于文库平均水平,并且表现出显著差异,如表 1 – 3 – 22 所示。在这 19 个差异表达的 miRNA 中,14 个在不育花蕾中上调表达,其中差异最显著的是 bra – miR 9569 – 5p 和 bra – miR319 – 3p,差异最小的是 bra – miR860 – 3p。其余的 5 个 miRNA 在可育花蕾中上调表达,其中差异最显著的是 bra – miR 172d – 5p。对这 19 个差异表达的 miRNA 的分析表明,同一个 miRNA 的 3p 和 5p 序列的表达水平相似,说明来自同一前体的 miRNA[3p(miRNA)]和 miRNA∗[5p(miRNA)]有着相同的表达趋势。

3.2.3.5 miRNA 靶基因预测

miRNA 靶基因的预测对于研究 miRNA 的生物学功能起着非常重要的作用。在本书中,共有 35 个已知 miRNA 家族的 233 个靶基因被鉴定,将这 233 个靶基因和拟南芥同源基因进行同源性分析,并获得了它们的功能注释(附录 4)。bra – miR156 有 16 个靶基因,其中 13 个是 Squamosa promoter – binding protein (SBP)。bra – miR157 的 18 个靶基因中 13 个与 bra – miR156 相同,并且都是 SPL 家族同源基因。bra – miR159 在植物中是高度保守的,它的 14 个靶基因中大部分都与拟南芥转录因子基因同源。

在这些结果中包括 12 个差异表达的 miRNA 的 96 个靶基因,如表 1 – 3 – 23 所示,其中 22 个靶基因与雄蕊或花粉发育相关,它们的表达水平会影响植株育性。例如, bra – miR164 的靶基因 *Bra*021592、*Bra*022685 和 *Bra*001586,其拟南芥同源基因编码 CUC1 和 CUC2;bra – miR319 的 9 个靶基因的拟南芥同源基因编码 TCP 家族转录因子和 MYB65;等等。除了这 22 个靶基因外,还有 32 个靶基因与花蕾发育相关,例如那些编码 AP2、ARF10、NAC1、TOE1、TOE2、TOE3、SMZ 和 COL9 的靶基因。其中 bra – miR164、bra – miR319、bra – miR391 的靶基因 *Bra*007810、*Bra*028685、*Bra*012960、*Bra*030952、*Bra*019831 在转录组测序中也为差异表达基因且都在可育花蕾中表达量高,不育花蕾中表达量低或不表达。

表 1 - 3 - 22　可育花蕾与不育花蕾中差异表达的 miRNA

miRNA 名称	在可育花蕾中表达量	在不育花蕾中表达量	均一化后在可育花蕾中表达量	均一化后在不育花蕾中表达量	两样品间差异表达倍数
bra - miR172d - 5p	338	58	4973.587	752.7286	- 2.72408502
bra - miR6032 - 5p	195	38	2869.3771	493.167	- 2.54058941
bra - miR156e - 3p	1055	344	15524.066	4464.4595	- 1.79794904
bra - miR172d - 3p	867	378	12757.6921	4905.7142	- 1.37883227
bra - miR396 - 5p	262	135	3855.2657	1752.0408	- 1.13779392
bra - miR860 - 3p	246	605	3619.8296	7851.7384	1.11709032
bra - miR172c - 5p	67	182	985.8886	2362.0106	1.26051889
bra - miR168b - 3p	1225	3331	18025.5742	43229.9846	1.26198711
bra - miR168c - 3p	1212	3300	17834.2824	42827.6641	1.26388983
bra - miR160a - 5p	453	1250	6665.7838	16222.6	1.28315863
bra - miR5718	2508	8281	36904.6042	107471.4807	1.54208115
bra - miR391 - 3p	241	943	3546.2558	12238.3295	1.78703814
bra - miR164b - 5p	343	1797	5047.1608	23321.6098	2.20812342
bra - miR164d - 5p	343	1797	5047.1608	23321.6098	2.20812342
bra - miR164c - 5p	343	1798	5047.1608	23334.5879	2.20892603
bra - miR9569 - 3p	3390	17821	49883.0177	231282.3641	2.21303461
bra - miR391 - 5p	319	1873	4694.0067	24307.9439	2.37253606
bra - miR319 - 3p	154	1050	2266.0722	13626.984	2.58820056
bra - miR9569 - 5p	55	1192	809.3115	15469.8714	4.2566223

表1-3-23　差异表达 miRNA 的靶基因预测与注释

miRNA	靶基因	靶基因注释
bra - miR156	Bra003305	SPL15
	Bra004363	鳞状启动子结合蛋白样转录因子家族蛋白
	Bra004674	SPL9，AtSPL9
	Bra010949	SPL10
	Bra014599	SPL15
	Bra016891	SPL9，AtSPL9
	Bra022766	SPL13B，SPL13
	Bra027478	SPL2
	Bra028067	TT1，WIP1	C2H2 和 C2HC 锌指超家族蛋白
	Bra030040	SPL11
	Bra030041	SPL10
	Bra032822	SPL11
	Bra032940	未知功能蛋白（DUF803）
	Bra033671	SPL2
	Bra035016	ZYP1a，ZYP1
	Bra038324	鳞状启动子结合蛋白样转录因子家族蛋白
bra - miR160	Bra003665	ARF17
	Bra011955	ARF10（生长素响应因子10）
	Bra024109	ARF16
	Bra037581	AtCASP
	Bra011162	ARF16
	Bra015651	ARF17
bra - miR164	Bra001480	DNA 结合
	Bra009246	ANAC080，ANAC079，ATNAC4
	Bra012960	ANAC100，ATNAC5
	Bra028685	ANAC080，ANAC079，ATNAC4

续表

miRNA	靶基因	靶基因注释
bra－miR164	Bra000457	UXS4， UDP－谷氨酸脱羧酶/催化
	Bra022685	CUC2，ANAC098
	Bra030820	NAC1，anac021
	Bra034713	DNA 结合
	Bra001586	CUC1，anac054，ATNAC1
	Bra021592	CUC1，anac054，ATNAC1
	Bra025374	ATNAC3，ANAC059
	Bra025658	ATNAC2，ORE1，ANAC092，ATNAC6
	Bra029313	ANAC100，ATNAC5
	Bra007810	VIM1，ORTH2
	Bra028435	ATNAC2，ORE1，ANAC092，ATNAC6
bra－miR168	Bra002105	水解酶，α/β 折叠家族蛋白
bra－miR172	Bra000791	胚胎缺陷 2369
	Bra037711	RWP－RK 结构域蛋白质
	Bra000236	ATP 酶，偶联到物质/氨基酸跨膜转运体的跨膜运动
	Bra000308	RWP－RK 结构域蛋白质
	Bra002678	未知功能蛋白
	Bra007939	转化酶/果胶甲酯酶抑制剂家族蛋白
	Bra002510	TOE2
	Bra011741	AP2，FLO2，FL1
	Bra028500	抗病蛋白（TIR－NBS－LRR 类），推测
	Bra027473	F－box 家族蛋白（FBX6）
	Bra007123	SMZ
	Bra017809	AP2，FLO2，FL1
	Bra000487	RAP2.7，TOE1

续表

miRNA	靶基因	靶基因注释
	Bra011939	RAP2.7，TOE1
bra – miR172	Bra012139	TOE3；AP2 域包含转录因子, 假定
	Bra020262	TOE2
	Bra013304	假定的 TCP 家族转录因子
	Bra018280	TCP10
	Bra012600	假定的 TCP 家族转录因子
	Bra029596	ALDH22a1；ALDH22a1（乙醛脱氢酶 22a1）
	Bra012038	FUS12，ATCSN2，COP12，CSN2
bra – miR319	Bra010789	TCP24，ATTCP24
	Bra030952	TCP3, 转录因子
	Bra002042	ATMYB65，MYB65
	Bra021586	TCP4，MEE35
	Bra000531	AtMYB81
	Bra032365	TCP24，ATTCP24
	Bra034842	ATMYB65，MYB65
	Bra012155	连环蛋白重复家族蛋白/U – box 域蛋白
	Bra022280	MYB4R1
bra – miR391	Bra019831	FAD 结合/催化/电子载体/氧化还原酶
	Bra039309	DNA 结合蛋白家族
	Bra001264	COL9
	Bra006138	腈酶/氰化物水合酶和载脂蛋白 n – 酰基转移酶家族蛋白
bra – miR5718	Bra012912	未知功能蛋白
	Bra035134	RFO1，WAKL22 I壁相关激酶家族蛋白
bra – miR6032	Bra018419	未知功能蛋白
bar – miR860	Bra040386	未知功能蛋白
bra – miR9569	Bra032576	ATCUL1，CUL1，AXR6；ATCUL1（拟南芥 CULLIN 1）

续表

miRNA	靶基因	靶基因注释
	Bra040611	未知功能蛋白
	Bra022988	催化/蛋白丝氨酸/苏氨酸磷酸酶
	Bra040656	四肽重复序列(TPR)蛋白
	Bra006333	染色体(SMC)家族蛋白(MSS2)的结构维持
	Bra001369	3 - 磷酸肌醇依赖蛋白激酶 - 1,假定的
	Bra020390	ARR18
	Bra004128	TRNA - 剪接内切酶阳性效应相关
	Bra019962	DNA 结合/转录因子
	Bra002521	五肽(PPR)重复蛋白
bra - miR396	Bra009973	富含羟脯氨酸的糖蛋白家族蛋白
	Bra034699	肌凝蛋白重 chain - related
	Bra020564	钙调素结合
	Bra022185	PPR40
	Bra018461	DNA 结合/转录因子
	Bra027961	托品酮还原酶,假定/托品碱脱氢酶,假定
	Bra031700	DNA 结合/转录因子
	Bra016337	未知功能蛋白
	Bra031019	结合
	Bra021292	BGLU44

3.2.3.6　差异表达 miRNA 的表达模式验证

为了验证高通量测序结果的准确性,本书对高通量测序得到的所有差异表达 miRNA(共 19 个)进行了 qRT - PCR 验证,结果如图 1 - 3 - 18 所示。qRT - PCR 结果与高通量测序结果大体一致。其中 17 个 miRNA 的 qRT - PCR 结果与测序结果一致,只有两个不一致:bra - miR172d - 5p 和 bra - miR396 - 5p 在高通量测序结果中,可育花蕾中表达量高,而在 qRT - PCR 结果中,不育花蕾中表达量高。

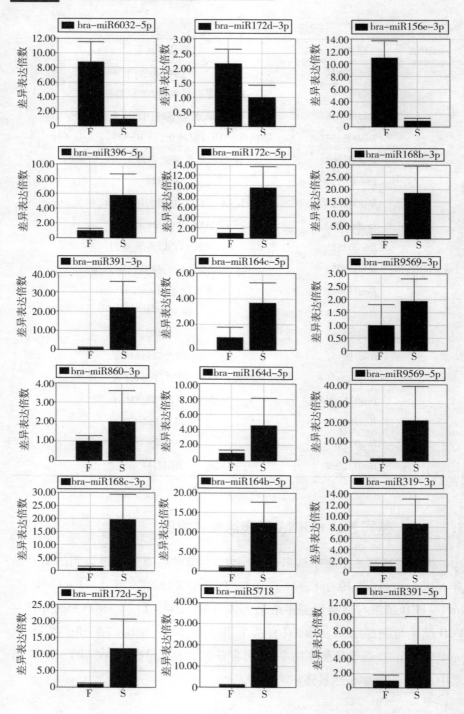

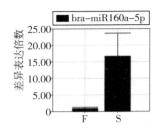

图 1 - 3 - 18　19 个差异表达 miRNA 的 qRT - PCR 结果

F 为可育花蕾,S 为不育花蕾

3.3　讨论

3.3.1　关于 BAC 克隆测序

本书对两个 BAC 克隆分别进行了第二代测序和第三代测序。对这两种测序方法得到的序列进行了比较,发现它们之间存在着一定的差异。首先两种测序方法获得的插入基因序列长度不同,FH20 - SKRF1 和 FH48 - LC-SK5 通过第二代测序获得的插入基因长度分别为 141310 bp 和 126871 bp,而第三代测序得到的插入基因长度为 127658 bp 和 130005 bp。两种方法获得的序列不同可能会导致它们预测到的基因个数与起止位置不同,两个 BAC 克隆在第二代测序中预测到的基因数目分别为 37 个和 28 个,而第三代测序中预测到的基因数目分别为 37 个和 27 个。比较预测基因序列,发现虽然大部分序列比对结果一致,但还是有一些基因在长度上存在差异或是比对不上。对两个 BAC 克隆进行序列拼接,结果发现只有第三代测序结果能够拼接得上,说明第三代测序的结果更加准确可靠。究其原因,BAC 克隆平均长度在 150 kb,而第二代测序读长较短,需要将测序片段打碎,但是这给测序后的拼接造成了很大的难度,无法很好地组装基因组中 GC 含量异常和重复性高的区域,在进行序列组装时,即使是有参考基因组的物种,也会出现拼装错误。而第三代测序读长较长,便于拼接,解决了第二代测序出现的拼接错误问题。目前,第三代测序方法存在的问题是费用较高,并且产生随机突变的概率比较大。所以可以两种方法同时进行,用第二代测序结果校正第三代测序,也可以增加三代测序的深度。

将测序拼接结果比对到 Brassica Database 发现,虽然其能够比对到 A07 染色体 6700 ~ 6800 kb 的区域,但是只能比对上几段并且每段都只有 1000 bp 左右。在拼接序列中查找筛库引物 SKRF1、LCSK5 以及 SSR 标记 LZY6 时发现, SKRF1 和 LZY6 的位置颠倒了,但它们之间的距离没有明显改变;两端标记间距离发生很大改变,BAC 拼接序列比数据库中公布的序列多出了 54486 bp。这种大片段的插入很可能是导致雄性不育的原因,但也有可能是因为数据库中公布的序列测序的大白菜品种为 Chiffu($msms$),而本书构建 BAC 文库利用的是源自大白菜青麻叶品种的雄性不育两用系的不育株(Ms-Ms),遗传背景不同的试材本身基因组序列可能存在差异;另外,已公布的基因组序列中也可能存在着拼接错误或不完全的现象。要想排除上述两种情况,需要找出可育基因型($msms$)、不育基因型($MsMs$)以及恢复基因型(Ms^f Ms^f)之间的序列差异,一是构建纯合可育基因型与纯合恢复基因型材料的 BAC 文库,找出对应区间的 BAC 克隆进行测序,将 3 个序列进行比对分析,找出差异片段,确定候选基因;二是根据拼接序列设计引物,将目前在拼接序列中预测到的基因在纯合可育基因型与纯合恢复基因型材料中克隆出来进行测序,与拼接序列进行比对,找出差异。

3.3.2　在高通量测序中植物材料的选择

在利用高通量测序技术进行转录组测序时,通常是为了寻找与目标性状相关的基因或 miRNA。为了找到与目标性状相关的差异表达基因和 mi-RNA,在测序材料和组织的选择上要十分慎重。为了减少遗传背景的影响,在选取植物材料时,要尽量选择遗传背景相近而目标性状有较大差异的材料,例如同一野生型产生的突变体、近等基因系等等。在对组织器官的选择上,雄性不育研究最好的测序对象是花粉或者花药,例如,在对质雄性不育棉花、化学剂诱变雄性不育的小麦、核雄性不育玉米等进行转录组测序时都采用的是花药;对质雄性不育玉米进行转录组测序时采用的是花粉。除此之外,大部分雄性不育转录组测序中采用的是混合花蕾或特定时期的花蕾,如辣椒、油菜、大白菜、不结球白菜、芥菜、番茄等。

综合前人的研究结果,本书采用的材料是一个稳定遗传的雄性不育两用系,它是通过自交、杂交和十代以上的兄妹交配制产生的,不育株与可育株之间相当于近等基因系。雄性不育两用系不育株中的花药败育彻底,遗传稳定,育性由一对基因控制。这种遗传背景简单一致的两用系材料,非常适合于差异转录组分析。

3.3.3　不育株与可育株差异表达基因在花粉发育中的作用

在小孢子形成过程中,控制其发育的代谢途径上任意一个基因发生突变都可能会导致雄性不育。按照花粉发育时期以及受损伤部位,可以将导致雄性不育的原因分成几种:①减数分裂时期异常;②细胞代谢障碍;③绒毡层发育不良;④花粉囊壁发育不良;⑤花药开裂异常。绒毡层细胞是否能够适时进入 PCD 会直接影响到养分的累积、分配以及花粉育性。通过组织切片观察发现,供试的不育材料的绒毡层细胞出现明显异常。绒毡层细胞的降解会向花药中释放养分,如糖、脂质和蛋白质,为 PMC 发育成花粉粒提供营养。在拟南芥中已经确定了许多基因是正常绒毡层发育和花粉产生的必要基因,包括 *DYT1*、*MS1*、*myb99* 和 *AMS*。将这些基因和测序数据进行比较,发现 *AMS*(*Bra*002004 和 *Bra*013041)和 *AtMS2*(*Bra*001090)在可育与不育花蕾中差异表达。*AMS* 编码一个 bHLH 蛋白,当其基因发生突变时,小孢子虽然能够完成减数分裂,但是在不久后就会发生降解。在花粉形成后期,*AMS* 对花粉壁的形成、绒毡层发育和绒毡层 PCD 起到至关重要的作用。而 *MS2* 只在花药的绒毡层中表达,*MS2* 的突变会导致形成很薄的花粉外壁,随后导致雄性不育。在拟南芥花药发育过程中,*MS2* 可以利用在绒毡层细胞中产生的 C16:0 – ACP 和相应的合成脂肪醇,为花粉外壁的形成提供脂质材料,因此在花粉外壁的合成过程中起着重要作用。综上所述,大白菜中 *AMS* 和 *MS2* 在绒毡层发育异常的雄性不育材料中起着重要作用。

在 KEGG 富集分析中得到的 5 条代谢途径中,淀粉和蔗糖代谢与戊糖和葡萄糖醛酸转换会影响到花粉发育,因为,花粉需要积累蔗糖和淀粉为以后的发育做能量储备。在蔗糖和淀粉代谢途径中共有 13 个基因差异表达,它们都是在不育花蕾中下调表达。这种表达模式可能会使花药中蔗糖运输减少、糖的消耗加剧,从而导致雄蕊育性降低。而在戊糖和葡萄糖醛酸转换途径中,差异表达的基因有 20 个,占该途径中所有基因的30.7%,并且这 20 个差异表达基因也全部在不育花蕾中下调表达。这些基因主要分为 3 类:果胶酶（ $Bra023504$ 、 $Bra006279$ 、 $Bra008721$ 、 $Bra012756$ 、 $Bra026221$ 、 $Bra016700$ 、 $Bra026583$ 、 $Bra017412$ 、 $Bra040506$ 、 $Bra001011$ 、 $Bra020658$ 、 $Bra036219$ 、 $Bra028699$ 、 $Bra009265$ ）、PG（ $Bra010872$ 、 $Bra010873$ 、 $Bra030510$ 、 $Bra033347$ 、 $Bra007332$ ）和乙醛脱氢酶（ $Bra024619$ ）。这些基因在小孢子发育、花粉管伸长等生理过程中发挥着重要作用。植物花粉壁由内壁和外壁组成,花粉内壁由多种水解酶、疏水性蛋白、纤维素、半纤维素和果胶聚合物组成。果胶的降解涉及一系列的酶,包括果胶甲酯酶、果胶酸裂解酶和 PG。果胶甲酯酶包含了一个大的基因家族,目前在拟南芥中发现的果胶甲酯酶至少有 66 个,其中有 35 个果胶甲酯酶在雄蕊或花粉粒中表达。PNLs 可以直接降解果胶,而其他果胶酶则需要通过一系列酶的活动起到作用。本书鉴定了一些果胶甲酯酶基因和 PG 基因,它们与雄性不育相关并且主要在花粉发育后期表达。以上研究结果表明,戊糖和葡萄糖醛酸转换途径与花粉发育相关,并且这一途径中鉴定到的 20 个差异表达基因可能是参与花粉壁发育的重要基因。

3.3.4　miRNA 在花粉发育中的作用

miRNA 的丰度可以被认为是一个估算 miRNA 表达量的指标。为了鉴定与花粉发育相关的 miRNA,本书比较了两个 small RNA 文库之间的 miRNA 的表达量。在差异表达 miRNA 中有 14 个在不育花蕾中上调表达,5 个在可育花蕾中上调表达。由于 miRNA 很可能在植物花粉发育过程中起到重要作用,这些差异表达的 miRNA 就非常值得关注了。

这 19 个差异表达的 miRNA 中有 11 个在拟南芥中有过报道。在拟南芥中,花粉中 miR160 的表达量要比其在叶片中的表达量要高。研究中表明,miR168、miR319、miR391 和 miR396 在拟南芥花粉和花序中表达。miR168、miR172 和 miR319 在花粉中表达。研究表明,bra – miR160、bra – miR168、bra – miR172、bra – miR319、bra – miR391 和 bra – miR396 在白菜可育花蕾与不育花蕾中差异表达。一些在拟南芥中已经报道的与花粉发育相关的 miRNA,如 miR167 和 miR59,并没有发现差异表达的现象,这可能是选取材料和时期的不同导致的。

在 19 个差异表达 miRNA 中,有 4 个已经被报道参与拟南芥花器官发育。例如 miR160 的靶基因是 *ARF*10/16/17,它们参与了生长素的信号转导途径,在植物生长发育过程中起着重要的调节作用。过表达 miR160 靶基因同义突变体(*mARF*10),转基因拟南芥表型发生变异,如锯齿状叶、卷曲茎和花发育异常。miR156 的靶基因 *SPL*3/4/5,促进营养生长和开花。miR319 的靶基因为 MYB 和 TCP 转录因子,它们可以调控拟南芥开花时间、育性和花药发育。拟南芥中 miR172 的高表达导致提前开花、花瓣缺失、萼片转化为心皮。此外,一些差异表达 miRNA 没有报道参与花粉或雄配子体发育。例如,miR396 参与叶片形成和气孔发育,剩下的差异表达 miRNA 功能没有报道。因此,尽管本书获得的 19 个差异表达 miRNA 中一部分确实参与了花粉发育,但仍需进一步研究证实和确定那些功能未知的 miRNA 与花粉发育的关系。

本章所获得结论:

1. 利用大白菜复等位基因遗传雄性不育系统的纯合不育株(*MsMs*)构建 BAC 文库,筛选到 2 个位于不育基因 *Ms* 定位区间内的 BAC 克隆。利用第三代测序方法对 2 个 BAC 克隆进行测序分析,发现其与 Brassica Database 中大白菜基因组序列相比有部分区域发生了倒位,并有一个大片段(54486 bp)的插入。在插入片段中有 7 个基因与 *Ms*^{f}*Ms*^{f} 基因型材料存在序列上的差异。

2. 利用 RNA – seq 对大白菜核雄性不育两用系可育株与不育株花蕾进行测序,首先按照无参考基因组进行 unigene 组装,将 BAC 克隆测序比对得到的 7 个存在序列差异的基因,与 unigene 进行比对,发现有 5 个基因能够比对上,说明这 5 个基因真实存在并且能够在不育花蕾中正常表达。

3. 将转录组数据按照有参考基因组进行分析,检测到 1013 个差异表达基因,包括与花粉发育相关的 *AMS*、*MS*2、果胶甲酯酶类基因等等。有 475 个基因仅在可育花蕾中表达,6 个基因仅在不育花蕾中表达,其中 82 个特异性表达基因功能未知但大部分在花粉中表达。对差异表达基因进行 GO 分析,显著富集的 GO term 有 19 个。对所有的差异表达基因进行 pathway 富集分析,富集到淀粉和蔗糖代谢、戊糖和葡萄糖醛酸转换等与能量储备相关的代谢途径,其可能影响到雄蕊发育。

4. 对大白菜雄性不育两用系可育株与不育株花蕾构建的 small RNA 文库进行高通量测序,两文库中分别鉴定出了 132 个和 144 个已知 miRNA,以及 22 个和 24 个新 miRNA,对 35 个已知 miRNA 进行了靶基因预测,这些数据可以补充大白菜 miRNA 的信息。筛选出 19 个差异表达 miRNA,其对应的靶基因中有 54 个参与了花粉及其他花器官的发育。这为进一步探索雄性不育分子发生机制奠定了基础。

第二部分

园艺植物数量性状的研究

第一章　园艺植物中数量性状的研究现状

1.1　菜豆光周期调控开花的研究进展

菜豆(*Phaseolus vulgaris* L.)原产美洲,是短日植物,已广植于热带至温带地区。然而,不同菜豆品种对日照时长的敏感度存在差异,使得部分菜豆品种所能适应的纬度范围受限,不利于优良品种的推广。因此,培养广适性的高产、优质的菜豆是育种急需解决的问题之一。本书以基因的精细定位、转录组和代谢组测序作为研究手段,以期获得与菜豆光周期调控相关的候选基因,并对其表达模式进行系统阐述,完成对菜豆光周期调控模式的探究,填补菜豆此方面研究的信息缺口。

光周期指一天中光/暗循环照明的时间长度。伴随着对季节的适应,植物对光周期变化的反应称为光周期反应。由于植物对环境的适应性不同,植物开花需要不同的光周期条件,如长日照植物、短日照植物、中性日照植物。菜豆是短日照植物,但是由于自然变异,一些调控光周期开花的重要基因发生变异,菜豆能够分布在更加广泛的纬度范围,适应更加多变的光周期环境。然而,每个菜豆品种所能适应的纬度范围很窄,不利于优良品种的推广,因此培养广适性的高产、优质的菜豆是育种急需解决的问题之一。光周期途径对植物成花的影响在农业生产实践中发挥重要的作用,也是近些年来在各个物种中研究的热门课题。

开花是植物的重要生理进程之一,是植物由营养生长向生殖生长转变的关键过程。开花时间受到外界环境(如光、温度)及内在发育机制共同影响。通过对模式植物拟南芥的研究表明,植物开花受 4 个截然不同的信号途径调控,即光周期开花途径、春化途径、赤霉素途径与自主途径。光周期开花途径与春化途径是植物对光照以及温度条件的反应,而自主途径与赤霉素途径是植物内在因素的调控途径。这 4 个途径分别对不同的环境信号做出响应,但又相互依赖,共同调控下游基因的表达来调节开花。在数量性状基因挖掘的研究中,QTL 定位是最为高效准确的定位手段。在大豆中克隆了短日照条件下诱导大豆开花的 J 基因;克隆了拟南芥生物钟 PRR 基因的同源基因 *FL1* 和 *FL2*,并对其功能进行验证。近些年,在棉花、高粱、水稻等作物中均有基于 QTL 定位花期基因的相关报道,并且在很多大田作物中得到了深入的研究。

植物的生物钟是光周期反应的内在基础,生物钟调控的节律性行为对于生物具有重要的意义。由于昼夜变化频率是相对稳定的,生物可以预测昼夜节律变化的时间。生物通过生物钟记录昼夜节律变化,并为环境节律变化提前做好准备。植物的生物钟参与很多重要的生理进程,如新陈代谢、生长发育、抗逆胁迫等,使植物体自身的内源节律(基因表达、气孔开闭、胞质游离、钙离子水平、营养吸收利用、激素应答等)与外部环境条件(光、温度、生物和非生物胁迫等)达到时间和空间的协同。生物钟本身就是一个外部环境通路调控的目标,它是连接外部环境信号与内源基因表达的核心调控系统。生物钟在高等植物体内由 3 个功能组分所构成:根据环境信号来控制振荡器输入途径;通过核心振荡器控制并产生近似 24 h 的昼夜节律信号;产生与昼夜节律一致的振荡器输出途径。这 3 个功能组分并不是截然分开的,它们相互联系、相互影响,并在各功能组分之间存在着重叠。

植物生物钟在拟南芥中研究较为深入。拟南芥核心振荡器是由 3 个反馈抑制循环组成第一个循环是由两个 MYB 家族转录因子基因 *LATE ELON-GATED HYPOCOTYL*(*LHY*)与 *CIRCADIAN CLOCK ASSOCIATED*1(*CCA1*),以及 *TI MING OF CAB EXPRESSION*1(*TOC1*)/*PSEUDO – RESPONSE REGUL-ATOR* 1(*PRR*1)组成的反馈通路。*LHY* 与 *CCA1* 在黎明时表达量达到最高峰,而 *TOC1* 在傍晚时表达量达到最高峰。*LHY* 与 *CCA1* 形成同源或异源二聚体,通过晚间元件结合在 *TOC1* 的启动子上,抑制 *TOC1* 表达,同时,*TOC1* 抑制 *LHY* 与 *CCA1* 表达。第二个循环是早晨循环,由 *LHY* 与 *CCA1* 以及

*PRR*9 和 *PRR*7 组成。*LHY* 与 *CCA*1 能够结合在 *PRR*9 和 *PRR*7 的启动子,在早晨可能促进 *PRR*9 和 *PRR*7 的转录。因为在 *LHY CCA*1 的双突变体中,*PRR*9 和 *PRR*7 的表达量上调,但是 *LHY* 与 *CCA*1 对 *PRR*9 和 *PRR*7 转录的直接调控关系还不明确。PRR 家族中有 5 个基因,*PRR*1/*TOC*1、*PRR*3、*PRR*5、*PRR*7、*PRR*9,其中 *PRR*5、*PRR*7、*PRR*9 每隔 2～3 h 表达量达到最高峰,抑制 *LHY* 与 *CCA*1 在白天转录。第三个循环是傍晚循环,主要由 *TOC*1 与 *GI* 组成,*TOC*1 抑制 *GI* 表达,而 *GI* 促进 *TOC*1 表达。此外,晚间复合物也参与生物钟核心振荡器调控。晚间复合物是由 *EARLY FLOWERING* 3(*ELF*3)、*ELF*4 与 DNA 结合因子 *LUX ARRHYTHMO*(*LUX*)组成的。晚间复合物抑制 *PRR*7、*PRR*9 表达,从而释放了 *PRR*7 和 *PRR*9 对 *LHY* 与 *CCA*1 的抑制作用,使 *LHY* 与 *CCA*1 开始转录。反过来,*LHY* 与 *CCA*1 抑制晚间复合物基因 *ELF*4 和 *LUX* 转录,从而促进 *PRR*7、*PRR*9 的表达,这可能是在 *LHY CCA*1 双突变体中 *PRR*7 和 *PRR*9 表达量增加的原因。

光周期机理的探究不仅在拟南芥有深入的研究,在菜豆的近缘物种大豆中研究也较为集中。大豆与菜豆都是短日照植物,通过经典的遗传学方法鉴别出了 10 个与开花时间相关的 QTL 位点,分别是 *E*1～*E*9 以及 *EJ*。其中 *E*1～*E*4 以及 *E*7 和 *E*8 调控大豆光周期开花,其他 *E* 基因不参与调控大豆光周期开花。在这些 *E* 基因中,*E*1 是对大豆光周期开花贡献最大的基因。将 *E*1 基因及其启动子转入光周期不敏感的大豆品种中,转基因大豆开花时间延迟,并且 *E*1 基因的 EMS 诱变错义突变体表现出早花表型。研究表明,拟南芥、菜豆和蓖麻中 CO 家族基因存在着广泛的共线性,且共线性区域含有多个基因。目前对菜豆的光周期研究只停留在表观范畴,对其分子调控机制尚不明晰,这也是目前亟须解决的问题。

转录组测序是检测样品内所有的 RNA 转录本,反映了不同样品之间基因表达的差异性。目前,转录组已被广泛应用于各种模式植物,如玉米、拟南芥、水稻等。随着技术的不断更新,转录组测序也被更广泛地应用于园艺作物的研究,为今后更多生物的基础研究提供帮助。近些年,借助转录组分析对植物花期调控模型和候选基因的推测也有较多报道。代谢组学是从整体上研究生物体的代谢物,基于 GC - MC、LC - MC、UPLC - MS 和 NMR 等平台已得到广泛应用。关于代谢组的研究已被应用于植物体内代谢物的积累研究、代谢物相关基因的鉴定和功能分析研究,代谢组学研究分为代谢物靶标分析、代谢轮廓分析、代谢组学和代谢指纹分析。

本书采用转录组和代谢组测序联合分析的思路,从基因表达和代谢物积累两个层面上解析候选基因调控机理,从本质上解析光周期的分子调控机理。为后续菜豆开花相关基因的功能研究奠定了基础,为培养广适性菜豆提供候选基因。

1.2 葡萄果实香气物质研究进展

葡萄属于葡萄科葡萄属,为典型的被子植物,主要起源于欧亚大陆以及北美地区,栽培历史悠久,其栽培种植面积和产量位居世界各类水果第二。随着各种栽培葡萄品种的种植面积不断增大,其逐渐成为部分城市和地区的产业结构核心。与葡萄果实风味有关的香气物质是对葡萄果实品质评价的重要依据之一。近年来,随着植物分子生物学不断发展,人们对葡萄果实中香气物质的代谢途径有了越来越深刻的了解,并对其所特有的调控基因有了越来越深入的研究。本书通过对葡萄香气物质进行 QTL 定位以及基于候选基因关联分析的手段,将连锁作图与关联分析相结合,应用于葡萄香气物质的遗传研究。充分发挥连锁分析的高效性和关联分析的精确性,对于深入揭示葡萄香气性状的遗传机理具有重要意义,也为其他多年生木本植物的数量性状遗传研究提供借鉴。

1.2.1 葡萄果实中主要的香气物质

香气物质主要以游离态和结合态两种状态存在葡萄果实中,其中,游离态成分是能够引起人的味觉和嗅觉的存在状态,而结合态的香气物质不易挥发,以与糖紧密结合的形式存在,只有在加工破碎下才会在酶的作用下转化为游离态。游离态香气物质主要包括:香气物质、萜烯类化合物、醛类物质和酯类物质。香气物质大多由环状分子构成,如水杨酸乙酯分布在葡萄果实中。在萜烯类化合物的分子构成中,碳原子数均是 5 的倍数,该类化合物种类繁多,主要包含芳樟醇、香叶醇、橙花醇、香茅醇和 α - 萜品醇。醛类物质给人的嗅觉味道呈现花香和青草的气味,如糠醛(青草味)。香气物质通过与单糖或二糖键合而形成结合态香气物质。结合态香气物质不具备呈香特性,也不具备挥发性,但是其所形成的糖苷键不稳定,在酸或酶的催化下可以分解,进而转化成游离态香气物质,大部分栽培葡萄品种中,香气物质的存在主要是结合态,以游离态存在的较少。

葡萄果实中香气物质属于典型数量性状,其遗传是由多基因控制的,遗传机制相对复杂。关于葡萄香气物质遗传机制的研究,国内外均有报道。研究人员通过对 2 个杂交组合共计 112 株杂交后代进行果实的香气成分测定,结果表明,部分杂交后代含有双亲所检测出的香气物质,而另一部分则是具有单一亲本所特有的香气特征,同时也得到隶属于欧亚种的葡萄品种在香气物质的构成和风味上具有较高的相似性,并且各自又具有不同于其他品种的独特性,香气物质的种类也较多,遗传机制较为复杂。研究人员以杂交组合为研究对象,通过对杂交组合的香气物质组分展开分析,结果表明,香气物质在不同的杂交群体中表现出较大差异的遗传规律,同时发现,在同一杂交群体中不同香气物质的遗传规律也存在不同。此外,部分学者针对一些葡萄品种进行了特征性香气成分研究,但并没有进行更深入的香气遗传机制研究。Fanizza 等人利用 AFLP 分子标记对一些芳香型欧亚种葡萄进行遗传分析,促进了葡萄香气成分研究向更深一步的分子生物学研究的转变。研究人员对 3 个产地酿酒葡萄"赤霞珠"果实中的香气物质含量进行测定,结果表明,果实中所检测出香气物质的种类基本一致,但是受不同地区的土壤和当地气候差异的影响,香气物质的含量在地区间有明显差异。有研究表明,伴随着葡萄果实的发育,果实中 C6 醛类化合物含量的变化呈先迅速增加、中间保持稳定、最后逐渐减少的趋势,对于"非芳香型"品种的成熟度可以通过其青草气味的浓郁程度来判断其果实成熟度。相关研究表明,冷凉的小气候会促进葡萄果实中香气物质的积累和形成,但过于寒冷的气候会阻碍香气物质的合成。

1.2.2 葡萄果实中萜类化合物的生物合成途径

在葡萄果实中,萜类物质主要是通过甲基磷酸赤藓糖(MEP)和甲羟戊酸(MVA)两个途径的代谢,如图 2 - 1 - 1 所示。这两个途径包含了几乎所有萜类化合物的前导物质:异戊烯基焦磷酸(IPP)或者它的异构体 3,3 - 二甲基丙烯基焦磷酸(DMAPP)。其中,MEP 途径是萜类物质合成的主要代谢途径,此途径中的 IPP 和 DMAPP 在牻牛儿基焦磷酸(GPPS)的催化下缩合成香叶基焦磷酸(GPP),最后以 GPP 为底物,在各种萜类物质相关酶的催化下生成单萜组分。*DXS* 基因为催化 MEP 途径上的第一个反应,以 3 磷酸甘油醛(glyceraldehyde 3 - phosphate)和丙酮酸(pyruvate)为底物,在 DXS 的催化下生成 1 - deoxy - D - xylulose - 5 - phosphate(DXP)。在此之后 1 - 脱氧 - 木酮糖 - 5 - 磷酸还原异构酶(1 - deoxy - D - xylulose - 5 - phosphatereductoisomerase,DXR)将 DXP 转化成 2 - C - 甲基 - 赤藓糖醇 - 4 - 磷酸(2 - C - methyl - D - erythritol - 4 - phosphate,MEP)。MEP 在 4 - 二磷酸胞苷 - 2 - C - 甲基 - 赤藓糖醇合酶(4 - diphosphocytidyl - 2 - C - methyl - D - erythritolsynthase,CMS)环化作用下生成 4 - 二磷酸胞苷 - 2 - C - 甲基 - 赤藓糖醇(4 - diphosphocytidyl - 2 - C - methyl - D - erythritol,CDP - ME),之后在 4 - 二磷酸胞苷 - 2 - C - 甲基赤藓糖激酶(4 - diphosphocytidyl - 2 - C - metllyl - D - erythritolkinase,CMK)的催化下,生成 4 - 二磷酸胞苷 - 2 - C - 甲基 - 赤藓糖醇 - 2 - 磷酸(4 - diphosphocytidyl - 2 - C - methyl - D - erythritol - 2 - phosphate,CDP - ME2P),再经过 2 - C - 甲基 - 赤藓糖醇 - 2,4 - 环二磷酸合酶(2 - C - methyl - D - erythritol - 2,4 - cyclodiphosphatesynthase,MCS)催化,生成 2 - C - 甲基 - D - 赤藓糖醇 - 2,4 - 环二磷酸(2 - C - methyl - D - erythritol - 2,4 - cyclodiphosphate,ME - 2,4CPP),进一步在 1 - 羟基 - 2 - 甲基 - 2 - (E)- 丁烯基 - 4 - 二磷酸合酶[1 - hydroxy - 2 - methyl - 2 - (E)- butenyl - 4 - diphosphatesynthase,HDS]作用下,形成 1 - 羟基 - 2 - 甲基 - 2 - (E)- 丁烯 - 4 - 二磷酸[1 - hydroxy - 2 - methyl - 2 - (E)- butenyl - 4 - diphosphate],并在异戊烯基单磷酸激酶(IPK)的作用下催化形成中间体 IPP(C5)及其双键异构体 DMAPP(C5),最后各 1 分子的两同分异构中间体 IPP 和 DMAPP 在 GPPS 的作用下经头尾缩合生成 GPP。而 GPP 在酶的催化下形成各种单萜化合物。

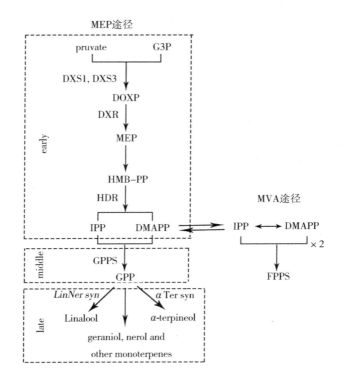

图 2 - 1 - 1　萜类物质代谢途径图示

葡萄中常见的香气物质有芳樟醇、香叶醇、橙花醇、香茅醇和 α - 萜品醇等,其中香叶醇和芳樟醇的感官香味最为浓郁。根据香气物质含量之间的差异,一些研究按照香气的类型将葡萄分为 3 种:玫瑰香型、非玫瑰香型和中间型。也有研究表明,典型的玫瑰香型葡萄与单萜类物质含量相关,玫瑰香型葡萄品种单萜物质的含量高于非玫瑰香型和中间型葡萄品种。芳樟醇、香叶醇、橙花醇、香茅醇、α - 萜品醇等一般被认为是玫瑰香型葡萄所含的主要萜类物质。Battilana 等人运用两个作图群体(分别为种内杂交和种间杂交),通过对挥发性和非挥发性形态的香叶醇、橙花醇、芳樟醇含量的 QTL 定位,在 LG5 上得到了候选基因 *DXS*。Luan 和 Wüst 研究得出,萜类物质的代谢过程受到 DXS 基因的调控。Emanuelli 和 Battilana 研究认为,葡萄 *VvDXS* 基因的 SNP 突变是产生玫瑰香味的重要原因,该基因中一个 SNP 位点导致了第 284 个氨基酸由赖氨酸变成天冬酰胺,从而影响了玫瑰香型品种和中间型品种萜类的含量。研究人员在对 *VvDXS* 基因序列分析的时候也得到了该 SNP 位点,同时对亚历山大(Alexandria)葡萄的 *VvDXS* 基因表达与葡萄果实发育变化相关性进行了分析,得到了 *VvDXS* 基因的表达与芳香类物质的积累显著的相关性。Battilana 等人研究得出,*VvDXS* 基因的 K284N 所导致的氨基酸非同义突变会影响酶动力,进而提高酶的催化效率。

目前 *VvDXS* 基因研究主要集中在玫瑰香型品种上,作为 MEP 代谢途径中第一个调控基因,在它之后的分别有 *DXR*、*HDR* 基因进行代谢途径上的一系列调控,最终影响萜类物质的代谢合成。它的调控机理相对复杂,那么本书目的是针对 *VvDXS* 基因在不同香型、不同葡萄品种的差异背景下,运用香气物质含量与调控基因间的关联分析的方法,寻找出能够影响葡萄香气物质含量差异的优异等位变异位点。

萜类物质是存在于花、果实、植物防御以及新陈代谢中具有香味物质的一大类代谢物,尽管多数萜类物质都是由少数结构简单的前体细胞所形成的,由大量的潜在的分子团来实现这个巨大的分类。这种萜类化合物结构上的化学多样性很大程度上取决于多次的折叠并最终在萜类合成酶(TPS)催化下碳正离子中间体淬火反应。TPS 的产物可以进一步依靠单氧酶和不同转移酶被 P450 酶这样的细胞色素修饰。葡萄最初的 8 倍测序和组装是由黑比诺基因组(PN40024)的 89 葡萄 TPS(*VvTPS* 基因)的预测所构建的,它反映萜类次生代谢的生物学反应中具有较活跃的作用。例如,在通过使用芳香型葡萄进行酿酒时,像芳樟醇、香叶醇等萜品醇会对其香气指标产生重要影响。倍半萜烯也被认为是葡萄香气的重要指标。Parker 等人发现在澳大利亚的希腊葡萄果实中 α - 依兰烯作为倍半萜烯的代谢物标记与辛辣的气味和口感相关,并且在胡椒/辣的澳大利亚西拉葡萄和葡萄酒中倍半萜烯的甲酮、莎草奥酮被发现共同影响这一特性。*TPS* 基因家族主要是这一大类具有相似功能不同结构基因的总称,而 α - terpineol synthase(本书称 α - *TPS* 基因)是萜类物质代谢途径末端的直接调控 α - 萜品醇的酶基因,因此该基因的变异、表达将直接影响萜类物质的合成总量。

1.2.3　影响葡萄果实中香气物质合成的因素

影响葡萄果实中香气物质含量的重要因素包括:果实的内在因素和环境因素。果实的内在因素主要包括自身的代谢、果实的结构等因素,这些因素都会影响香气物质的合成和代谢。葡萄果实中香气物质的种类和含量在品种间存在一定的差别,主要是基因的表达与基因变异造成了香气物质代谢总量的差异。环境因素对香气物质的形成是一个相对复杂和难以观察的过程。地区的环境差异对果实的香气物质积累和代谢产生了较大的影响,一方面如光照可以促使果穗积累可溶性固形物,降低滴定酸、苹果酸、果汁pH 值和果粒重,温度会直接影响葡萄植株新陈代谢,使香气物质的前体物质总量受到一定程度的影响,最终影响香气物质的合成。香气物质的种类和物质含量也会受到不同产地的影响,研究人员通过对紫霞珠葡萄香气物质的研究发现,采自烟台的葡萄果实中主要香气物质是邻苯二甲酸二甲酯和苯乙醇,而采自武威的葡萄果实中主要香气物质是邻苯二甲酸二甲酯和邻苯二甲酸二乙酯。影响葡萄果实中芳香物质积累的另一方面是栽培条件等因素。研究人员通过研究栽培架式对葡萄果实中香气物质积累的影响时发现,篱架式所栽培的葡萄品种检测到了 65 种香气物质,棚架式对应品种所检测到的香气物质为 84 种。Bureau 通过研究光照与香气物质间关系发现,人工遮光处理的葡萄样品萜类物质的含量明显减少,而在自然遮光情况下对萜类物质的积累没有显著影响。果实的成熟度与葡萄中香气物质成分的积累有着一定的内在关系。随着果实的成熟,萜类和醇类物质浓度升高,各主要香气物质的含量逐渐达到极值。考虑到果实成熟度对果实风味品质的影响,以及对试验的一致性要求,应在合适的成熟度对果实进行采摘。

近几年国内外对葡萄转色期的避雨方面的研究逐渐增多,研究表明,葡萄的果实发育受到避雨栽培方式的影响较大。一方面避雨的覆盖材料不同会影响到葡萄植株所接受到的光照。另一方面覆盖材料上的一些杂物也会影响到薄膜的透光值,同时避雨棚可以减弱风速,提高棚内的湿度,降低植株周围的温度。许多内在的因素决定酿酒葡萄的品质,包括糖、酸、单宁、酚类以及香气物质的含量,而影响葡萄酒风味和典型性的决定因素一般认为是与香气物质的含量以及各组分之间的关系。葡萄果实中的香气物质主要由有机酸类化合物以及醇类、萜烯类、醛类、酯类、降异戊二烯类等化合物组成,并且香气物质属于复杂的数量性状,在果实逐渐成熟的过程中有着较为复杂和严密的调控机制,不仅仅受到品种因素的影响,还受到外界环境的影响,比如气候、土壤和栽培技术等。

1.2.4 葡萄遗传图谱的构建以及 QTL 定位

遗传图谱也叫作连锁图谱,是指通过染色体重组与交换获得的基因或标记在染色体上的线性排列图。在 DNA 分子标记技术成熟使用之前,形态学标记、生化标记、细胞学标记等是主要的遗传标记方式,由于较难获得遗传位点,构建图谱时间长,难度也相对大,所以在这之前绘制的遗传图谱很少。分子标记技术的应用为构建遗传图谱提供了高效、快捷的方法。分子标记构建遗传图谱的优点在于,可以直接在基因水平上分析各遗传位点的连锁关系,得到的遗传位点要远多于用传统方法得到的遗传位点,且构建周期短,基本不受环境影响。所以分子标记技术对生长周期长的木本植物的育种工作起到了很大的推进作用。

1.2.4.1 葡萄遗传图谱构建研究进展

果树遗传图谱的构建可以追溯到 20 世纪 90 年代,到目前为止,国内外已经构建了葡萄、草莓、苹果、梨、桃、樱桃、柑橘、杧果、橄榄、龙眼、香蕉等十多种果树的遗传图谱。葡萄是继拟南芥、水稻、毛果杨之后第四个完成全基因组测序的开花植物。葡萄全基因组测序的完成对深入研究葡萄遗传机制有很大的推进作用。在此基础之上,从葡萄基因组上开发出大量的 SSR 标记,这些标记可用于构建葡萄遗传图谱以及接下来的种质资源研究。

Lodhi 等人用母本 Cayuga White 与父本 Aurore 进行杂交,得到 F_1 代 60 株,并将其设为作图群体构建双亲遗传图谱。利用 RAPD 分子标记的方法构建了葡萄的第一张遗传图谱。该图谱母本 Cayuga White 的遗传图谱是由214 个标记最终构成了 20 个连锁群,总图距为 1196 cM;父本 Aurore 的遗传图谱是由 225 个标记构成的 22 个连锁群,总图距为1477 cM。Dalbó 等人利用母本 Horizon 和父本 Illinois 547 – 1 进行杂交,获得杂交后代 58 株,并用该群体构建双亲遗传图谱,同时使用了 RAPD、SSR、CAPS 和 AFLP 4 种分子标记技术,母本 Horizon 遗传图谱由 153 个标记形成 20 个连锁群,总图距为 1199 cM;父本 Illinois 547－1 遗传图谱由 179 个标记形成 20 个连锁群,总图距为 1470 cM。Di Gaspero 等人在对分子标记技术的研究中发现,SSR 分子标记在遗传图谱中具有一定的保守性和转移性。Doligez 等人以两个偏无核性状的植株为亲本创建杂交组合,共计得到 F1 代 139 株,在获得的遗传图谱中,母本图谱形成 22 个连锁群,包含 157 个标记,总图距为 767 cM;父本图谱包含 144 个标记,形成 23 个连锁群,总图距为 816 cM。Grando 等人分别以 Moscato bianco(Vitis vinifera)为母本,Mchx(Vitis riparia)为父本进行杂交,创建作图群体,共获得 F_1 代 81 株,其中,母本图谱共计形成 20 个连锁群,包含 338 个标记,总图距为 1639 cM;父本图谱共计形成 19 个连锁群,包含 429 个标记,总图距总为 1518 cM;双亲共有图谱形成了 14 连锁群,由 21 个 SSR 和 19 个 AFLP 标记。Doucleff 等人通过 Vitis rupestris × V. arizonica 进行种间杂交,利用获得的 116 株 F_1 代群体构建连锁图谱,双亲共有图谱包含 475 个标记,其中 9 个 SSR 标记、410 个 AFLP 标记、24 个 ISSR 标记和 32 个 RAPD 标记;母本图谱形成 17 个连锁群,总图距为 756 cM;父本图谱形成 19 个连锁群,总图距为 1082 cM。Adam－Blondon 等人利用酿酒葡萄西拉与哥海娜杂交获得杂交后代 96 株作为作图群体,双亲共有图谱包含 220 个标记,最终得到 19 个连锁群,标记间的平均距离为 6.4 cM;其中母本图谱形成 19 个连锁群,包含 177 个标记,总图距为 1172.2 cM;父本图谱形成 18 个连锁群,共 178 个标记,总图距为 1360.6 cM。Riaz 等人利用 Riesling × Cabernet Sauvignon 杂交获得杂交后代 153 株作图群体,该图谱共包含 152 个 SSR 标记和 1 个 EST 标记,形成 20 个连锁群,总图距为 1728 cM,标记间的平均距离为 11.0 cM。其中 Adam－Blondon 等人所构建的这两幅遗传图谱已经被国际基因组计划(IGGP)认定为参考图谱。Lowe 等人以 Ramsey 与 Riparia Gloire 为杂交亲本,共计获得杂交后代 188 株,并以此为作图群体构建遗传图谱,总图距为 1304.7 cM,形成 19 个连锁群,包含 205 个 SSR 标记,标记间的平均距离为 6.8 cM。Doligez 等人将前人研究成果进行整合,组成了一个覆盖较为广泛的图谱,该图谱包含 502 个 SSR 标记和 13 个其他 DNA 标记,19 个连锁群,总图距为 1647 cM,标记间平均距离为 3.3 cM。该图谱标记密度较高,为后续研究打下了良好的基础。Salmaso 等人以 Merzling × Teroldego 杂交后代为作图群体,并利用其构建遗传图谱,总图距为 1309.2 cM,形成 20 个连锁群,图谱包含 138 个 SNP 标记 和 108 个 SSR 标记,标记间平均距离为 5.4 cM。研究人员用感病品种 V3125 (Schiava grossa × Riesling) × Börner (砧木品种)构建了葡萄的遗传连锁图谱,该图谱形成 19 个连锁群,总图距为 1159.98 cM,采用 235 个 SSR 标记,标记间平均距离为 4.8 cM。Marguerit 等人以欧洲葡萄 Cabernet Sauvignon × rGloire de Montpellierr 为父母本杂交产生的 138 株 F_1 代群体为作图群体,利用 SSR、SSCP 以及形态学标记 3 种分子标记技术,形成 19 个连锁群,总图距为 1249 cM,共计 212 标记,标记间的平均距离为 6.7 cM。Blasi 等人以 Ruprecht 的自交 F_1 代中的 232 个植株作为作图群体,构建遗传图谱,共计形成 19 个连锁群,包含 6 个 RGA 标记和 122 个 SSR 标记,总图距为 975 cM。该图谱是首次利用自交群体构建的葡萄遗传图谱。研究人员以 Z180 (V. monticola × V. riparia)和 Beihong (V. vinifera × V. amurensis)为双亲,杂交得到了 100 株杂交后代群体,并利用该群体进行遗传图谱的构建,遗传连锁图谱共形成 19 个连锁群,总图距为 1917.3 cM,包含 1646 个 SNP 位点,标记间的平均距离为 1.16 cM。研究人员以红地球和山葡萄杂交得到 F_1 代 94 株,采用 SSR 和 SRAP 两种标记构建遗传图谱。其中,红地球遗传图谱构成 19 个连锁群,包含 266 个标记,总图距为 137 cM,标记间平均间距为 4.8 cM;山葡萄遗传图谱构成了 20 个连锁群,包含 233 个标记,总图距为 1254 cM,标记间平均距离为 5.0 cM。随着标记技术的不断发展,研究人员以红地球(Vitis vinifera cv. Red Globe)× 双优 (Vitis amurensis Rupr. cv. Shuangyou)为双亲杂交产生的 149 个单株,利用 SLAF - seq 技术构建了葡萄高密度分子遗传图谱。遗传图谱形成 19 个连锁群,标记数达到 7199 个,总图距为 1929.13 cM,标记间的平均距离为 0.28 cM。

1.2.4.2 葡萄 QTL 定位研究进展

在葡萄中较多的农艺性状表现为数量遗传。数量性状受环境影响,并且受多基因调控。在分子标记技术成熟使用之前,数量性状一般都被看作一个整体去研究,很难对特定基因所在染色体区域以及遗传效力进行估计。随着分子标记开展以及构建大量遗传图谱,解析出了较多复杂的数量性状内在规律。将 QTL 定位到染色体上某个特定的区域内,对遗传效应和 QTL 间的互作效应进行分化这就是 QTL 作图法。QTL 定位目前多应用于数量性状遗传分析当中,使得基因的精细定位和后续的基因克隆得到进一步的发展。Doligez 等人以 MTP2687 - 85 × 玫瑰香的 174 株杂交后代为试材,运用 SSR 分子标记手段构建遗传图谱,同时对葡萄中的香气物质成分进行分析测定,并且对葡萄果实中 3 种主要的游离型萜烯类物质(芳樟醇、橙花醇、香叶醇)进行 QTL 定位,分别在 1 号、5 号和 7 号连锁群上检测到了与之相对应的 QTL 位点,能够解释 17% ~ 55% 的表型变异。此外还分别在父本图谱和共识图谱的 2 号连锁群上定位到了芳樟醇的 QTL 位点,在母本图谱和共识图谱的 13 号连锁群上定位到了与橙花醇和香叶醇相关的 QTL 位点。Battilana 等人分别以 Italia × Big Perlon 和 Moscato Bianco × V. riparia 2 个杂交后组合为试材,进行了 QTL 定位分析,与芳樟醇含量相对应的 QTL 位点与在 10 号连锁群上的 2 个候选基因 cnd41、FAH1 位于相同区域。控制芳樟醇、香叶醇、橙花醇的 QTL 位点与 5 号连锁群上 VvDXS 基因定位在相同区域。Duchêne 等人对葡萄香气物质 QTL 定位进行研究,把相关的基因定位在了 5 号连锁群(LG5)上,认为 1 - 脱氧 - D - 木酮糖 - 5 - 磷酸合成酶(植物萜类合成酶 VvDXS)是萜类物质代谢途径中的关键酶。

1.2.5　基于候选基因的关联分析方法在遗传学中的应用

1.2.5.1　关联分析方法概述

关联分析,又称连锁不平衡作图或关联作图,是基于连锁不平衡为基础,鉴定某一群体内目标性状与遗传标记或候选基因关系的分析方法。连锁不平衡指的是一个群体内不同基因座等位基因之间的非随机关联,包括两个标记之间、两个基因之间,或者一个基因与一个标记座位间的非随机关联。其主要探寻自然群体中 SNP 与性状差异之间存在的连锁关系,是对基因功能性分析的有效方法。连锁不平衡状态是指如果两个位点间的等位基因同时出现的频率高于理论上同时出现的频率。在进行连锁不平衡分析当中,通常使用 r^2 和 D' 两个参数,r^2 和 D' 的取值范围都是 $0 \sim 1$,r^2 和 D' 值越大,表明两基因座间的连锁不平衡性越强;当 r^2 和 D' 都等于 1 时,说明两基因座之间处于完全连锁状态;而当 r^2 和 D' 都等于 0 时,表明两基因座处于遗传平衡状态。D' 表示自然群体中重组率的影响,而 r^2 则均可以反映突变率和重组率的影响,因此,不同基因座间的连锁不平衡关系可以通过 r^2 更准确、客观地反映出来。

1.2.5.2　群体结构与连锁不平衡对植物关联分析的影响

关联分析的基础是连锁不平衡,而连锁不平衡衰减的距离在不同物种和个体间存在着较大差异。连锁不平衡的衰减距离在关联分析的研究中有着重要的作用。连锁不平衡的衰减距离对关联分析所应具备的群体数目和标记数目有着决定性作用。由于经过长期的驯化和品种培育,在植物基因组中,植物群体内部分化严重,造成了等位基因型在基因组中的不均等排布,不同染色体上的位点间呈现出高度连锁不平衡状态,这些位点在后期的关联分析中可能会与目标性状相关联,最终造成关联分析中的假阳性。因此,在关联分析的研究过程中,应注意到群体结构因素对关联结果的影响。一般在研究中,利用独立的分子标记进行群体结构的分析,然后利用统计学的算法来修正已有的关联分析结果。

1.2.5.3　关联分析的应用

关联分析最早应用于人类疾病的研究,在由多基因复杂性状控制的疾病的研究中,取得突破性进展。随着近年来基因组测序的不断发展,在植物中也逐渐开始使用关联分析的方法进行基因的定位与功能性分析。与植物中较为常用的连锁作图相比,关联分析通过自然变异来分析多个等位基因的调控作用,消除了连锁作图中来自双亲的条件限制,并且关联分析是以连锁不平衡为基础利用自然群体为试材的分析方法,具有较高的定位精度,省略了连锁作图中构建群体的过程,大大缩短了基因定位的时间。关联分析主要分为两种分析策略:一是基于全基因组扫描的关联分析;二是基于候选基因的关联分析。关联分析的主要内容分为以下几个方面:首先,种质材料的选择。应让所选材料中尽可能包含更多的种及其变种,这样可以在后续分析中探测到更多的等位基因。其次,群体遗传结构分析。通过运用全基因组范围内的分子标记(如 SSR 标记)检测并校正种质材料的群体结构。最后,目标性状的选择及鉴定。对所有供试材料都应该进行多年的重复测定,最后进行关联分析。

(1)基于全基因组关联分析研究进展

全基因组关联分析的研究中,理论上是需要对某个物种群体进行整个基因组上高通量的分子标记,并用这些标记进行相关基因的检测。而在研究应用中,受限于检测的标记数量以及基因型鉴定费用较高,研究中很少进行大群体高通量的检测分析。但是这种分析方法为数量性状的研究打开了一条新的思路。在植物中,最早运用全基因组关联分析的方法,是对野生甜菜的抽薹基因进行研究。Hansen 等人对涵盖全基因组的 440 个 AFLP 标记以及对控制春化作用的 B 基因的多态性和连锁不平衡进行分析,发现 B 基因与 2 个 AFLP 标记之间的连锁不平衡程度很高,因此为野生甜菜的抽薹与B 基因的定位克隆奠定了理论基础。Parisseaux 和 Bernardo 选取 1266 个欧洲玉米自交系作为试材,选用分散在全基因组中的 96 个 SSR 标记,运用全基因组关联分析的方法对玉米株高、黑穗病抗性和籽粒含水量相关的 QTL进行研究。目前,出现了较多的有关连锁不平衡和关联分析的相关报道,但是应用较多的是在玉米、大豆、水稻等主要作物上。Thornsberry 等人以 92 个玉米自交系为试材,从中获得 141 个 SSR 标记,在此基础上,运用关联分析方法,得到了 *Dwarf* 8 基因序列多态性与开花时间的关系,结果表明,其中一个基因的缺失是改变编码区关键区域的主要原因。Olsen 等人通过对 *Waxy*基因序列多态性分析,发现糯稻的起源与对应的 *Waxy* 基因座位选择的遗传变异相关联。Garris 等人以 234 个具有广泛变异的水稻群体为试材,使用169 个 SSR 标记和 2 个叶绿体标记将其分为 5 个主要亚群,结果表明,深入分析群体结构可以较好地利用连锁不平衡进行关联分析。Olsen 等人以 95个生态型的拟南芥群体为试材,通过 104 个标记对 *CRY*2 基因变异与拟南芥开花期进行关联分析,结果表明,提早开花的表型与一个丝氨酸的非同义突变相关联。Stich 等人以 147 个欧洲玉米自交系为试材,用散布在基因组范围内的 100 个 SSR 标记进行了连锁不平衡分析,得到功能性标记位点。研究人员以 103 个冬性小麦为试材,运用 49 个 SSR 标记和 40 个 EST – SSR 标记与表型性状的关联分析,得出 10 个 SSR 位点与表型性状间呈极显著相关。Famoso 等人运用全基因组关联分析方法对水稻基因组上的特异基因与水稻对金属铝耐受性进行分析,结果表明,水稻基因组上存在 48 个区段与金属铝的耐受性相关联。

(2)基于候选基因关联分析研究进展

候选基因的关联分析是从自然群体中基于 DNA 水平发掘出对目标性状有很大贡献的优势等位基因,对下一步基因的功能验证和基因功能性研究有重要意义。对于具有多效性的基因,候选基因的关联分析还可以将基因分别与不同性状相关联获取多态性位点,从而获得针对该基因对不同性状的调控机制。候选基因关联分析的方法最早是在玉米的研究中进行的,Thornsberry 等人以 92 个玉米自交系构成的自然群体为试材,对 *Dwarf* 8 基因与玉米的开花期进行关联分析,发现在 *Dwarf* 8 基因上共有 9 个 SNP 位点与开花期呈显著相关。此项研究为关联分析在植物中的广泛应用奠定了基础。Wilson 等人通过对玉米中的 6 个基因与玉米淀粉糊化特性关联分析,发现 4 个基因与淀粉糊化特性的存在呈显著相关。同时玉米可凝性球蛋白合成的 QTL 和绿原酸含量的 QTL 之内包含黄烷酮醇还原酶基因 *ae*1 和查耳酮合成酶基因 *c*2、*whp*1。Szalma 等人以 86 个玉米自交系为试材,运用关联分析的方法发现 a1 启动子区域的两个序列存在 SNP 位点,并且与玉米可凝性球蛋白的合成呈显著相关。Andersen 等人以 32 个欧洲饲用玉米自交系为试材,运用关联分析的方法对木质素生物合成酶－PAL 编码基因的 SNP 位点与饲用品质进行关联分析,结果表明,在 *PAL* 基因上找到了与饲用品质显著相关的 SNP 位点。研究人员以 288 个玉米自交系为试材,运用关联分析的方法对玉米耐旱表型与 *rab*17 基因序列多态性进行了关联分析,得到 6 个 SNP 位点与耐旱性显著相关。Takahashi 等人对调控水稻开花基因 *Hd*1、*Hd*3*a* 和 *Ehd*1 进行序列分析,将获得的多态性位点与抽穗期进行关联分析,结果表明,影响水稻抽穗期的主要因素是 *Hd*3*a* 的启动子、*Ehd*1 的表达量和 *Hd*1 的蛋白类型。研究人员以 154 个普通小麦材料构成的自然群体为试材,对基因单倍型与表型性状进行关联分析,共检测到 *W*16 基因的 3 种单倍型,分别与单株穗数、穗粒数、每穗小穗数和籽粒饱满度呈显著相关。研究人员以 80 个玉米自交系为试材,在 *ELM*1 基因序列中发现编码区含有 15 个多态性位点,其中 7 个为非同义突变位点,通过候选基因的关联分析方法发现该基因的 1 个非同义突变 SNP 位点与穗位高存在显著相关,有 2 个非同义突变 SNP 位点与行粒数存在显著相关。而在果树上关联分析的研究方法应用并不是很多,一些研究也表明 DXS 基因在细菌和几个其他种植物中,也起到调控萜烯类物质的生物合成的作用。Luan 和 Wüst 研究得出,在葡萄果实中,萜类物质的生物合成受到 VvDXS 基因的调控。Emanuelli 和 Battilana 以白莫斯卡托为材料,运用关联分析的方法表明,葡萄 VvDXS 基因的 SNP 突变是产生玫瑰香味的重要原因,该基因中一个 SNP 位点,导致了第 284 个氨基酸由赖氨酸变成天冬酰胺,从而影响了玫瑰香型品种和中间型品种萜类含量的差异。Battilana 等人通过进一步研究得出 VvDXS 基因的 K284N 所导致的氨基酸非同义突变会影响酶活,进而提高酶的催化效率,同时也会显著影响烟草转基因株系中的萜类物质的含量。

葡萄果实香气是由多基因控制的复杂性状,其不仅受到栽培技术、环境条件等因素的影响,更与品种基因型和遗传因素密切相关,利用传统的遗传研究方法较难从本质上揭示果实香气的遗传机制。而分子数量遗传学的迅速发展,大大加快了人们对于复杂数量性状遗传机制的解析,系谱的连锁作图和基于自然群体的关联分析是现今开展植物数量性状研究的主要方法。本书在前期成功构建了果实香气性状显著分离的作图群体,并收集、保存了遗传基础广泛的品种资源群体,采用连锁作图与关联分析相结合的策略,深入开展葡萄果实香气的分子遗传机理的研究。研究结果将为今后进一步开展芳香型葡萄的分子标记辅助育种、利用基因工程及其他分子育种途径改良或培育葡萄新品种奠定基础。

第二章 基于转录组学和代谢组学解析不同光周期菜豆开花的调控模式

2.1 材料与方法

2.1.1 试验材料与处理条件

2.1.1.1 光周期敏感型菜豆的筛选

为了对光周期敏感型菜豆品种进行筛选,团队将收集保存的 215 份菜豆种质资源分别于 2016 年 5 月和 2016 年 11 月在哈尔滨和三亚两地进行栽植,并记录各个品种的花期。通过对这些品种在两地的花期数据进行整理分析,筛选出光周期敏感型品种红金钩作为试验材料。

2.1.1.2 光周期处理条件

将筛选得到的材料进一步在实验室条件下进行试验分析。将种子播种于装有湿润疏松土壤的盆中,每个品种重复 3 次,置于黑暗中萌发 3 天,然后转到光周期下培养。通过在自动控制光照时间与温度的人工气候室中,对筛选得到的菜豆品种进行光周期处理,条件设置:光照强度为 300 μmol/m^2 · s,温度为 25 ℃;短日(SD)条件为 8 h 光照,16 h 黑暗;长日(LD)条件为 16 h 光照,8 h 黑暗。

2.1.2　生理指标的测定

2.1.2.1　生长指标的测定

株高:播种后第 10 天开始进行测定,每 5 天测定一次,每次随机测定 3 棵植株,测量植株基部到生长点的高度并取平均值,进行记录。

节位数:播种后第 10 天开始进行测定,每 7 天进行一次记录,重复 3 次。计数原则是按照主枝上的节位数计算,该节位的对应叶片完全展开视为有效计数。

节间长度:播种后第 38 天进行一次节间长度的测定。测定原则是随机选取 3 棵植株,节位选择初生真叶节位处以上的第 5 节位,测定节位的中心点间的距离。

侧枝数:在播种后第 31 天、38 天、45 天分别进行侧枝数的记录,每次进行 3 次重复。计数原则是按照侧枝上有叶片完全展开视为有效计数。

全株干、鲜重:播种后第 25 天开始取样,每 5 天随机选取 3 棵植株,用清水洗根后再用吸水纸吸收多余水分,采用电子天平对地上部分的鲜重进行称量;将鲜样在 105 ℃干燥箱中杀青 30 min,放置于 75 ℃恒温烘箱中烘干 48 h,然后用电子天平称量干重。

2.1.2.2　光合指标的测定

采集相同节位的健康叶片,分别在 LD 处理下和 SD 处理下进行样品采集,然后立即进行各项指标测定。

(1)光合色素测定

称取 0.5 g 新鲜叶片,剪碎放入 15 mL 离心管中,加入 10 mL 丙酮:无水乙醇(4:1,体积比)提取液,室温黑暗条件下放置 48 h,期间摇动数次,以便光和色素完全浸出。利用紫外分光光度计以提取液为空白对照,测量提取液在波长为 662 nm、645 nm 以及 470 nm 处的吸光值,参照 Lichtenthaler 方法中 100% 丙酮提取法,计算各光合色素含量。

计算公式如下:

$$Chla = (11.24D_{662} - 2.04D_{645}) \times 0.01/w$$

$$Chlb = (20.13D_{645} - 4.19D_{662}) \times 0.01/w$$

$$Chl(a + b) = (18.09D_{645} + 7.05D_{662}) \times 0.01/w$$

$$Car = (1000D_{470} - 1.90Chla - 63.14Chlb)/214 \times 0.01/w$$

（2）光合参数测定

在播种后第 35 天进行光合指标的测定（包括光合速率、气孔导度、胞间 CO_2 浓度、蒸腾速率）。光合指标测定采用手持式光合测量系统，选取长势均一的 3 棵植株自上向下第 3 片成熟叶片进行测定。每个处理随机选取 3 棵单株，每棵单株测量 3 次，取平均值。设定叶室温度为 26 ℃，照射光强为 800 $\mu mol/m^2 \cdot s$ ，CO_2 浓度为 400 $\mu mol/mol$ 。

2.1.3 代谢组测序

样品采集的部位为植株生长健康完全展开的新叶。分别在 LD 处理和 SD 处理下进行取样，两个处理分别在光照（L）和黑暗（D）中进行取样，所获得的 4 个采样点分别记为 LD – D、LD – L、SD – D、SD – L。每个取样点进行 6 次重复取样。将取得的样品迅速放入液氮中进行冷冻，然后转移到 – 80 ℃超低温冰箱中保存。

2.1.3.1 代谢物提取

将收集的样品在冰上解冻，用 50% 的甲醇缓冲液提取代谢物。提取 20 μL 样品使用 120 μL 预冷 50% 的甲醇，离心 1 min，并在室温下培养 10 min。提取液在 – 20 ℃保存过夜。以 4000 r/min 离心 20 min 后，将上清液转移到新的 96 孔板中。样品在 LC – MS 分析之前在 – 80 ℃储存。此外，每个提取混合物准备 10 μL 进行质控样品检测。

2.1.3.2 液相参数

所有样品由 LC – MS 系统按照机器指令采集。首先，所有色谱分离使用超高效液相色谱系统。UPLC T3 色谱柱（100 mm ×2.1 mm、1.8 μm，水相）用于反相分离。柱箱保持在 35 ℃，流速为 0.4 mL/min，流动相为 A 溶剂（水，0.1% 甲酸）和 B 溶剂（乙腈，0.1% 甲酸）。梯度洗脱条件设定为：0 ~ 0.5 min,5% B;0.5 ~ 7 min,5%~100% B;7 ~ 8 min,100% B;8 ~ 8.1 min,

5%～100% B;8.1～10 min,5% B。每个样品进样体积为 4 μL。

高分辨率串联质谱仪用于检测从柱中洗脱的代谢物。Q－TOF 有正离子和负离子两种模式。对于正离子模式,离子喷雾电压浮动设置为 5000 V,对于负离子模式,离子喷雾电压浮动设置为 －4500 V。质谱数据采集采用 IDA 模式。TOF 的质量范围在 60～1200 Da 之间。调查扫描是在 150 ms 内获得的,如果超过每秒 100 次计数(计数/秒)的阈值并处于充电状态,则收集多达 12 次样品离子扫描。总循环时间固定为 0.56 s。在采集过程中,质量精度每 20 个样品校准一次。此外,为了评估整个采集过程中 LC－MS 的稳定性,每 10 个样品后采集一个质量控制样品(所有样品池)。

2.1.4　转录组测序

样品采集的方式与转录测序所用的方式相同,并进行 3 次重复取样,保存在 －80 ℃的超低温冰箱中备用。

2.1.4.1　总 RNA 提取

(1)首先向灭菌的 1.5 mL 离心管中分别加入 588 μL 2% 的 CTAB 提取液和 12 μL 0.4% 的 β－巯基乙醇,每个样品制备 1 管该混合液(也可以做两个重复,以保证试验结果),再将其放到 65 ℃的恒温水浴锅中预热,约 5 min 取出。整个混合液制备过程应在通风橱中进行。

(2)将准备好的试材从超低温冰箱中取出,然后在液氮冷却的条件下进行研磨,充分研磨以后将适量的粉末加入到 1.5 mL 离心管中(之前制备好的混合液),轻轻振荡后将其放到 65 ℃的恒温水浴锅中,保持 20 min,每隔 3～4 min 进行振荡,保证样品充分受热反应。

(3)水浴完成后再向其中加入 600 μL 预冷的氯仿/异戊醇(24∶1,体积比),轻轻振荡约 5 min 后,以 12000 r/min 的转速 4 ℃低温离心 10 min。

(4)将离心管从离心机中慢慢取出,不要晃动,从每个离心管中吸取上清液 450 μL,然后将上清液移入一个新的灭菌过的 1.5 mL 离心管中,加入 450 μL 预冷的氯仿/异戊醇(24∶1,体积比),轻轻振荡约 5 min 后,以 12000 r/min 的转速 4 ℃低温离心 10 min。

(5)将离心管从离心机中慢慢取出,取上清液 300 μL,将上清液移入一个新的灭菌过的 1.5 mL 离心管中,加入 75 μL(1/4 体积)预冷的 10 mol/L 的氯化锂(LiCl)溶液,小心混匀,保存在 −20 ℃ 环境下 2 h 后(也可以过夜,效果更佳),12000 r/min 离心 10 min。

(6)吸除上清液,加入 250 μL 无水乙醇洗涤 RNA,轻轻振荡后,12000 r/min 离心 10 min。

(7)吸除无水乙醇,在超净工作台中吹干管内残留无水乙醇,约 2 min 后,加入 20 μL DEPC 水,轻轻振荡离心管,使得 RNA 全部溶解。

(8)总 RNA 质量检测:运用琼脂糖凝胶电泳和分光光度计共同检测 RNA 质量。首先取 RNA 3 μL 与溴酚蓝 1 μL 混匀,制作加入 EB 的 1.0% 的琼脂糖凝胶,将混合液点入凝胶口中。电泳仪电压为 145 V,电泳 20 min,之后通过凝胶成像结果,检测总 RNA 的完整性。电泳运行期间,使用超微量紫外分光光度计来检测 RNA 质量。以 DEPC 水为空白对照,取 1 μL RNA 溶液进行 RNA 质量检测。得到的结果包括 RNA 浓度、OD_{230}、OD_{260}、OD_{280}、OD_{260}/OD_{280} 和 OD_{260}/OD_{230} 6 项数值。这些数值分表代表不同的指标,其中 OD_{230} 用来计算 RNA 中盐离子等杂质的量,OD_{260} 用来计算 RNA 的浓度,OD_{280} 则表示提取样品中的蛋白质的量,因此 OD_{260}/OD_{280} 和 OD_{260}/OD_{230} 两个值用来评估 RNA 的纯度和质量。当 OD_{260}/OD_{280} 的值在 1.9 ~ 2.1 之间,表明 RNA 的质量较好;当 OD_{260}/OD_{280} 的值小于 1.8,表明 RNA 溶液中蛋白质杂质较多;当 OD_{260}/OD_{280} 的值大于 2.2,则表明 RNA 已经一定程度地降解;而当 OD_{260}/OD_{230} 的值大于 2.0,表明提取总 RNA 中残留较少的盐离子等杂质。总 RNA 中残留的盐离子会影响后续反应,因此检测结果要结合 OD_{260}/OD_{280} 和 OD_{260}/OD_{230} 两个参数以及电泳结果来综合评判 RNA 质量。

2.1.4.2　转录组测序

总 RNA 经质检合格后,使用连接有 Oligo(dT)的磁珠富集真核生物 mRNA。经抽提的 mRNA 被片段化试剂(Fragmentation Buffer)随机打断成短片段,以片段化的 mRNA 为模板,用六碱基随机引物(Random hexamers)合成一链 cDNA,随后加入缓冲液、dNTPs、RNase H 和 DNA 聚合酶 Ⅰ 进行二链 cDNA 合成。AMPure XP beads 纯化双链产物,利用 T4 DNA 聚合酶和 Klenow DNA 聚合酶将 DNA 的黏性末端修复为平末端,3′末端加碱基 A 并加接头,AMPure XP beads 进行片段选择,最后进行 PCR 扩增获得最终测序文库。文库质检合格后采用 Illumina Hiseq™ 4000 进行测序,测序读长为双端 2×150 bp(PE 150)。

2.1.4.3　差异表达基因分析

基因水平表达差异研究是基于上述数据分析程序展开的,利用 Hisat 软件将测序数据比对于参考基因组上,利用比对的结果来组装转录本。String-Tie 能够组装转录本并预计表达水平。它应用网络流算法和可选的 denovo 组装,将复杂的数据集组装成转录本。与 Cufflinks 等程序相比,在分析模拟和真实的数据集时,StringTie 实现了更完整、更准确的基因重建,并更好地预测了表达水平。然后采用 edgeR 进行差异表达分析,再采用 R 语言差异表达结果进行图形化展示。

(1)差异表达基因功能分析

差异表达基因功能分析包括 GO(Gene Ontology)富集性分析和 KEGG 信号通路富集性分析。对富集性分析结果进行图形化展示的同时,针对 GO (或 KEGG)的功能(或通路)的差异表达基因表达丰度进行列表展示。

(2)转录本信息深度挖掘

转录组测序除了能够直接测定基因水平差异表达之外,还可以触及以前无法研究的领域。联川生物分别从 3 个方面着手对转录本信息进行深度挖掘,包括 SNP 和 InDel 分析、新转录本预测、可变剪切分析。其基本流程分别是:①整合 SAMtools 软件通过 Hisat 的比对结果,获取各样品可能的 SNP 和 nDel 结果,采用 ANNOVAR 软件对结果进行注释,获取 SNP 和 nDel 发生的基因组区域的位置以及同义、非同义突变等有意义信息。②用 StringTie 组装得到的转录本和已知基因模型进行比较,发现潜在新转录本,并对已知基因的起始和终止位置进行基因结构优化。③通过 ASprofile 软件对基因组的已知的基因模型、StringTie 预测出的基因模型进行对可变剪切事件分类和表达量统计。

2.1.5　qRT - PCR 分析

为了验证转录组数据的测序质量,本书筛选了 8 个基因进行 qRT - PCR

分析,如表 2 - 2 - 1 所示。将 1 μg 总 RNA 进行反转录。按 SYBR® Premix ExTaq™ Ⅱ (Tli RNase H Plus) 操作说明进行 qRT - PCR 反应,体系为 2 × SYBR Premix ExTaq ™ Ⅱ 10 μL,引物_f 1.5 μL,引物_r 1.5 μL,模板(cDNA) 2 μL,ddH$_2$O 5 μL;qRT - PCR 程序为 95 ℃ 60 s;95 ℃ 15 s,60 ℃ 15 s,72 ℃ 10 s,40 个循环。每个基因都进行 3 次生物学重复和 3 次技术重复。采用 2 - ΔΔCt 法对数据进行处理。

表 2 - 2 - 1　qRT - PCR 引物列表

编码	基因名	正向引物(5′—3′)	反向引物 (5′—3′)
1	*LRZFP*1	TCGTCCTCTGTCAAGTCA	GCAGTATAACCACCACCAT
2	*GI*	GCCAAGAGGTGAAGATAA	CAGCAGCCAGAACATAAGA
3	光周期	AACTGCTAAGTGCGTGTT	GTAGTGTTACCTAATCCAAGAG
4	生理节律	CAACCTCACACTCTCAACA	GAACTTGGACTTGGCATTG
5	*HST*	CTGAGAGTGCTGGTGTTC	ATTGCGGTAGTATGCTGTAA
6	*ABC* 转运子	TGGCACATCGTCTATCAAC	GTCTTGGCAATGAGTTCTTC
7	*Chl* 代谢	TGAATTAAGAACCGCAGGA	AGCCGTGTGGATTATTGAG
8	天线蛋白	CTGCCAACACATTGATGAG	GCATCCAGTCAGAAGTCAT

2.1.6　数据分析

2.1.6.1　生理结果分析

试验的生理数据采用 SPSS1 6.0 数据处理分析;采用 Excel 2013 进行图形的绘制。

2.1.6.2　转录组与代谢组联合分析

(1)基于转录组数据差异分析结果,获得不同比较组之间的差异表达基因,结合基因在每个样品中的 FPKM 表达量,获得差异表达基因 FPKM 表达丰度表。

(2)基于代谢组学分析结果,得到不同比较组之间的差异编号,并根据编号注释结果,找到不同编号对应的代谢物,并根据编号在各样品中的表达量,获得代谢物表达丰度表。

(3)分别对显著性差异表达基因和代谢物注释结果进行 KEGG pathways 统计,获得同一生物进程中发生显著性变化的基因和代谢物。

(4)分别对差异表达基因和差异表达基因、差异代谢物和差异代谢物及差异表达基因和差异代谢物进行 Pearson 相关系数分析。

2.2 结果与分析

2.2.1 不同光周期下菜豆的表型及生理分析

2.2.1.1 光周期敏感型菜豆品种的筛选

为了对团队现阶段保存的菜豆种质资源的光周期敏感度进行统计分析,本书分别在哈尔滨和三亚两地进行栽植试验。哈尔滨在 5 月至 8 月期间属于 LD 条件,三亚在 11 月至次年 1 月属于 SD 条件。通过在两地的开花时间记录结果发现,菜豆“红金钩”对光周期的敏感度最高。在哈尔滨和三亚两地从种植到开花所需时间上,三亚的 SD 条件要比哈尔滨 LD 条件早开花31 天。通过所筛选出的光周期敏感型菜豆品种“红金钩”在人工气候室中进行试验得出:在 LD 条件下从播种到开花为 69 天,而在 SD 条件下从播种到开花为 32 天,两种光周期条件下所需开花时间相差 37 天,所得出的结果与田间观测得到的结果相吻合,如图 2-2-1 所示。

图 2 – 2 – 1　LD(左)和 SD(右)条件下开花时间与长势的差异表现

2.2.1.2　光周期对菜豆植株形态和生长特性的影响

在不同光周期下,植株的各项生长指标表现出了显著差异。SD 条件下开花时间为播种后的 35 天,在此期间两个处理的株高差异不大,SD 条件下生长略微缓慢。而在 35 ~ 70 天期间,LD 条件下的株高继续增长,而 SD 条件下的株高增长速度较前期相比相对缓慢,而 LD 条件下转入生殖生长以后株高增长缓慢。可以发现当植株进入生殖生长阶段后,营养生长受到了显著的抑制,如图2 – 2 – 2(a)所示。同时在播种后 10 天开始 LD 条件下的节位数要多于 SD,两个条件下节位数图如图 2 – 2 – 2(b)所示,图 2 – 2 – 2(c)为侧枝数。播种后 40 天的节间长度如图 2 – 2 – 2(d)所示,图 2 – 2 – 2(e)和(f)为 LD 条件下与 SD 条件下"红金钩"的生长状态。这几项指标中,LD 条件下的参数都要显著高于 SD 条件下的,可见两个条件下营养生长量差异较大。

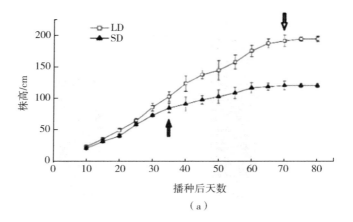

（a）

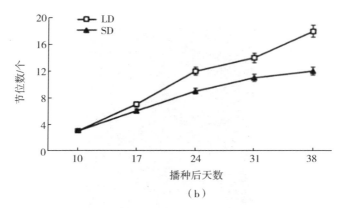

（b）

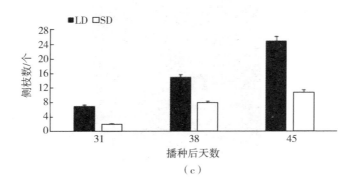

（c）

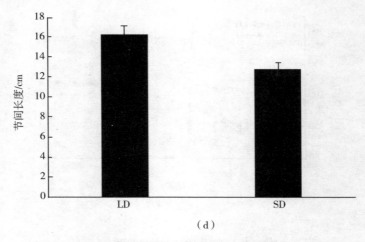

（d）

（e）

（f）

图 2 - 2 - 2 "红金钩"分别在 LD 和 SD 条件下的营养生长指标

两个条件在生长过程中植株的地上部分干重和鲜重变化趋势有所差别。地上部分鲜重在 60 天之前 LD 条件要高于 SD 条件,但随着 SD 条件植株的豆荚逐渐膨大,两个条件植株的鲜重趋于接近。而在地上部分干重的变化趋势与鲜重变化趋势较为相似,在 60 天之后地上部分干重也几乎维持在一个比较接近的水平,可见 LD 条件下当植株即将转入生殖生长阶段其营养生长会呈现放缓趋势,如图 2 - 2 - 3 所示。

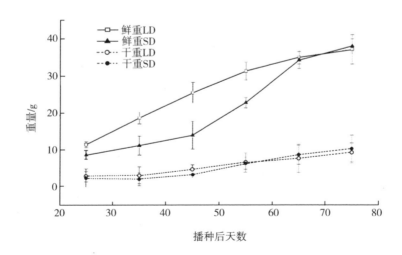

图 2 - 2 - 3 "红金钩"分别在 LD 和 SD 条件下地上部分干重与鲜重的动态变化

2.2.1.3 光周期对菜豆叶片中叶绿素含量与光合特性的影响

在播种后 35 天对不同光周期处理下菜豆叶片中叶绿素和类胡萝卜素的含量测定发现,LD 条件下的叶绿素 a、叶绿素 b、叶绿素 a + b 和类胡萝卜素都要低于 SD 条件下的。结果表明叶片中叶绿素含量、类胡萝卜素含量受光周期影响,同时结合植株生长状态可以得出,生长指标与叶绿素含量呈正相关,如表 2 - 2 - 2 所示。对不同光周期处理菜豆叶片的光合特性进行测定,发现两个处理间的差异影响较为显著。LD 条件下的光合特性各项指标均高于 SD 条件下。尤其是在气孔导度和蒸腾速率上 LD 条件下的数值明显高于 SD 条件下,如表 2 - 2 - 3 所示。

表 2 - 2 - 2　不同光周期对菜豆叶绿素 a、叶绿素 b、叶绿素 a + b 和类胡萝卜素的影响

光周期	叶绿素 a/ $(m \cdot g^{-1})$	叶绿素 b/ $(mg \cdot g^{-1})$	叶绿素 a + b/ $(mg \cdot g^{-1})$	类胡萝卜素/ $(mg \cdot g^{-1})$
LD	0.13 ± 0.02	0.79 ± 0.11	0.92 ± 0.13	0.51 ± 0.05
SD	0.09 ± 0.02	0.63 ± 0.08	0.72 ± 0.10	0.32 ± 0.03

表 2 - 2 - 3　不同光周期对菜豆植株净光合速率、气孔导度、胞间 CO_2 浓度和蒸腾速率的影响

光周期	净光合速率/ $(\mu mol \cdot m^{-2} \cdot s^{-1})$	气孔导度/ $(mol \cdot m^{-2} \cdot s^{-1})$	胞间 CO_2 浓度/ $(\mu mol \cdot mol^{-1})$	蒸腾速率/ $(mol \cdot m^{-2} \cdot s^{-1})$
LD	12.56 ± 0.83	109.06 ± 2.36	345.6 ± 1.98	2.25 ± 0.04
SD	4.03 ± 0.32	13.32 ± 0.09	230.7 ± 3.65	0.37 ± 0.02

2.2.2　LD 和 SD 条件下代谢组、转录组差异分析

2.2.2.1　代谢组差异分析

(1)代谢物检测

利用 MSConvert 软件将原始的 wiff 格式数据转换为 mzX ML 格式,然后

进行峰的对齐和提取以及峰面积的计算。最终从阳性（pos）与阴性（neg）的模式中分别得到 10514 和 8367 个代谢物,其中标注了 6730 和 5333 个代谢物,如表 2 - 2 - 4 所示。

表 2 - 2 - 4 代谢物数据统计

模式	总代谢物	标注代谢物	MS2	MS1 PLANTCYC	KEGG
pos	10514	6730	601	5894	5168
neg	8367	5333	407	4464	3916
总计	18881	12063	1008	10358	9084

试验为了探索 LD 和 SD 条件下代谢物的变化进行了代谢组学分析。上述代谢物被分配到 KEGG 和 PLANTCYC 数据库。5168 个（正离子）和 3916 个（负离子）代谢物被划分为 18 个 KEGG 二级通路,其中 2941 个和 1991 个分别在 pos 与 neg 模式中被划分为"代谢作用"。"新陈代谢"最主要的是"总览图",其次是"其他次生代谢物的生物合成""氨基酸代谢""碳水化合物代谢""辅因子和维生素代谢"和"多酮类化合物和萜类化合物的代谢"。392 个（正离子）和 331 个（负离子）代谢物被分别分配到"其他次生代谢物的生物合成"模型中。其中,正离子和负离子模型中的"黄酮类化合物生物合成"和"植物激素生物合成"分别涉及 80 个和 30 个代谢物,如图 2 - 2 - 4 所示。

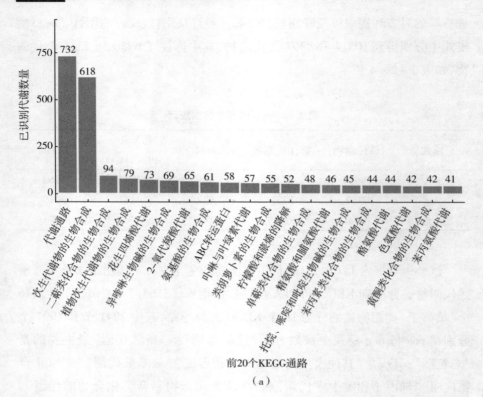

前20个KEGG通路

（a）

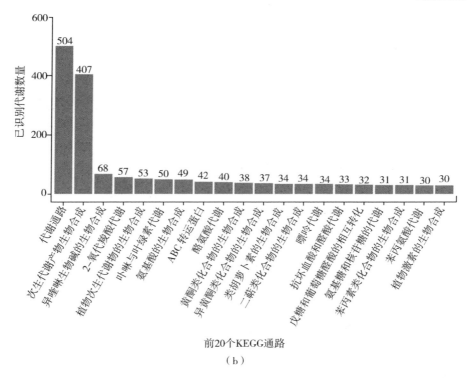

前20个KEGG通路

（b）

图 2 - 2 - 4　鉴定的代谢物分类前 20 个 KEGG 通路

（a）正离子模型；（b）负离子模型

（2）主成分分析与差异代谢离子鉴定

为了比较 LD 和 SD 条件下光周期所涉及的代谢物成分，运用 UPLC -
Triple - TOF 5600 plus - MS 获得的正负离子模式下的数据采集，并进行主成
分分析（PCA），如图 2 - 2 - 5（a）和图 2 - 2 - 5（b）所示。结果表明，4 组样品
清晰地分裂成 4 个区域。在 4 个样品中，PC1 在正离子模式和负离子模式下
被明显分离（分别为 30.09% 和 35.72%）。相同处理下的两个样品相互靠
近（LD - D 与 LD - L，SD - D 与 SD - L）。这个结果与试验材料的设置相一
致。LD - D 与 SD - D、LD - L 与 SD - L、LD - D 与 LD - L、SD - D 与 SD - L
之间的差异离子数分别为 717（681）、810（664）、404（320）和 141（91），如图
2 - 2 - 5（c）和图 2 - 2 - 5（d）所示。

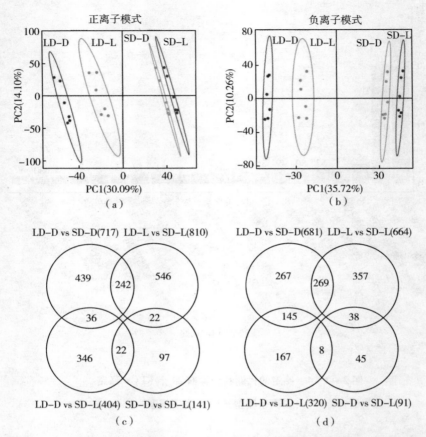

图 2 – 2 – 5　分别对正离子与负离子进行 PCA 分析(a)、(b),并对 LD – D 与 SD – D、
LD – L 与 SD – L、LD – D 与 LD – L、SD – D 与 SD – L 之间进行差异代谢分析(c)、(d)

2.2.2.2　转录组差异分析

（1）测序结果统计分析

　　来自 SD 和 LD 条件下的 12 个 mRNA 样品库被用于构建高通量测序文库。从每个文库中获得 6 G 以上的核苷酸,所有高质量的读长都经过挑选和组装。通过 RNA 测序,4 个样品产生 $3.814 \times 10^7 \sim 4.659 \times 10^7$ 个读长,如表 2 – 2 – 5 所示。经过序列修剪后,所有样品保留的高质量读长融合到27012 个基因中,其中 23719 个基因进行功能注释,e 值截断值为 1×10^{-5}。

表 2 - 2 - 5　菜豆在 LD 和 SD 条件下 2 个时间点的测序结果统计

样品	读长/×10⁶	碱基对/×10⁹	上图/×10⁶	上图比例/%
SD - D	38.14	5.72	24.10	63.22
SD - L	43.05	6.46	28.45	66.15
LD - D	46.59	6.97	27.53	59.12
LD - L	43.56	6.53	26.54	60.87

（2）差异表达基因 GO 富集性分析

两个比较组与 GO 数据库比对得到差异表达基因的 GO 注释,以生物学过程、细胞定位以及分子功能 3 类 ontology 对差异表达基因进行分类,其中,比对组 LD - D 与 SD - D 分别有 944、191、591 个差异表达基因,LD - L 与 SD - L 分别有 817、136、514 个差异表达基因注释到 25、15、10 个 ontology 的分类中,如图2 - 2 - 6所示。将 P - value 通过 Bonferroni 校正后,以 corrected P - value≤0.05 为阈值筛选显著富集的 GO 条目。参与的生物学过程中,"DNA 模板转录调控""蛋白质磷酸化""氧化还原反应""防御响应""信号转导"以及"光刺激响应"在光周期处理下均显著富集。细胞定位中显著富集的 GO 条目主要是"质膜""细胞外组分""线粒体"等。分子功能分类中,富集显著的 GO 条目主要是 ATP、蛋白、特异性 DNA 等结合,以及蛋白激酶活化。

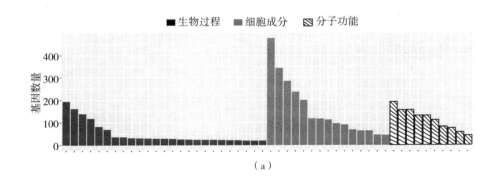

（a）

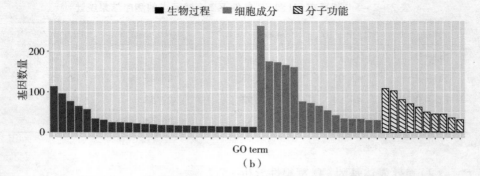

图 2－2－6　两个比较组光周期应答基因的生物学功能聚类分析

（a）LD_D 与 SD_D；（b）LD_L 与 SD_L

（3）差异表达基因 KEGG 富集性分析

以 KEGG 数据库对两个比较组差异表达基因作通路富集分析，可直观地了解差异表达基因功能及光周期处理下发生变化的生物学过程和信号通路。在两个对照组中分别有 610、269 个差异表达基因注释到 16、21 条显著富集的通路当中（$P < 0.05$），如表 2－2－6 和表 2－2－7 所示。分析富集结果可知，"昼夜节律""光合作用－天线蛋白""玉米素生物合成""淀粉和蔗糖代谢" 4 个代谢途径被同时富集到两个比较组中。同时发现，光周期处理对"植物信号转导""花青素生物合成""黄酮类化合物生物合成"以及一些萜烯类物质合成代谢途径产生一定影响，这些途径中的差异表达基因将是下一步研究工作的重点。

表 2 - 2 - 6　　LD - D 与 SD - D 间差异表达基因显著富集 KEGG 通路

途径	途径代码	基因	上调	下调
光合作用 - 天线蛋白	ko00196	15	8	7
植株激素信号转导	ko04075	123	85	38
ABC 转运蛋白	ko02010	30	11	19
氨基糖和核苷酸糖代谢	ko00520	62	52	10
昼夜节律 - 植物	ko04712	31	19	12
花青素生物合成	ko00942	7	2	5
淀粉和蔗糖代谢	ko00500	87	30	57
玉米素生物合成	ko00908	10	8	2
植物 - 病原菌相互作用	ko04626	132	43	89
神经节苷脂生物合成 - 神经节苷脂系列	ko00604	11	5	6
氮代谢	ko00910	10	7	3
烟酸盐和烟酰胺代谢	ko00760	9	5	4
托烷、哌啶和吡啶生物碱生物合成	ko00960	13	11	2
氰氨基酸代谢	ko00460	22	17	5
戊糖与葡萄糖醛酸的相互转化	ko00040	26	20	16
卟啉与叶绿素代谢	ko00860	22	13	9

表 2 - 2 - 7　　LD - L 与 SD - L 间差异表达基因显著富集 KEGG 通路

途径	途径代码	基因	上调	下调
昼夜节律 - 植物	ko04712	28	12	16
倍半萜和三萜生物合成	ko00909	11	3	8
单萜类化合物生物合成	ko00902	10	4	6
二苯乙烯、二芳基庚烷和姜酚生物合成	ko00945	12	8	3
黄酮类化合物生物合成	ko00941	17	15	2
玉米素生物合成	ko00908	8	5	3
硫代谢	ko00920	8	6	2
光合作用 - 天线蛋白	ko00196	5	1	4
苯丙氨酸代谢	ko00360	12	11	1
类胡萝卜素生物合成	ko00906	10	6	4

续表

途径	途径代码	基因	上调	下调
戊糖磷酸途径	ko00030	13	3	10
维生素 B1 代谢	ko00730	4	3	1
α - 亚麻酸代谢	ko00592	11	4	7
亚油酸代谢	ko00591	7	5	2
糖胺聚糖的降解	ko00531	10	5	5
柠檬烯和蒎烯的降解	ko00903	7	4	3
泛醌和其他萜醌生物合成	ko00130	8	4	4
淀粉和蔗糖代谢	ko00500	52	17	35
缬氨酸、亮氨酸和异亮氨酸降解	ko00280	10	4	6
光合作用生物的固碳作用	ko00710	13	10	3
果糖和甘露糖代谢	ko00051	13	4	9

(4)差异表达基因分析

通过差异表达基因比对分析得出,共有 3659 个显著上调基因和 2897 个显著下调基因,如图 2 – 2 – 7(a)和图 2 – 2 – 7(b)所示。在上调的基因当中,有 1153 个基因只在黑暗条件下呈显著差异(LD – D vs SD – D),545 个基因只在光照条件下呈显著差异(LD – L vs SD – L),174 个基因同时在两个条件下呈显著差异。在 LD – D vs SD – L 和 SD – D vs SD – L 中,差异表达基因分别是 586 个和 1288 个。在下调的基因当中,有 779 个基因只在黑暗条件下呈显著差异(LD – D vs SD – D),502 个基因只在光照条件下呈显著差异(LD – L vs SD – L),57 个基因同时在两个条件下呈显著差异。在 LD – D vs SD – D 与 LD – D vs LD – L 之间,以及在 LD – L vs SD – L 与 SD – D vs SD – L 之间均存在少量的差异表达基因,这两个差异组之间相关性较低。试验对差异表达基因功能注释后,进行了 GO 分类和基因的 GO 富集分析,以此进一步了解不同光周期条件下分子变化。结果表明,调控光周期会导致转录因子的活性产生变化,如图 2 – 2 – 7(c)所示。部分基因 GO 富集分析与生理节律相关,同时有大部分与植物生长、发育、开花和光合系统相关的基因被富集到结果当中,并呈显著相关。

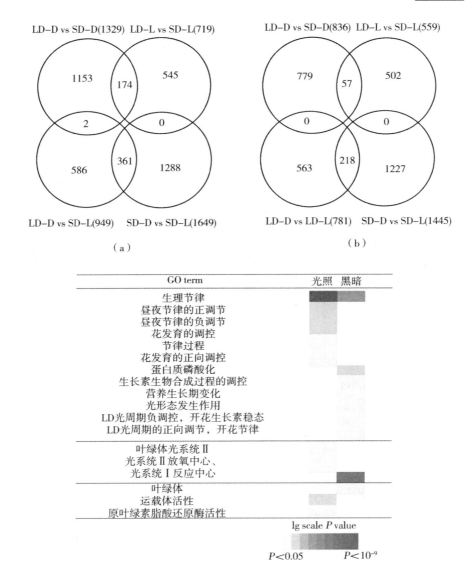

图 2 - 2 - 7　不同光周期条件下菜豆转录组差异分析

（5）qRT - PCR 验证 RNA - seq 质量

采用 qRT - PCR 对转录组数据质量进行验证。按 read count > 20,
FPKM > 50,基因在 3 个时间点表达差异大,这 3 个标准共筛选到了 23 个基因。这 23 个基因的 qRT – PCR 结果与 RNA – seq FPKM 结果有显著相关性（$R^2 > 0.95$），表明本书获得的转录组数据为高质量数据，如图 2 – 2 – 8 所示。

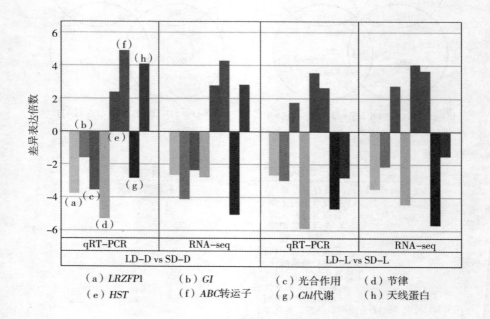

（a）LRZFP1　　（b）GI　　　　（c）光合作用　　（d）节律
（e）HST　　　　（f）ABC转运子　（g）Chl代谢　　（h）天线蛋白

图 2 – 2 – 8　通过 qRT – PCR 验证转录组测序结果质量

（6）与植物开花相关的基因筛选

光周期是调控植物发育特别是在开花过程中的关键因子。通过 GO 富集分析的结果获得了不同光周期条件下的差异表达基因。在所筛选出的 121 个差异表达基因当中，其表达在 LD 与 SD 的黑暗与光照条件下表达存在差异。通过对这些差异表达基因进一步筛选，获得了 15 个与植物开花相关的基因，如表 2 – 2 – 8 所示。

表 2 - 2 - 8　在 121 个差异表达基因中,有 15 个昼夜节律基因
与当前转录组数据集中的开花时间基因显著相关

代码	编号	基因名	生物功能	P 值
1	Phvul. 006G086700	LHY	同源蛋白超级家族	5.24E - 11
2	Phvul. 008G133600	PIF3	DNA 结合蛋白超级家族	1.81E - 04
3	Phvul. 008G147400	PRR7	CCT 家族蛋白	1.02E - 03
4	Phvul. 009G213400	PHYB	光敏色素 E	3.88E - 03
5	Phvul. 010G153200	CRY	DNA 光裂合酶蛋白家族	4.65E - 02
6	Phvul. 002G039100	CHS	查耳酮和二苯乙烯合成酶家族蛋白	3.45E - 03
7	Phvul. 003G188400	TOC1	含 CCT motif 的响应调节蛋白	4.60E - 09
8	Phvul. 006G029200	HY5	碱性亮氨酸拉链(bZIP) 转录因子家族蛋白	4.87E - 03
9	Phvul. 007G083500	GI	GI	5.63E - 33
10	Phvul. 008G257300	PRR5	CCT 家族蛋白	1.96E - 02
11	Phvul. 010G111200	SPA1	SPA 蛋白家族	1.77E - 05
12	Phvul. 004G088300	GI	GI	7.62E - 04
13	Phvul. 001G097200	FT	PEBP 蛋白家族	6.12E - 04
14	Phvul. 006G005200	CO	CONSTANS - like	2.18E - 04
15	Phvul. 010G142900	ELF3	早花蛋白 3	6.50E - 06

2.2.3　转录组与代谢组联合分析

通过对菜豆不同时期的转录组的差异表达基因进行 KEGG 富集分析,结果表明,LD - D 与 SD - D 相比较有 2165 个差异表达基因被富集到 127 个代谢途径;LD - L 与 SD - L 相比较有 1278 个差异表达基因被富集到 121 个代谢途径,其中与成花相关的代谢途径包括植物激素信号转导、生理节律、次生代谢物生物合成等。通过对菜豆代谢组的差异代谢物进行 KEGG 富集分析,结果表明,pos 模式下有 1750 个差异代谢物被富集到 158 个代谢途径,neg 模式下有 1296 个差异代谢物被富集到 117 个代谢途径,与萜类合成有关的代谢途径包括类固醇生物合成途径、萜类骨架生物合成途径。本书分

析了与萜类化合物合成相关的类固醇生物合成、萜类骨架生物合成、倍半萜类和三萜类生物合成、二萜生物合成途径以及泛醌和其他萜类醌生物合成的 unigene。在组合的功能注释中搜索了所有这些基因。比较 SD－D 与 LD－D，结果表明，总共 84 个关键 unigene 表达水平发生显著变化。此外，分析了 SD－L 与 LD－L 之间基因的转录组数据，发现共有 93 个关键 unigene 有显著变化。

试验进一步通过皮尔森相关系数对差异表达基因和差异代谢物相关性进行分析。在相关分析中发现，SD－L vs SD－D 与 LD－L vs LD－D 这两个比较组中分别对应的代谢物为 9 个和 18 个，且在当中并未发现与本书直接相关的调控路径。而在 SD－D vs LD－D 与 SD－L vs LD－L 这两个比较组中获得了大量相关的代谢物和相关基因，如图 2－2－9 和图 2－2－10 所示。在绘制的相关分析热图中：横轴代表基因，纵轴代表代谢物，将所获得的差异表达基因与差异代谢物进行整理发现，SD－D vs LD－D 所涉及的差异表达基因数量要显著多于 SD－L vs LD－L，而在差异代谢物的数量上 SD－L vs LD－L 所关联到的数量较高，如表 2－2－9 所示。

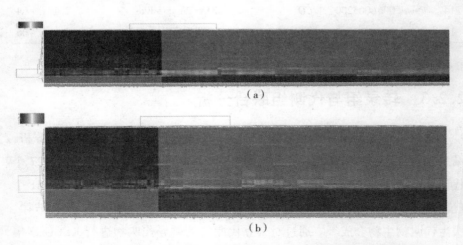

（a）

（b）

图 2－2－9 SD－D vs LD－D 的差异表达基因与差异代谢物间的相关分析热图

（a）pos 结果；（b）neg 结果

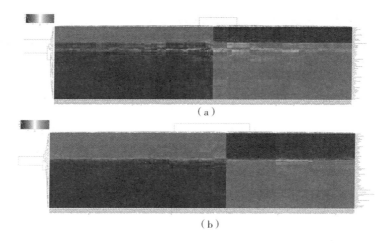

图 2-2-10 SD-L vs LD-L 的差异表达基因与差异代谢物间的相关分析热图
(a) pos 结果; (b) neg 结果

表 2-2-9 两个比较组中所涉及的差异表达基因与差异代谢物的数量

	pos		neg	
	差异表达基因	差异代谢物	差异表达基因	差异代谢物
SD-D vs LD-D	704	41	733	47
SD-L vs LD-L	303	67	289	71

而在联合分析中总共涉及的代谢物种类有 220 个,其中在两个比较组中同时出现的代谢物为 69 个。对这些代谢物逐一分析,发现这些代谢物中的茉莉酸(Jasmonic acid,JAZ)和赤霉素(Gibberellin A64,GA)与植物成花直接相关。再对联合分析结果进一步挖掘发现,JAZ 与 *FT* 和 *GI* 显著相关,GA 与 *LHY*、*TOC*1、*GI* 显著相关。进一步对二者的调控模式进行分析发现,在 SD 条件下的植株 JAZ 处于下调模式(JAZ 蛋白拮抗 TOE 对 *FT* 转录的抑制作用,使 *FT* 的表达维持在一定水平,植物正常开花),GA 处于上调模式(促进植物开花);而在 LD 条件下 JAZ 处于下调模式(活性茉莉酸含量增加,诱导 JAZ 泛素化并通过蛋白酶体降解,而这一过程依赖于茉莉酸受体 *COI*1。JAZ 蛋白的降解导致 TOE 的去抑制化,使得 *FT* 的表达降低(导致开花延迟),GA 处于下调模式(延缓植物开花)。这进一步说明 JAZ 和 GA 两种代谢物与莱

豆花期存在着紧密联系。联合分析结果共有 92 个差异表达基因,通过对所获得的差异表达基因进行功能分类和昼夜间的表达模式分析,同时结合转录组数据当中与植物花期相关差异表达基因的筛选,其中有 6 个差异表达基因被推测可能在菜豆花期调控路径中起到主要作用,如表 2-2-10 所示。

表 2-2-10　筛选出与菜豆开花相关的 6 个差异表达及其关联主要代谢物

代码	基因	基因名	调控		代谢关联	
			白天	夜晚	代谢	P 值
1	*Phvul.010G142900*	*ELF3*	下调	下调	—	—
2	*Phvul.006G086700*	*LHY*	下调	上调	GA	0.0038
3	*Phvul.003G188400*	*TOC1*	下调	上调	GA	0.0137
4	*Phvul.004G088300*； *Phvul.007G083500*	*GI*	下调	下调	JAZ, GA	0.0009, 0.0002
5	*Phvul.006G005200*	*CO*	下调	上调	—	1.81E-06
6	*Phvul.001G097200*	*FT*	下调	下调	JAZ	0.0006

2.3　讨论

目前对各类植物光周期的报道较多,但是对影响菜豆开花时间基因及其调控机制的研究甚少。虽然一些成分的失调导致了开花表型的改变,但昼夜节律和光周期开花之间的确切分子相互作用仍然知之甚少。本书进行了高通量转录组测序,发现了 6 个与菜豆开花时间相关的候选基因。*LHY* 和 *CCA1* 通过在生物钟中央调控区域抑制 *TOC1* 的表达,在 SD 和 LD 条件下抑制开花,在昼夜节律钟的调控中起到反作用。在本书中,与 *LHY* 同源物的低表达水平相比,*TOC1* 同源物在所有文库中均有高表达。其在黑暗条件下的表达量是在光照条件下的 2 倍,而在光照条件下,其表达受到 *GI* 的负调控。*TOC1* 在调控开花过程中起着信号传递的关键作用,黑暗和光照条件可以诱导 *TOC1* 基因的上调或下调,从而在菜豆中激活开花进程。*CO* 是一个昼夜节律调控基因,是光周期路径中的一个重要调控因子,它通过协调光照和生

物钟的输入来触发成花基因 *FT* 的表达。在长日型植物拟南芥中，*CO* mRNA
的转录高峰出现在一天的稍晚时候；而在短日型植物中则出现在黄昏之后。
在本书中，菜豆是一种短日植物，其 *CO* mRNA 的转录峰与拟南芥完全相反，
可以推断 *CO* 的表达模式受到光周期的影响。

　　在本书中，*Phvul*.001*G*221100 在光照条件下表达量上调，在黑暗条件下
表达量下调。但在 GO 富集分析结果中未检测到 *Phvul*.001*G*221100 的存
在。在目前的转录组数据集中，并没有观察到它与开花时间基因有显著的
关联。Moyses 等人在 7 个 SNPs 位点区域内鉴定出潜在候选基因，共计鉴定
了 3 个参与成花途径的基因，分别为 *Phvul*.001*G*214500、*Phvul*.007*G*229300
和 *Phvul*.010*G*142900.1，它们分别位于染色体 *Pv*01、*Pv*07 和 *Pv*10 上。*Phv-
ul*.010*G*142900.1 对应的为 *ELF*3，本书中，在光照和黑暗条件下 *ELF*3 均表
现出下调的趋势。在没有 *ELF*3 作为光输入的入口，生物钟会不断重置，直
到植物回到黑暗条件下。因为在夏季日照时长较长，*ELF*3 可能被认为是在
维持节律方面具有重要作用。实际上，*ELF*3 突变体在拟南芥中表现出不能
很好地适应长日照，变得敏感而不可预测。在这个调控网络中，节律调控的
基因 *ELF*3 是该通路的关键调控因子，它协调叶片中光和生物钟的输入，从
而触发下游基因的表达。

　　在代谢组方面，本书获得了两个关键的代谢物，分别是 JAZ 和 GA。在
植物体中，JAZ 通过负向调控成花素基因 *FT* 的表达延迟植物开花。在这一
过程中，AP2 类转录因子 *TOE*1 和 *TOE*2 与部分 JAZ 蛋白相互作用形成一个
"转录因子 – 转录抑制子"复合体，该复合体直接结合 *FT* 的染色质调控其表
达。正常生长条件下，JAZ 蛋白拮抗 TOE 对 *FT* 转录的抑制作用，使 *FT* 的表
达维持在一定水平，植物正常开花。当植物受外界环境影响，体内活性 JAZ
含量增加，诱导 JAZ 泛素化并通过蛋白酶体降解，而这一过程依赖于 JAZ 受
体 *COI*1。JAZ 蛋白的降解导致 TOE 的去抑制化，使得 *FT* 的表达降低，植物
延迟开花。随着测序技术的发展，许多植物中均发现了 *FT* 家族成员的存
在。例如，日中性植物番茄的 *SELF – PRUNING*(*SP*)基因，短日作物水稻的
Heading date 3a (*Hd3a*)和 *RICE FLOWERING LOCUS T* 1(*RFT*1)基因。*FT*
家族基因在长、短日照和日中性植物中均广泛存在，并对花期调控行使重要
功能。*FT* 基因在光周期介导开花调控路径中最后的一个调控因子，起到决

定性作用。

通过所获得的差异代谢物与差异表达基因的结果,同时结合花期调控网络与相关基因昼夜节律,可以对菜豆花期调控模式进行推测,如图2-2-11所示。通过前面的分析可以归纳出 TOC1 在整个调控网络中起到枢纽作用,它的上调或者下调将会引起下游基因相应的表达量变化。同时这个调控网络受到外界代谢物质 GA 和 JAZ 的影响:GA 与 LHY、TOC1、GI 紧密关联,并且在整个调控网络中起到正调节的作用;JAZ 与 GI 与 CO 紧密关联,在调控网络中起到负调节的作用。这些调控模式共同建立起了菜豆成花的调控网络。

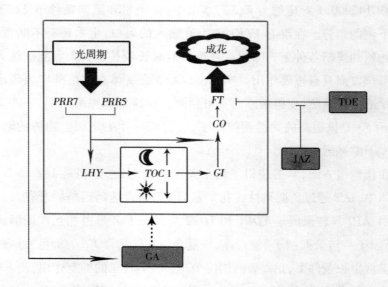

图 2-2-11　菜豆花期调控模式分析图

第三章　葡萄果实香气物质的 QTL 定位

葡萄果实中香气物质含量是评判葡萄果实品质的重要标准之一。香气物质作为数量性状，在遗传上也可能受到多基因控制。因此通过构建杂交群体，分析其子代的香气物质遗传规律十分必要，同时也对本团队所收集的品种资源群体进行香气物质含量测定，从多角度对香气物质含量在杂交群体、自然群体中的规律进行分析。

3.1　材料与方法

3.1.1　试验材料

本书的试验材料按照研究内容的要求主要分为以下两部分：

第一部分是由 2007 年以母本 87 - 1 与父本 9 - 22 杂交创建的 F_1 代群体。母本 87 - 1 为欧亚种，是一个极早熟品种，特点为丰产、优质并具有浓郁玫瑰香味。父本 9 - 22 为大连市农科院葡萄课题组育种中筛选的优系，具有意大利、里扎马特和白玫瑰香多个欧亚种葡萄的遗传背景，特点为粒大、肉脆、可溶性固形物含量高等，但无香味。2008 年对该群体进行定植，共 635株，并通过前期的杂种鉴定，从中选出 149 个真杂种单株构建作图群体，连同两个亲本，共计 151 份试材，进行遗传图谱构建和香气物质的 QTL 定位。

第二部分是由 92 个品种组成的资源群体，如表 2 - 3 - 1 所示，这些品种在香型上包含了玫瑰香型、草莓香型、混合香型及无香型等，分属于欧亚种、美洲种、欧美杂种、欧山杂种，且在香气浓郁程度上存在显著差异。

　　本试验于 2014 年、2015 年两年中,分别对 92 个品种资源群体和 151 个杂交群体进行样品采集。品种资源群体和杂交群体各个样品的成熟时间都不相同,成熟时间主要分布在 8 月中旬至 9 月下旬,其中杂交群体后代中部分样品成熟较早,部分在 8 月中旬已经成熟,而像山葡萄这样的品种则要在 9 月末才达到成熟。针对这种情况,在进入果实成熟期开始,每 5 天对样品植株的果实成熟度进行跟踪观察,发现果实成熟后随即进行取样,以免过熟影响测量结果,同时也要避免在果实成熟前进行采样。为了避免过早或者过晚对样品的采集,需要对果实成熟度进行准确的判断。果实成熟度的辨别需要一定的经验,主要靠看、触、尝 3 个步骤。首先通过看果实的着色情况来进行判断,不同品种的果实颜色差异也较大,但是成熟的果实色泽一般较为饱满,呈暗紫色、浅绿色或者暗红色等。其次随着逐渐成熟,果实的质地会逐渐变软,可以通过触碰果实来了解果实的成熟情况。最后品尝果实,通过感官所获取果实的糖酸、香味的浓郁程度来判别,一般成熟的果实有一定的香味并且酸甜适口。但是,基于以上的判断经验还需要对各个品种的特性有一定的了解,例如,天山品种即使成熟后果实也没有香味,红提品种成熟后果实质地仍然较硬,山葡萄品种在成熟后酸度仍然很高。基于以上的经验和对品种特性的了解,可以很好地把握果实的成熟情况,以便及时采样。

　　样品的采集方式是每个样品随机选取长势接近的 3 个单株,每个单株选取 1 个果穗,分别随机在每个果穗上、中、下位置进行取样,取样量为 300 g,取样后将样品放入自封袋中做好标记,迅速放入 −80 ℃ 超低温冰箱中待测。

表 2-3-1 92 个品种资源（优系）群体种源信息香气类型

编码	品种或优系	种源	香气类型	编码	品种或优系	种源	香气类型
1	黑瑰香	欧美杂种	A	30	D-278	欧亚种	A
2	白玫瑰香	欧亚种	A	31	D-17	欧亚种	C
3	着色香	欧美杂种	B	32	金星无核	欧美杂种	B
4	9-22	欧亚种	C	33	4-297	欧美杂种	B
5	玫瑰香	欧亚种	A	34	D-419	欧亚种	B
6	达米娜	欧亚种	A	35	京早晶	欧亚种	B
7	无核寒香蜜	欧美杂种	B	36	87-1	欧亚种	A
8	公酿一号	欧山杂种	B	37	早黑宝	欧亚种	B
9	秋无核	欧亚种	C	38	火星无核	欧美杂种	B
10	汤姆森无核	欧亚种	C	39	黑香蕉	欧美杂种	B
11	红光无核	欧亚种	C	40	京玉	欧亚种	C
12	雷蒙无核	欧美杂种	B	41	粉红亚都蜜	欧亚种	C
13	沈农金皇后	欧亚种	C	42	D-480	欧亚种	A
14	左优红	欧山杂种	C	43	D-99	欧亚种	B
15	北冰红	欧山杂种	C	44	昆诺无核	欧美杂种	B
16	红地球	欧亚种	C	45	雷明无核	欧美杂种	B
17	康可	美洲种	B	46	威代尔	欧亚种	C
18	美国绿	欧亚种	B	47	歌海娜	欧亚种	B
19	阳光玫瑰	欧美杂种	A	48	美乐	欧亚种	C
20	D-278	欧亚种	B	49	赤霞珠	欧亚种	C
21	康能无核	欧美杂种	B	50	霞多丽	欧亚种	C
22	D-517	欧亚种	A	51	白雷司令	欧亚种	B
23	雷司令	欧亚种	C	52	黑比诺	欧亚种	B
24	克瑞森无核	欧亚种	C	53	2-13	欧美杂种	C
25	好力壮	欧美杂种	C	54	13-19	欧亚种	C
26	4-248	欧美杂种	B	55	维多利亚	欧亚种	C
27	黑爱墨	欧亚种	B	56	4-355	欧美杂种	C
28	无核白鸡心	欧亚种	B	57	4-13	欧亚种	A
29	布朗无核	欧美杂种	B	58	13-53	欧亚种	C

续表

编码	品种或优系	种源	香气类型	编码	品种或优系	种源	香气类型
59	14 – 10A	欧亚种	B	76	天山	欧亚种	C
60	13 – 18	欧亚种	C	77	秋黑	欧亚种	C
61	12 – 39	欧亚种	B	78	意大利	欧亚种	B
62	碧香无核	欧亚种	A	79	斯凯勒	欧美杂种	C
63	赛美容	欧亚种	B	80	D – 15	欧亚种	A
64	1 – 23	欧亚种	B	81	早霞玫瑰	欧亚种	A
65	11 – 102	欧亚种	B	82	4 – 345	欧美杂种	B
66	西拉	欧亚种	B	83	D – 341	欧亚种	A
67	11 – 15	欧亚种	B	84	红巴拉多	欧亚种	B
68	01 – 40	欧亚种	A	85	D – 95	欧亚种	A
69	12 – 17	欧亚种	C	86	里扎马特	欧亚种	C
70	白可玉哥	欧美杂种	B	87	12 – 16	欧亚种	C
71	14 – 66	欧亚种	C	88	01 – 36	欧亚种	C
72	14 – 52	欧亚种	B	89	14 – 15	欧亚种	C
73	红宝石无核	欧亚种	C	90	13 – 87	欧亚种	B
74	LN333	欧美杂种	B	91	14 – 6	欧亚种	A
75	秋红	欧亚种	C	92	14 – 10	欧亚种	A

注:A 为浓香型;B 为淡香型;C 为无香型。

3.1.2　香气物质含量测定

不同葡萄品种的香气类型是由研究团队中 3 名有经验的育种者通过闻、品尝、评分来进行分类的,这些品尝者在鉴定之前必须经过标准样品的训练,同时运用几种典型的葡萄品种进行感官训练,例如浓香型品种玫瑰香、无香型品种天山等。这些被收录的品种初步被分为浓香型、淡香型、无香型 3 个类别。果实成熟期,在采集样品的同时对供试品种进行香气类型评判记录。

香气物质的萃取参照顶空固相微萃取的方法,本试验对其略有优化。

将待测葡萄样品从超低温冰箱中取出转入室温慢慢解冻,每个样品果实称取 40 g,经过破碎、榨汁后将果汁抽取到离心管中,然后进行离心。吸取 8 mL 葡萄汁上清液加入到容量为 20 mL 的顶空瓶中(顶空瓶中预先加入 3.0 g NaCl 和磁力转子),加盖后并用封口膜进行密封。将顶空瓶放在恒温旋转台上进行预热,旋转台温度设定在 40 ℃,10 min 后将 SPEM 萃取头插入顶空瓶中,然后推出石英纤维(与液面的距离在 1～2 cm),恒温台调至 60 ℃,吸附 40 min 后将石英纤维收回,拔出 SPEM 萃取头,然后迅速插入 GC/MS 进样口中,将石英纤维头推出,同时启动仪器,进样口温度设置在 250 ℃,解析 5 min 后收回石英纤维头,拔出 SPEM 萃取头,准备下一个样品的萃取工作。

升温条件:55 ℃持续 5 min,然后以 2 ℃/min 的升温速率升温至 100 °C,保持 2 min,以 4 ℃/min 的升温速率升温至 210 ℃,保持 3 min。GC/MS 仪器的参数设置:离子源温度设定为 200 ℃;扫描速率设定为 2.88 scan/s;转移线温度设定为 250 ℃;质谱检测器设定为 EI 模式;电压设定为 70 V;四级杆温度设定为 150 ℃;载气为氦气,流速为 1.0 mL/min。色谱柱选用 VF－Waxms 毛细管柱(参数:长为 30 m,内径为 0.25 mm,液膜厚度为 0.25 μm)。对采集到的质谱图在 NIST 11 谱库中进行检索,并根据检索得到的质谱信息和标样的色谱保留时间,确定香气物质的成分,利用目标香气物质的标准品制备标准曲线进行定量。

3.1.3　QTL 定位方法

以 87－1 为母本,9－22 为父本杂交所获得的 149 株 F_1 代为作图群体。该群体定值于沈阳农业大学葡萄园中,生长状态良好。主要的分子试剂包括 CTAB、β－巯基乙醇和氯仿、异戊醇、无水乙醇、DEPC 水、高保真 DNA 聚合酶 LA－Taq DNA Polymers、缓冲液、dNTP(2.5 mmol/L)、EB、10% 的过硫酸铵、0.5 mol/L EDTA(pH = 8.0)溶液、1 mol/L 的 Tris－HCl 缓冲液、3 mol/L 的醋酸钠溶液、1 × TE 缓冲液、5 × TBE 缓冲液、1 × TBE 缓冲液、40% 的丙烯酰胺,以及染色液(称取 4 g 硝酸银,加入 2 L 蒸馏水溶解)、清洗液(2 L 蒸馏水)、显色液(4 mL 甲醛溶液、20 g NaOH 分别加入到 1 L 蒸馏水中,摇匀)。

3.1.3.1　DNA 的提取方法与检测

2014 年 6 月,于沈阳农业大学葡萄园采集葡萄新梢部位幼嫩叶片,采集后保存在 −80 ℃ 超低温冰箱中备用。基因组 DNA 提取方法利用改良的CTAB 法,具体操作如下:

(1)准备若干 2 mL 离心管,吸取 1.2 mL 2% 的 CTAB(加入的巯基乙醇终浓度为 1%)加入其中, 放入 65 ℃ 水浴锅,预热 10 min。

(2)将研钵清洁后晾干备用,取 3~5 g 幼嫩叶片放入研钵中,迅速向其中加入液氮,研磨成粉末,研磨期间要始终用液氮保持低温状态。

(3)将已经研磨好的粉末装入已经预热的离心管中,65 ℃ 水浴 1 h,期间每隔 10 min 振荡一次,水浴完成后以 12000 r/min 的转速在 4 ℃ 低温离心10 min。

(4)吸取 400 μL 上清液至新的 2 mL 离心管中,尽量避免吸入沉淀杂质,加入等体积的氯仿,轻轻振荡混匀,以 12000 r/min 的转速在 4 ℃ 低温离心 10 min。

(5)重复步骤(4)。

(6)将 180 μL 上清液吸取至 2 mL 离心管中,加入 120 μL(2/3 体积)的预冷异丙醇,放置于 −20 ℃ 冰箱中沉降 1 h。

(7)12000 r/min 的转速在 4 ℃ 低温离心 3 min,获得 DNA 沉淀,吸除上清液,并加入 200 μL 70% 的乙醇洗涤 2 次,室温晾干。

(8)待乙醇蒸发后,向离心管中加入 50 μL 的 1 × TE(含浓度为10 ng/μL的 RNase 10 μL)溶解 DNA,55 ℃ 水浴 0.5 h,保存于 −20 ℃ 冰箱内备用。

DNA 浓度和纯度的检测分别用电泳检测和紫外分光光度计检测。电泳检测是利用 1% 的琼脂糖凝胶(加入 1% EB)电泳检测,用微量移液器吸取 3 μL DNA 样品,混有 2 μL Loding 缓冲液,3 μL 双蒸水,混匀后分别加入点样孔中。电泳运行期间,使用超微量紫外分光光度计来检测 DNA 质量。以TE 缓冲液为空白对照,取 1 μL DNA 溶液进行质量检测。根据 OD_{260}/OD_{280}的值来评判 DNA 质量:$OD_{260}/OD_{280} < 1.6$ 表明有蛋白质等杂质的污染;$OD_{260}/OD_{280} > 1.9$ 表明样品中存在 RNA 等杂质。通过两种方法共同检验

DNA 质量,保证 DNA 的有效性。

3.1.3.2　SSR 引物的筛选

试验中 SSR 引物来源主要利用 SSR Hunter 软件对葡萄基因组扫描,获得 SSR 序列区间,然后运用 Primer 6.0 设计 SSR 特异性引物,如表 2 - 3 - 2 所示。设计的引物包含了葡萄全部的 19 条染色体,共计 567 对 SSR 引物(附录 5)。

表 2 - 3 - 2　SRAP 引物组合序列

正向引物		反向引物	
me1	5′ - TGAGTCCAAACCGGAGC - 3′	em1	5′ - GACTGCGTACGAATTAAT - 3′
me2	5′ - TGAGTCCAAACCGGATA - 3′	em2	5′ - GACTGCGTACGAATTAGC - 3′
me3	5′ - TGAGTCCAAACCGGAAG - 3′	em3	5′ - GACTGCGTACGAATTGCA - 3′
me4	5′ - TGAGTCCAAACCGGACC - 3′	em4	5′ - GACTGCGTACGAATTACG - 3′
me5	5′ - TGAGTCCAAACCGGAAT - 3′	em5	5′ - GACTGCGTACGAATTAAC - 3′
me6	5′ - TGAGTCCAAACCGGTGT - 3′	em6	5′ - GACTGCGTACGAATTGAC - 3′
me7	5′ - TGAGTCCAAACCGGTTG - 3′	em7	5′ - GACTGCGTACGAATTATG - 3′
me8	5′ - TGAGTCCAAACCGGTAG - 3′	em8	5′ - GACTGCGTACGAATTTGC - 3′
me9	5′ - TGAGTCCAAACCGGTCA - 3′	em9	5′ - GACTGCGTACGAATTTGA - 3′
me10	5′ - TGAGTCCAAACCGGAGG - 3′	em10	5′ - GACTGCGTACGAATTTAG - 3′
me11	5′ - TGAGTCCAAACCGGAGA - 3′	em11	5′ - GACTGCGTACGAATTTCG - 3′
me12	5′ - TGAGTCCAAACCGGAAA - 3′	em12	5′ - GACTGCGTACGAATTGTC - 3′
me13	5′ - TGAGTCCAAACCGGAAC - 3′	em13	5′ - GACTGCGTACGAATTGGT - 3′
me14	5′ - TGAGTCCAAACCGGGTA - 3′	em14	5′ - GACTGCGTACGAATTCAG - 3′
me15	5′ - TGAGTCCAAACCGGACG - 3′	em15	5′ - GACTGCGTACGAATTCTG - 3′
me16	5′ - TGAGTCCAAACCGGGGT - 3′	em16	5′ - GACTGCGTACGAATTCGG - 3′
me17	5′ - TGAGTCCAAACCGGCAT - 3′	em17	5′ - GACTGCGTACGAATTCCA - 3′
me18	5′ - TGAGTCCAAACCGGGAC - 3′	em18	5′ - GACTGCGTACGAATTGAT - 3′
me19	5′ - TGAGTCCAAACCGGACA - 3′	em19	5′ - GACTGCGTACGAATTCTC - 3′

续表

正向引物		反向引物	
me20	5′ – TGAGTCCAAACCGGACT – 3′	em20	5′ – GACTGCGTACGAATTCAT – 3′
		em21	5′ – GACTGCGTACGAATTCTA – 3′
me21	5′ – TGAGTCCAAACCGGCAG – 3′	em22	5′ – GACTGCGTACGAATTCAA – 3′
me22	5′ – TGAGTCCAAACCGGCTA – 3′	em23	5′ – GACTGCGTACGAATTCAC – 3′
		em24	5′ – GACTGCGTACGAATTCTT – 3′

（1）SSR – PCR 和 SRAP – PCR 的反应体系

根据多年研究经验，团队对于 SSR、SRAP 有了一套较为成熟的研究体系，总反应体系为 16 μL，其中 SSR 与 SRAP 的反应体系相同，但是反应程序存在一定差异。SSR – PCR、SRAP – PCR 反应体系：DNA 1 μL，ddH$_2$O 10 μL，缓冲液 0.8 μL，dNTP 1.6 μL，Forward Primer0.8 μL，Reverse Primer 0.8 μL，Taq1 μL，终体积为 16 μL。SSR – PCR 反应程序：第一步为 95 ℃，5 min。第二步为 95 ℃，1 min；57 ℃，1 min；72 ℃，1 min，此步骤循环 26 次。第三步为 72 ℃，5 min。第四步为 4 ℃保存。SRAP – PCR 反应程序：第一步为 95 ℃，5 min。第二步为 95 ℃，1 min；35 ℃，1 min；72 ℃，1 min，此步骤循环 5 次。第三步为 95 ℃，1 min；50 ℃，5 min；72 ℃，45 s，此步骤循环 30 次。第四步为 72 ℃，5 min。第五步为 4 ℃保存。

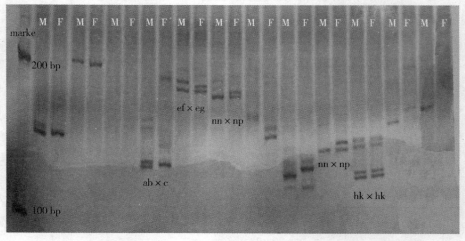

图 2 – 3 – 1　SSR 引物在双亲上的多态性筛选（F：母本 87 – 1；M：父本 9 – 22）

（2）SSR 引物多态性的筛选和退火温度的筛选

为保证引物在杂交后代中的多态性，首先进行粗筛选，应通过母本87 － 1 和父本 9 － 22 对引物进行筛选，选用在父本与母本间存在多态性的 SSR 引物，如图 2 － 3 － 1 所示。每对引物都分别以父本、母本为模板进行扩增，将 SSR － PCR 产物用 5% 非变性聚丙烯酰胺凝胶电泳分离，电泳结束后用银染的方法显色后，读取条带，记录存在多态性引物的代码。

以母本 87 － 1 和父本 9 － 22 基因组 DNA 为模板进行引物退火温度的筛选。PCR 的反应体系，每对引物做 8 次重复。在程序设定上退火温度同上有所变化，将 8 次重复的退火温度分别设定为55 ℃、56 ℃、57 ℃、58 ℃、59 ℃、60 ℃、61 ℃、62 ℃。完成 SSR － PCR 以后进行电泳检测，根据 8 次重复电泳结果，选择清晰、锐利的条带所对应的退火温度作为后续的群体 SSR － PCR 的退火温度。

3.1.3.3　SRAP 引物的筛选

SRAP 引物包含 22 条上游引物 me1 ~ me22,24 条下游引物 em1 ~ em24。通过正反向的随机组合共计可以产生 528 对 SRAP 引物，如表 2 － 3 － 2 所示。前人已经对该试验群体 284 对 SRAP 引物组合中的 30 对谱带清晰的组合进行检测。本试验将对余下部分的 244 对 SRAP 引物进行多态性筛选，从中挑选谱带清晰、多态性好的引物进行后续分析。

3.1.3.4　遗传连锁图谱构建

通过筛选完成的 SSR 引物，在连同父母本在内的 151 个样品上，利用 5% 非变性聚丙烯酰胺凝胶电泳分离，获得分离条带进行记录。获得的结果运用 Joinmap 3.0 进行分析整理，参数设置：最大重组值设为 0.4，LOD 值设为 3.0 ~ 5.0，利用 Kosambi 函数将重组率转换为图距。

3.2 结果与分析

3.2.1 葡萄果实香气物质含量分析

3.2.1.1 栽培区域年份间的气候比较

葡萄香气物质含量受气候变化、栽培管理条件的影响。为避免人为因素导致的葡萄果实香气物质含量差异,本试验两年的栽培管理均采用相同模式。为了解年份间气候差异对葡萄果实香气物质积累的影响,试验收集了辽宁省沈阳市 2014 年与 2015 年的主要气候参数,如图 2 - 3 - 2 所示,发现 2015 年降水多于 2014 年,尤其是果实采收前一个月,2015 年累积降雨 630 mm,而 2014 年为 423 mm。2014 年这个时期该地区日照时长相应的比 2015 年同期要高,但两个年份之间平均温度没有明显差异。

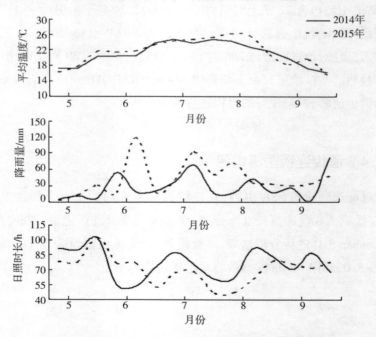

图 2 - 3 - 2 2014 年和 2015 年辽宁省沈阳市的主要气候参数

3.2.1.2　87-1 和 9-22 杂交后代果实香气物质遗传分析

（1）87-1 和 9-22 杂交后代果实香气物质种类鉴定

由图 2-3-3 可以看出 87-1 和 9-22 葡萄中主要香气物质的离子,通过 NIST 库比对主要香气物质进行定性分析。分别得出峰时间为:芳樟醇 10.35 min,α-萜品醇 18.23 min,香茅醇 20.81 min,橙花醇 24.18 min,香叶醇 27.86 min,香叶酸 51.40 min。离子图中前 5 min 主要是溶剂峰,一些易挥发的杂质气体大量排出。在图 2-3-3(a)中可以看出,母本 87-1 中芳樟醇、α-萜品醇和香叶醇的峰面积较大,典型的玫瑰香型的葡萄中这几种物质均有较高的含量。在图 2-3-3(b)中,父本 9-22 各香气物质含量均呈较低的指标,一些物质甚至没有在结果中检测到。母本与父本在香气物质种类、含量上存在很大的差异。

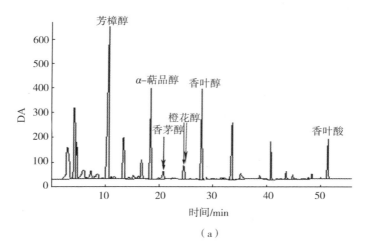

（a）

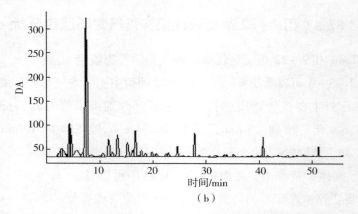

（b）

图 2 – 3 – 3 87 – 1(a) 和 9 – 22(b) 果实香气物质成分 GC – MS 总离子图

（2）87 – 1 和 9 – 22 杂交后代果实香气物质组分及含量的遗传变异

对 2014 年、2015 年各香气物质的含量进行分析,其变异系数均在 92.83% 以上,可以看出其杂交后代香气物质含量分离较为广泛。其中在 2014 年杂交后代芳樟醇、香茅醇、橙花醇、香叶醇、香叶酸平均含量均大于亲中值,呈增强变异,其中 α – 萜品醇在杂交后代中的平均值小于亲中值,呈增强变异。在 2015 年中,α – 萜品醇、香茅醇、香叶醇、香叶酸平均含量均大于亲中值,而芳樟醇、橙花醇平均含量低于亲中值。通过比较两年中各香气物质含量的变异范围可以得出,杂交后代中各香气物质含量变异范围较大,其中变异最大的为香叶醇,变异范围在 4.06 ~ 851.79 μg/kg。超高亲率最高的为香叶醇 27.45%,超低亲率最低的为香叶醇 1.32% 。可以看出香叶醇杂交后代呈明显的增强变异。

（3）87 – 1 和 9 – 22 杂交后代果实香气物质组分及含量的分布

通过对杂交群体 87 – 1 与 9 – 22 组合的 151 份材料在 2014 年和 2015 年两年中香气物质含量的分析,进而对不同含量区间的子代数量进行统计,通过直方图来体现杂交群体 6 种香气物质含量的分布情况。如图 2 – 3 – 4 可以看出,其杂交后代的芳樟醇、α – 萜品醇含量主要集中在较低的范围内,并且只有少数子代呈现出超亲遗传。子代中芳樟醇含量的跨度最大,达到了 0 ~ 350 μg/kg。子代中 α – 萜品醇含量几乎是介于父母本含量的区间之内。相反,子代中香茅醇的含量呈现出较强的超亲遗传特性。超过 60% 的子代其香茅醇的含量超越高亲含量,且在 2014 年和 2015 年呈现出相似的趋势。子代中橙花醇含量跨度较大(0～300 μg/kg),但是主要集中在 0～200 μg/kg 这个区间内,其中超过一半的子代橙花醇含量集中在 0～100 μg/kg 区间内。香叶醇和香叶酸均呈现出近似于正态分布的特点。

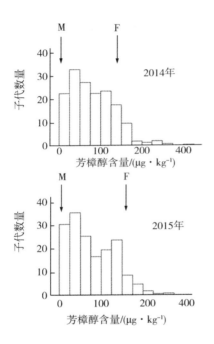

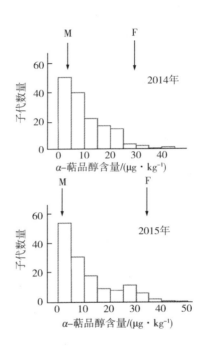

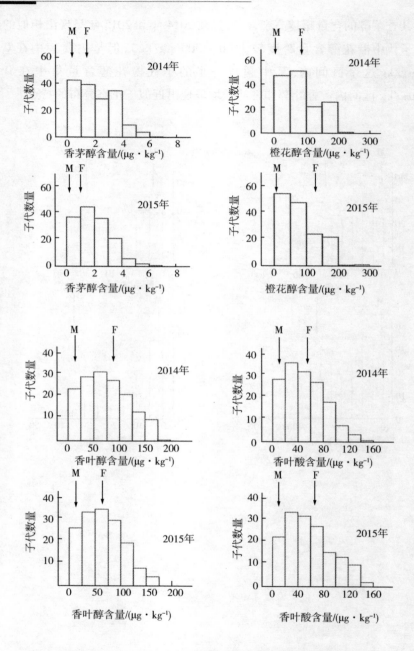

图 2 - 3 - 4   87 - 1 与 9 - 22 杂交组合后代香气物质含量在
2014 年和 2015 年两年中的分布(F : 母本 ; M : 父本)

3.2.2　构建遗传图谱

本团队在之前的研究中对 87 − 1 × 9 − 22 这个杂交群体分子遗传图谱进行初步构建,并对香气物质遗传进行了初步定位,得到了部分与香气物质相关的 QTL 位点。但是标记数量和标记密度相对较低。为了更精准地对香气性状进行 QTL 定位,本书进一步对遗传图谱的标记位点进行加密,同时对香气性状进行进一步的定位,以期获得更加准确的 QTL 位点为后续研究奠定基础。

3.2.2.1　SSR 引物多态性筛选与带型分类

通过母本 87 − 1 和父本 9 − 22 对引物进行筛选,获得了在双亲中具有多态性的引物序列。共计从 550 对 SSR 引物中筛选出 118 对谱带清晰的 SSR 引物用于杂交群体的扩增。在本试验中 SSR 引物在母本 87 − 1 和父本 9 − 22 杂交群体中的主要带型包括 hk × hk、ef × eg、ab × cd、lm × ll、nn × np、ab × cc,如图 2 − 3 − 5 所示。很少一部分引物呈现出 '0' 等位基因,这些分离类型包含 n0 × np、lm × l0、ab × c0,如图 2 − 3 − 6 所示。在数据统计中,主要是根据父母本的带型和后代的分离情况来确定该对引物的分离特性。针对特殊标记类型的引物,需要将其转换成统计软件识别的标记类型,如表 2 − 3 − 3 所示。

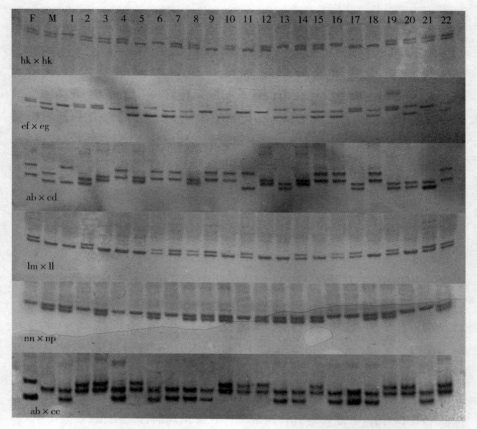

图 2 - 3 - 5　SSR 引物在 87 - 1 × 9 - 22 杂交群体中的主要带型

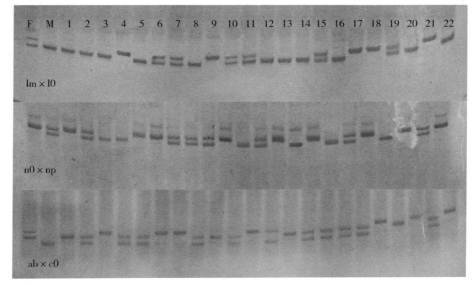

图 2 - 3 - 6　SSR 引物在 87 - 1 ×9 - 22 杂交群体中包含 0 等位基因的带型

表 2 - 3 - 3　特殊分离位点统计方式

分离方式	统计方式	分离方式	统计方式
a0 × bc	ab × cd	ab × c0	ab × cd
n0 × np	nn × np	ab × cc	lm × ll
lm × l0	lm × ll	aa × bc	nn × np
ab × 00	lm × ll	a0 × b0	eg × eg

3.2.2.2　SSR 引物退火温度的筛选

图 2 - 3 - 7 中 A、B、C、D 分别表示 VLG7 - I - 1、VLG13 - F - 1、VLG17 - G - 1 和 VLG10 - K - 14 对 SSR 引物在 8 个退火温度下对亲本基因组 DNA 扩增结果的电泳检测图。不同引物对退火温度变化的敏感度也有一定差异,例如 A 引物在温度随着退火温度的提升其条带变化不大,直到达到梯度中最高温度时才逐渐消失。而 B 引物则受退火温度的影响较大,随着退火温度的升高下面的杂带逐渐变弱,直至第 4 个梯度杂带完全消失。而在第 6 个梯度时主带开始变弱然后消失,可见该引物对退火温度的变化极

其敏感。

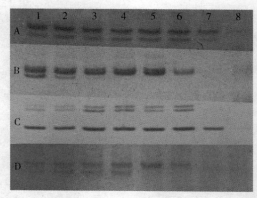

图2-3-7　4对引物分别在8个退火温度下对亲本基因组 DNA 扩增的电泳图

（注：1~8 为 8 个温度；即 55 ℃、56 ℃、57 ℃、58 ℃、59 ℃、60 ℃、61 ℃、62 ℃）

3.2.2.3　SRAP 引物的多态性筛选

通过对 244 对 SRAP 引物进行多态性筛选，部分引物组合不能很好地扩增出父母本之间的差异性条带，因此从中选择条带清晰、父母本之间存在差异的引物组合作为后续研究，如图 2-3-8 所示。由于 SRAP 扩增的条带较多，因此为避免条带间的相互干扰获得准确的数据，在筛选过程中尽量挑选谱带清晰的、干净的引物组合作为后续研究对象。通过对这些引物的筛选最终得到了 23 对符合标准的引物组合用于构建遗传图谱。

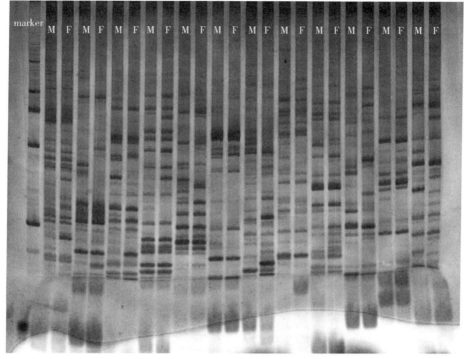

图 2 - 3 - 8　SRAP 引物在双亲上的多态性筛选

(M:母本 87 - 1;F:父本 9 - 22)

3.2.2.4　葡萄遗传连锁图谱构建

针对 87 - 1 和 9 - 22 杂交群体,本试验完成的标记连同前人所完成的部分共计 318 对多态性 SSR 引物和 195 对 SRAP 引物用于大群体的扩增。其中,母本特有的 155 个标记和双亲共有的 215 个标记用于构建母本 87 - 1 遗传图谱。最终有 308 个标记进入遗传图谱,构建成总图距为 2017.9 cM 的遗传图谱,如图 2 - 3 - 9 和表 2 - 3 - 4 所示。这些标记中最长的连锁群为 LG18,该连锁群包含的标记数为 28 个,覆盖总图距为 199.4 cM。父本特有的 142 个标记和双亲共有的 215 个标记用于构建父本 9 - 22 遗传图谱。最终 295 个标记进入遗传图谱,构建成总图距为 1803.3 cM 的遗传图谱,如图 2 - 3 - 10 和表 2 - 3 - 4 所示。在这些标记中,最长的连锁群为 LG12,该连锁群包含的标记数为 19 个,覆盖图距为 146 cM。本试验获得的图谱是在前人研究的基础上，针对标记间的 gap 有针对性地进行引物设计，因此较之前所构建的图谱在覆盖距离、标记位点数量上都有了很大的提升，可进行更精准的 QTL 定位。

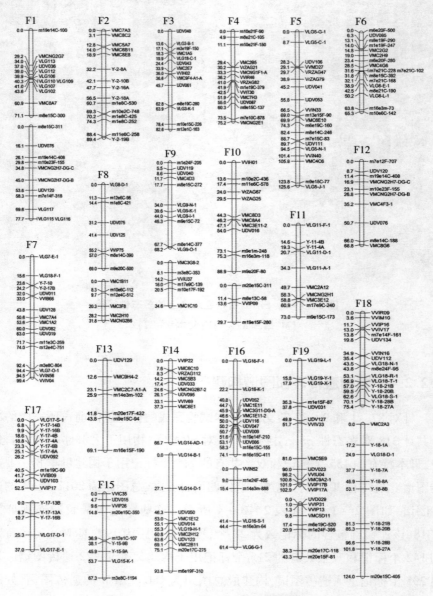

图 2 - 3 - 9　87 - 1 遗传连锁图谱

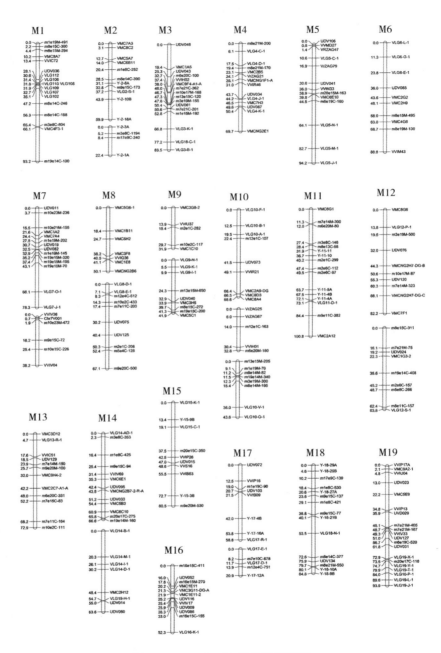

图 2－3－10　9－22 遗传连锁图谱

表 2 - 3 - 4　87 - 1 × 9 - 22 遗传图谱标记总体分析

连锁群编号	87 - 1		9 - 22	
	连锁群图距/cM	标记数	连锁群图距/cM	标记数
1	148.8	22	93.2	17
2	89.4	15	82.3	15
3	82.6	14	83.5	16
4	75.2	15	69.7	14
5	125.6	20	94.2	13
6	65.3	16	86.8	10
7	99.4	17	116.5	20
8	100.8	14	117.2	17
9	102.8	17	73.8	14
10	118.6	16	145	22
11	73	10	100.8	16
12	68.8	10	146	19
13	69.1	7	72.9	12
14	160.6	21	130.2	21
15	67.3	9	80.5	10
16	135.5	19	52.3	11
17	89.5	17	79.7	13
18	199.4	28	84.8	15
19	146.2	21	93.9	20
总计	2017.9	308	1803.3	295
平均	106.2	16.2	94.9	15.5

3.2.3　葡萄香气物质的 QTL 定位

通过 87 - 1 和 9 - 22 杂交群体所构建的遗传图谱,结合 6 种香气物质含量的测定结果进行 QTL 定位。结果得出,在 87 - 1 遗传图谱中共检测到了与香气物质相关的 22 个 QTL 位点,如图 2 - 3 - 11 所示,在 9 - 22 遗传图谱中共检测到了与香气物质相关的 26 个 QTL 位点,如图 2 - 3 - 12 所示。

在母本 87-1 的遗传图谱中,检测到了 6 个 QTL 位点与芳樟醇合成相关,它们分别是 Lin14-1、Lin15-1、Lin14-2、Lin14-3、Lin15-2 和 Lin14-4,分别位于染色体 LG3、LG4、LG5、LG16 和 LG19 上。检测到 QTL 位点 α-Ter15-1、α-Ter15-2 与 α-萜品醇合成相关,分别位于染色体 LG3 和 LG5 上。4 个位点与香茅醇合成相关,分别是 Cit15-1、Cit15-2、Cit14-1、Cit14-2,其中 Cit15-1 位于染色体 LG2 上,Cit14-1 位于染色体 LG3 上,Cit14-2 和 Cit15-2 位于染色体 LG6 上。同时可以发现 Cit15-2 和Cit14-2 在 QTL 区域内有较大的重叠区域。共检测到了 6 个 QTL 位点与橙花醇合成相关,分别是 Ner15-1、Ner15-2、Ner15-3、Ner15-4、Ner14-1、Ner15-5,它们分别位于染色体 LG1、LG3、LG5、LG8、LG14、LG16 上。与香叶醇和香叶酸相关的 QTL 位点是 Ger14-1、Ger15-1、Ger15-2,分别位于染色体 LG3、LG5、LG8 上。与香叶酸相关的 QTL 位点是 Ger acid14-1,位于染色体 LG5 上。

　　在父本 9-22 的遗传图谱中,检测到了 6 个 QTL 位点与芳樟醇合成相关,它们分别是 Lin14-1、Lin15-1、Lin14-2、Lin14-3、Lin15-2 和 Lin15-3,分别位于染色体 LG3、LG5、LG10、LG11 和 LG16 上。检测到 QTL 位点 α-Ter15-1、α-Ter15-2、α-Ter14-1 和 α-Ter15-3 与 α-萜品醇合成相关,分别位于染色体 LG3、LG6 和 LG8 上。4 个位点与香茅醇合成相关,分别是 Cit15-1、Cit14-1、Cit15-2 和 Cit14-2,分别位于染色体 LG4、LG5、LG10 和 LG11 上。共检测到了 5 个 QTL 位点与橙花醇合成相关,分别是 Ner15-1、Ner14-1、Ner15-2、Ner15-3、Ner14-2,分别位于染色体 LG1、LG3、LG11、LG14 和 LG16 上。与香叶醇相关的 QTL 位点分别是 Ger14-1、Ger15-1、Ger14-2、Ger15-2 和 Ger15-3。其中 Ger14-1 位于染色体 LG1 上,Ger15-1 位于染色体 LG3 上,Ger14-2 和 Ger15-2 位于染色体 LG8 上,Ger15-3 位于 LG11 上。Ger acid14-1和 Ger acid15-1 两个 QTL 位点与香叶酸相关,分别位于染色体 LG5 和 LG11 上。由 87-1 遗传图谱和 9-22 遗传图谱的定位结果可以发现,QTL 位点较为集中的两个区域分别位于染色体 LG3 和 LG5 上。通过对全部的 QTL 位点的汇总可知,连锁群 LG3 标记 VMC1A5 与 VMC2E7 之间定位到的 QTL 位点分别为 Lin15-1(46.2%)、Lin14-1(54.3%)、α-Ter15-1(15.3%)、Ner15-2(24.3%)、Cit14-1

（23.9%）和 Ger15 – 1（31.4%）（括号内为 QTL 位点对应的贡献率，下同）。而通过对该标记区间内的在物理位置的搜索发现，在该区间内存在 *HDR* 基因，该基因为萜类物质代谢途径（MEP 途径）中期的一个调控基因。同时在连锁群 LG5 上发现了在标记VLG5 – C – 1 和 UDV106 之间定位到的 QTL 位点，分别为 Lin14 – 3（39.3%）、α – Ter15 – 2（12.7%）、Ner15 – 3（32.4%）、Ger15 – 2（24.1%）、Ger acid14 – 1（24.8%）。而通过对该标记区间内的在物理位置的搜索发现，在该区间内存在 *VvDXS* 基因，该基因为萜类物质代谢途径（MEP 途径）早期的一个调控基因。

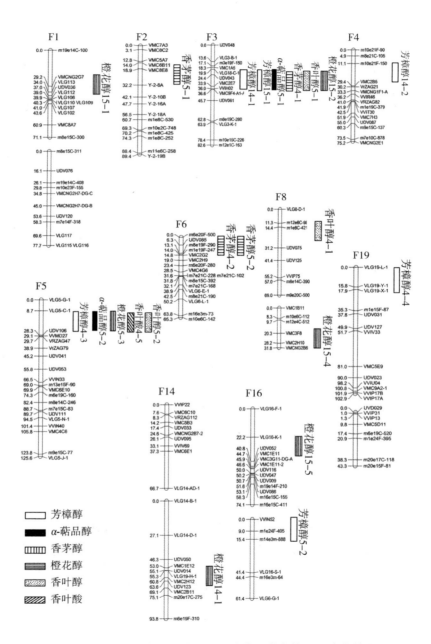

图 2 - 3 - 11　6 种香气物质在 87 - 1 遗传图谱中的 QTL 定位结果

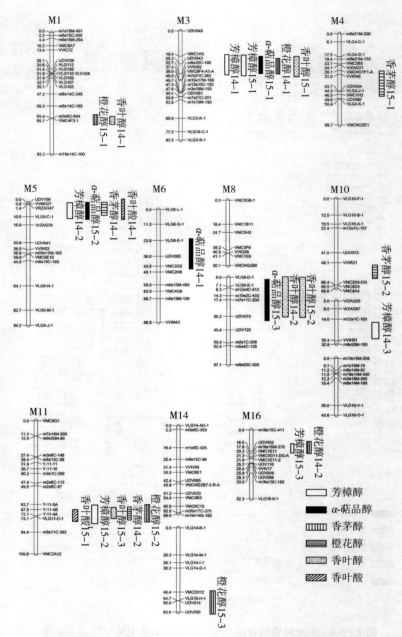

图 2 - 3 - 12　6 种香气物质在 9 - 22 遗传图谱中的 QTL 定位结果

表 2 - 3 - 5　6 种香气物质在 87 - 1 和 9 - 22 图谱中的 QTL 定位结果

性状	连锁群	QTL 位点	位置/cM	两侧标记	LOD 值	贡献率/%
芳樟醇	F3	F - Lin15 - 1	18.3	VMC1A5，VMC2E7	4.87	46.2
	F3	F - Lin14 - 1	18.3	VMC1A5，VMC2E7	4.16	54.3
	F4	F - Lin14 - 2	29.4	VMC2B5，m10e21F - 150	3.01	19.7
	F5	F - Lin14 - 3	8.7	VLG5 - C - 1，UDV106	3.11	39.3
	F16	F - Lin15 - 2	0	VVIN52，m14e3m - 888	3.08	18.6
	F19	F - Lin14 - 4	15.8	VLG19 - L - 1，VLG19 - X - 1	3.2	16.3
	M3	M - Lin15 - 1	19.4	VMC1A5，VMC9F4 - A1 - A	3.91	32.3
	M3	M - Lin14 - 1	19.4	VMC1A5，VMC9F4 - A1 - A	3.88	31.7
	M5	M - Lin14 - 2	0	UDV106，VLG5 - C - 1	4.43	43.8
	M10	M - Lin14 - 3	0	VRZAG25，VRZAG67	3.13	39.1
	M11	M - Lin15 - 2	63.7	Y - 11 - 5A，VLG11 - D - 1	3.07	13.4
	M16	M - Lin15 - 3	16	UDV052，VMC1E11	3.12	11.8
α - 萜品醇	F3	F - α - Ter15 - 1	18.3	VMC1A5，VMC2E7	3.89	15.3
	F5	F - α - Ter15 - 2	8.7	VLG5 - C - 1，UDV106	3.55	12.7
	M3	M - α - Ter15 - 1	19.4	VMC1A5，VMC9F4 - A1 - A	3.42	11.4
	M5	M - α - Ter15 - 2	0	UDV106，VLG5 - C - 1	3.14	9.4
	M6	M - α - Ter14 - 1	23.8	VLG6E1，VMC2G2	3.02	8.6
	M5	M - α - Ter15 - 3	7.1	VLG8 - D - 1，UDV075	3.54	13.5

续表

性状	连锁群	QTL 位点	位置/cM	两侧标记	LOD 值	贡献率/%
橙花醇	F1	F－Ner15－1	29.2	VNCNG2G7，VLG112	3.08	8.6
	F3	F－Ner15－2	18.3	VMC1A5，VMC2E7	3.21	24.3
	F5	F－Ner15－3	8.7	VLG5－C－1，UDV106	3.79	32.4
	F8	F－Ner15－4	20.3	VMC3F8，VMC2H10	3.12	8.6
	F14	F－Ner14－1	53	VMC1E12，UDV123	3.32	13.9
	F16	F－Ner15－5	22.2	VLG16－K－1，VMC1E11	3.03	19.7
	M1	M－Ner15－1	65.4	m3eC－804，VMC4F3－1	3.17	21.2
	M3	M－Ner14－1	25.3	UDV043，VVIH02	3.21	28.4
	M11	M－Ner15－2	63.7	Y－11－5A，VLG11－D－1	3.11	14.6
	M14	M－Ner15－3	48.4	VMC2H12，UDV050	3.15	11.2
	M16	M－Ner14－2	16	UDV052，VMC1E11	3.24	18.8
香茅醇	F2	F－Cit15－1	14	VMC6B11，Y2－8A	3.05	9.6
	F3	F－Cit14－1	18.3	VMC1A5，VMC2E7	3.99	23.9
	F6	F－Cit14－2	6.3	UDV085，VMC2G2	3.12	8.7
	F6	F－Cit15－2	6.3	UDV085，VMC2G2	3.16	18.6
	M4	M－Cit15－1	28.1	VMCNG1F1－A，VMC7H3	3.32	15.2
	M5	M－Cit14－1	0.8	VVMD27，VLG5－C－1	3.52	24.8
	M10	M－Cit15－2	66.4	VMC2A9－DG，VMC8A4	3.15	14.7
	M11	M－Cit14－2	63.7	Y－11－5A，Y－11－4A	3.01	9.3
香叶醇	F3	F－Ger15－1	18.3	VMC1A5，VMC2E7	4.29	31.4
	F5	F－Ger15－2	8.7	VLG5－C－1，VDV106	3.15	24.1
	F8	F－Ger14－1	0	VLG8D1，UDV075	3.05	9.8
	M1	M－Ger14－1	65.4	m3eC－804，VMC4F3－1	3.07	13.4
	M3	M－Ger15－1	19.4	VMC1A5，VMC9F4－A1－A	4.57	37.6
	M8	M－Ger14－2	7.1	VLG8－D－1，UDV075	3.13	18.7
	M8	M－Ger15－2	7.1	VLG8－D－1，UDV075	3.02	17.3
	M11	M－Ger15－3	63.7	Y－11－5A，Y－11－4A	3.14	19.1

续表

性状	连锁群	QTL 位点	位置/cM	两侧标记	LOD 值	贡献率/%
香叶酸	F5	F – Ger acid14 – 1	8.7	VLG5 – C – 1,UDV106	4.86	24.8
	M5	M – Ger acid14 – 1	0.8	VVMD27,VLG5 – C – 1	5.37	38.4
	M11	M – Ger acid15 – 1	63.7	Y – 11 – 5A,Y – 11 – 4A	3.34	17.6

注:(1)F = 87 – 1,M = 9 – 22。(2)位点名称中 14 = 2014 年,15 = 2015 年。

3.3　讨论

3.3.1　不同年份间环境对香气物质积累的影响

尽管不同年份间在葡萄生长季降水量和日照时数存在差异,而使得香气物质含量有一定的差异,说明在该地区,年份显著影响果实次生代谢。在葡萄生长季,2014 年的降雨量少于 2015 年,尤其是在果实成熟期,其降水量仅为 2015 年的 2/3。前人研究表明,较高的温度、较强的光照与较少的水分有利于萜烯类化合物的形成。Koundouras 等人发现,葡萄生长区域内缺水严重时,葡萄果实中糖苷结合态降异戊二烯类化合物含量显著高于其他两个缺水程度低的产区。也有研究表明,土壤特性和水分供应情况影响类胡萝卜素的降解,从而影响葡萄香气中降异戊二烯的含量。这些结果解释了 2014 年果实中芳香物质含量略高于 2015 年的原因。虽然存在这种差异,但是香气物质含量在两年中的趋势比较相近,因此可以看出香气物质含量受环境因素影响有一定的整体性,并且本试验中两年的气候差异不是很大,所以外界环境因素不能成为香气物质含量的决定性因素。

3.3.2　葡萄香气物质含量

目前,葡萄的新品种选育主要还是依靠传统的杂交育种,而分子手段是辅助性的措施。葡萄品种间果实中芳香物质含量差异较大。例如,本试验所用试材中玫瑰香、着色香、达米娜等品种具有浓郁的香味,而京玉、里扎马特等品种几乎没有香味。这种表型上的极大反差使得供试样品有很好的表型特征覆盖度,使得后续的分析结果有更高的准确性。而葡萄种间或品种间进行有性杂交时,亲本的非加性效应在杂交后代呈现广泛分离,劣变率往往很高,但也会出现超高亲的植株,这使得杂交育种更有意义。研究人员利用京秀分别与亚历山大和香妃杂交,获得两个杂交群体,通过对芳香物质的测定,发现香叶酸在子代遗传分离比率为 1:1。而在本试验中只发现少数不含有香叶酸的植株。本试验在 2014 年、2015 年两年的结果对比中发现比较大的差异,可以看出环境对葡萄果实香气物质含量产生较大的影响。通过田间观察与记录,发现 2015 年杂交后代植株的结果率与果实品质明显要差于 2014 年,这与年份间的气候差异与田间管理有直接关系。其他人员的研究也得到香气物质的组成除受品种影响外,还因成熟度、生长环境和栽培水平的差异而不同。作为玫瑰香型品种的主要芳香性物质芳樟醇,2014 年在杂交后代的平均含量明显高于 2015 年的平均含量。但是一些香气物质在两年的差异较小,例如香叶醇、香叶酸的杂交后代平均含量两年份间的差异不大,可以认定为该物质受外界环境影响较小。在结果中同时发现香叶醇在杂交后代中超亲率较高,而低亲率较低,在遗传效应上呈典型的增强变异。研究人员以北丰×34 号杂交组合为试材,发现在 F_1 代中芳香物质的含量低于亲本均值,只有顺式 - 玫瑰醚、柠檬醛在子代中的含量高于亲本均值,有遗传的加性效应,这与本试验的结果有部分一致。本试验所统计的结果中各种香气物质在杂交后代中均存在超亲现象。这可能与不同品种以及不同香气物质的遗传力存在着一定关系。

3.3.3   遗传连锁图谱

本试验以 87 – 1 和 9 – 22 杂交群体为试材,进行了大量的 SRR 和 SRAP 的标记检测,在覆盖距离和标记数量上较之前都有了很大的提升,构建出质量较好的遗传图谱。该图谱的已有标记主要包括:*VVS*、*VMC*、*VVMD*、*VrZAG*、*UDV*、*VVI* 和 *Chr*。葡萄属植物上已有较多的 SSR 标记被公布,利用 SSR 分子标记技术构建葡萄的遗传连锁图谱已被广泛应用,并发现葡萄基因组上的 SSR 分子标记具有较高的杂合率。本试验综合了团队前期的部分研究结果进行构建 87 – 1 和 9 – 22 遗传连锁图谱,集合本书中后期图谱加密,形成了 19 个连锁群,包含 SSR 和 SRAP 共计 318 个标记位点,图距为 1074. 5 cM。本试验在此基础之上为进一步提升图谱覆盖距离和增加标记的密度,针对此前图谱的空白区间,有针对性地进行设计了 Y – 、VLG 等 SSR 引物系列共计 566 对,并从中筛选出在双亲中存在多态性的引物,填补了之前图谱中所产生的空缺,更加精准地进行 QTL 定位。

3.3.4   葡萄香气物质 QTL 定位

本书运用 SSR 分子标记,构建了 87 – 1 和 9 – 22 杂交群体的分子遗传图谱,在此基础之上对群体的果实中香气物质进行了连续两年的测定,主要包括芳樟醇、α – 萜品醇、香茅醇、橙花醇、香叶醇和香叶酸 6 种葡萄果实中的主要香气物质,并将其与所构建的分子遗传图谱相结合,获得 QTL 定位结果。2014 年和 2015 年在母本 87 – 1 遗传图谱中,共检测到了与香气物质相关的 22 个 QTL 位点,在父本 9 – 22 遗传图谱中共检测到了与香气物质相关的 26 个 QTL 位点。有研究表明,在连锁群 LG5 标记 VRZAG79 上检测到了与香气物质相关的 QTL 位点,本书也得到了相似的结果,在连锁群 LG5 标记 VRZAG79 附近定位到了多种香气物质。在双亲的 QTL 定位图谱中均发现了在连锁群 LG3 和 LG5 上分别存在一个标记区间,较为集中地存在 QTL 位点。通过后期比对可以发现,连锁群 LG3 标记 VMC1A5 与 VMC2E7 之间定位到了与香气物质代谢相关的 *HDR* 基因。*HDR* 基因主要存在于 MEP 途径上,是萜类物质代谢途径的重要调控酶基因,且 *HDR* 基因的表达变化与萜类物质代谢存在显著相关性。同时也有研究表明,在葡萄果实的发育过程中,*HDR* 基因的表达量与果实中香气物质的含量存在一定的相关性。基于以上分析可以推断,*HDR* 基因可能与香气物质的合成与代谢存在着一定关系。在连锁群 LG3 标记 VLG5－C－1 和 UDV106 之间定位到了与香气物质代谢相关的 *VvDXS* 基因。Emanuelli 等人研究得出 *VvDXS* 基因的 SNP 突变是产生玫瑰香味的重要原因,该基因中一个 SNP 位点,导致了第 284 个氨基酸由赖氨酸变成天冬酰胺,从而影响了玫瑰香型品种和中间型品种萜类含量的差异。Battilana 等人通过进一步研究得出 *VvDXS* 基因的 K284N 所导致的氨基酸非同义突变会影响酶动力,进而提高酶的催化效率,同时也会显著影响烟草转基因株系中的萜类物质的含量。该研究的结果也证实了 *VvDXS* 基因与香气物质的关联性。其中有 5 个 QTL 位点集中在连锁群 M11 上的 Y－11－5A 与 Y－11－4A 之间,但在连锁群 F11 中并未发现这些位点。

在杂交群体 87－1 与 9－22 组合的 151 份材料中,香气物质芳樟醇、香茅醇、橙花醇、香叶醇、香叶酸存在广泛的超亲现象,而 α － 萜品醇存在极少的超亲现象。在 92 份品种群体检测结果中发现不同香气物质在品种群体中的分布存在较大差异,其中芳樟醇含量集中在 $0 \sim 5 \ \mu g/kg$ 和大于 $25 \ \mu g/kg$ 的两个极端区域;香茅醇、橙花醇在各浓度区间分布较为均匀;α － 萜品醇、香叶醇、香叶酸香气物质含量主要集中在 $0 \sim 5 \ \mu g/kg$ 的区间内。应用 Map QTL 5.0 定位软件进行 6 种香气物质 QTL 定位。在所构建的遗传图谱中共发现了 48 个与香气物质相关的 QTL 位点。其中,LG3 和 LG5 两个连锁群获得了较多的 QTL 位点。位于连锁群 LG3 标记 VMC1A5 与 VMC2E7 之间定位 Lin14－1、Lin15－1、α － Ter15－1、Cit14－1、Ner15－2 和 Ger15－1 6 个与香气物质相关的 QTL 位点。通过比对标记物理位置,发现在该区间内存在与萜类物质代谢途径相关的 *HDR* 基因。位于连锁群 LG5 标记 VLG5－C－1 与 UDV106 之间定位 Lin14－3、α － Ter15－2、Ner15－3、Ger15－2 和 Ger acid14－1 5 个与香气物质相关的 QTL 位点,并且发现在该区间内存在与萜类物质代谢途径相关的 *VvDXS* 基因。

第四章　葡萄品种香气物质含量与 *VvDXS*、*α – TPS* 基因的关联分析

4.1　材料与方法

4.1.1　试验材料

由 92 个品种组成资源群体,这些品种在香型上包含了玫瑰香型、草莓香型、混合香型及无香型等,分属于欧亚种、美洲种、欧美杂种、欧山杂种,且在香气浓郁程度上存在显著差异。

主要的分子试剂包括 CTAB、β – 巯基乙醇、氯仿、异戊醇、无水乙醇、DEPC水、高保真 DNA 聚合酶 LA – Taq DNA 聚合酶、PCR 缓冲液、dNTP (2.5 mmol/L),EB,反转录试剂盒, DNA 凝胶回收试剂盒,Top10 感受态细胞,pGM – T 连接试剂盒,IPTG(24 μg/mL),X – GAL(40 μg/mL)等。

92 个自然群体用于香气测定的样品采集以及样品测定方法与第三章杂交群体的测定及采集方法一致。称取 200 g 采集到的成熟果实,将这些果实的果皮剥下来,剥离的同时尽可能地不连带果肉,整个过程需在冰上操作,防止 RNA 在此过程中降解。将准备好的果皮样品用锡箔纸包好,做好编号,放入超低温冰箱中备用。

4.1.2 试验方法

4.1.2.1 葡萄 cDNA 的合成

高质量的 cDNA 合成是进行后续基因克隆的关键,主要包括 RNA 提取、RNA 质量检测以及 cDNA 的反转录。

(1)葡萄总 RNA 的提取方法

①首先向灭菌的 1.5 mL 离心管中分别加入 588 μL 2% 的 CTAB 提取液和 12 μL 0.4% 的 β - 巯基乙醇,每个样品制备 1 管该混合液(也可以做两个重复,以保证试验结果),再将其放到 65 ℃ 的恒温水浴锅中预热,约 5 min 取出。整个混合液制备过程应在通风橱中进行。

②将准备好的果皮试材从超低温冰箱中取出,然后在液氮冷却的条件下进行研磨,充分研磨以后将适量的粉末加入 1.5 mL 离心管中(之前制备好的混合液),轻轻振荡后将其放到 65 ℃ 的恒温水浴锅中热浴20 min,期间每隔 3 ~ 4 min 进行振荡,保证样品充分受热反应。

③水浴完成后再向当中加入 600 μL 预冷的氯仿:异戊醇(24:1,体积比),轻轻振荡约 5 min 后,以 12000 r/min 的转速 4 ℃ 低温离心 10 min。

④将离心管从离心机中慢慢取出,期间不要晃动,每个离心管中吸取 450 μL 上清液,然后将上清液移入一个新的灭菌过的 1.5 mL 离心管中,加入 450 μL 预冷的氯仿:异戊醇(24:1,体积比),轻轻振荡约 5 min 后,以 12000 r/min 的转速 4 ℃ 低温离心 10 min。

⑤将离心管从离心机中慢慢取出,吸取 300 μL 上清液,将上清液移入一个新的灭菌过的 1.5 mL 离心管中,加入 75 μL(1/4 体积)预冷的 10 mol/L 的 LiCl,小心混匀,保存在 - 20 ℃ 环境下 2 h(也可以过夜,效果更佳),以 12000 r/min 的转速离心 10 min。

⑥吸除上清液,加入 250 μL 无水乙醇洗涤 RNA,轻轻振荡后,以 12000 r/min的转速离心 10 min。

⑦吸除无水乙醇,在超净工作台中吹干管内残留无水乙醇,约 2 min 后,加入 20 μL DEPC 水,轻轻振荡离心管,使得 RNA 全部溶解。

（2）葡萄总 RNA 质量检测

运用琼脂糖凝胶电泳和紫外分光光度计共同检测 RNA 质量。首先取 RNA 3 μL 与溴酚蓝 1 μL 混匀，制作加入 EB 的 1% 的琼脂糖凝胶，将混合溶液点入凝胶口中。电泳仪电压为 145 V，电泳 20 min，之后通过凝胶成像结果，检测总 RNA 的完整性。电泳运行期间，使用超微量紫外分光光度计检测 RNA 质量。以 DEPC 水为空白对照，取 1 μL RNA 溶液进行 RNA 质量检测。得到的结果包括 RNA 浓度、OD_{230}、OD_{260}、OD_{280}、OD_{260}/OD_{280} 和 OD_{260}/OD_{230} 6 项数值。这些数值分别表代表不同的指标，其中 OD_{230} 用来计算 RNA 中盐离子等杂质的量，OD_{260} 用来计算 RNA 的浓度，OD_{280} 则表示提取样品中的蛋白质的量，OD_{260}/OD_{280} 和 OD_{260}/OD_{230} 两个比值用来评估 RNA 的纯度和质量。当 OD_{260}/OD_{280} 的值在 1.9～2.1 之间，表明 RNA 的质量较好；当 OD_{260}/OD_{280} 的值小于 1.8，表明 RNA 溶液中蛋白质杂质较多；当 $OD260/OD280$ 的值大于 2.2，则表明 RNA 已经一定程度地降解，而当 OD_{260}/OD_{230} 的值大于 2.0，表明提取总 RNA 中残留较少的盐离子等杂质，总 RNA 中残留的盐离子会影响后续反应，因此检测结果要结合 OD_{260}/OD_{280} 和 OD_{260}/OD_{230} 两个参数以及电泳结果来综合评判 RNA 质量。

（3）葡萄 cDNA 的合成方法

用相应的反转录试剂盒对 RNA 进行反转录，合成 cDNA，具体方法如下：

①首先去除总 RNA 中混有的部分 DNA，避免基因组 DNA 对后续的影响。采用 10 μL 反应体系，加入总 RNA 7 μL、gDNA Eraser 1 μL、gDNA Eraser 缓冲液 2 μL，最后放到 PCR 仪中设置 42 ℃反应 5 min。

②上述反应完成后再向管中加入 5×Prime Script 缓冲液 4 μL 和 RNase Free dH₂O 4 μL，再加入 RT Primer Mix 1 μL 和 Prime Script RT Enzyme Mix Ⅰ 1 μL，共 20 μL 反应体系。

③将上述 PCR 管中 20 μL 总反应体系放到 PCR 仪中，反应完成后将 cDNA 存放在 -20 ℃冰箱中备用。PCR 设定程序为：第一步为 37 ℃，1 h。第二步为 85 ℃，5 s。第三步为 4 ℃保存。

4.1.2.2　葡萄 *VvDXS*、*α – TPS* 基因全长的扩增和序列分析

（1）葡萄 *VvDXS*、*α – TPS* 基因全长的扩增

①葡萄 *VvDXS*、*α – TPS* 基因全长的扩增

以 NCBI 中的 *VvDXS* 基因序列为参照，使用 Primer 6.0 软件设计特异性引物。

正向引物：5′ – CACCATGGCTCTCTGTACG – 3′。

反向引物：5′ – CTATGACATGATCTCCAGGGC – 3′。

②葡萄 *α – TPS* 基因全长的扩增和序列分析

以 NCBI 中的 *α – TPS* 基因序列为参照，使用 Primer 6.0 软件设计特异性引物。

正向引物：5′ – ATGGCTCTTTCCATGCTTTCTT – 3′。

反向引物：5′ – TTATTCAGAACTCAAACTGGG – 3′。

为保证 PCR 扩增的准确性，在研究中 PCR 反应使用高保真 LA – Taq 酶，保证结果的可靠性。PCR 反应体系：cDNA 2 μL，ddH$_2$O 12.2 μL，缓冲液 2 μL，dNTP 1.6 μL，正向引物 1 μL，反向引物 1 μL，LA – Taq 0.2 μL，终体积为 20 μL。PCR 反应程序：第一步为 95 ℃，5 min。第二步为 95 ℃，1 min；57 ℃，1 min；72 ℃，2.5 min，此步骤循环 26 次。第三步为 72 ℃，5 min。第四步为 4 ℃保存。

（2）PCR 产物的回收

基因扩增 PCR 反应完成后，用全部的 PCR 产物经过 1% 琼脂糖凝胶电泳分离后成像检测，获得清晰锐利的条带，再由 DNA 凝胶回收试剂盒回收大小正确的片段，具体的试验操作步骤如下：

①在紫外灯下切取含有目的基因的琼脂糖凝胶，将切下的凝胶放入离心管中，计算凝胶质量，将该质量作为一个凝胶体积，即 0.1 mg = 100 μL 凝胶体积。

②加入 3 个凝胶体积的缓冲液 DE – A（红色），混合均匀后于 55 ℃水浴加热，期间每 2 min 摇晃混匀一次，约 10 min 后，凝胶块完全熔化。

③再加入 0.5 个缓冲液 DE – A 体积的缓冲液 DE – B，摇晃反应混合均匀，溶液逐渐变为黄色。

④吸取上述混合溶液到 DNA 制备管中,10000 r/min 离心 1 min。

⑤弃滤液后,再加入 500 μL 缓冲液 W1,10000 r/min 离心 1 min。

⑥弃滤液后,再加入 700 μL 缓冲液 W2,10000 r/min 离心 1 min。弃滤液后,再以同样的方法加入 700 μL 缓冲液 W2 洗涤一次。

⑦10000 r/min 离心 1 min 后,弃滤液。将制备管放回再离心 2 min。

⑧将制备管放到一个干净的 1.5 mL 离心管中,膜中央加入 20 μL ddH₂O。

⑨将加入去离子水的制备管放到恒温 55 ℃ 水浴锅中溶解 5 min,或室温静置 10 min。12000 r/min 离心 1 min 洗脱下 DNA。电泳检测回收片段的大小是否正确。

(3)目的基因片段的连接与基因序列的获得

①目的基因片段的连接方法:运用相应试剂盒完成基因片段与 T 载体的链接,反应体系为 10 μL,16 ℃反应过夜。整个操作过程应在冰上进行,同时应注意各个药品应充分融化,以及混匀后开始反应。具体反应体系:基因片段 7 μL;pGM‐T 载体 1 μL;10×Ligation 缓冲液,1 μL;T₄ DNA Ligase 1 μL。

②大肠杆菌转化方法

先是准备阶段,将转化所需的移液枪、涂布器、枪头盒、LB 固体培养基等物品放入超净工作台,然后打开紫外灯照射 15 min,完成杀菌。

将感受态细胞从 ‐80 ℃冰箱中取出,放于冰上慢慢解冻,待感受态细胞解冻完全后,将 5 μL 连接产物加到 50 μL 的 Top10 大肠杆菌感受态细胞中(可以使用超螺旋质粒 pUC19 同步转化感受态细胞作为试验的对照),用枪尖抽打混匀,冰浴 30 min。

完成上述步骤后,迅速将离心管置于 42 ℃水浴锅中,热击 90 s,热击中不动。迅速将离心管移入冰盒中冰浴,使细胞冷却 5 min,冰浴中不可晃动离心管。

向离心管中加入 700 μL 常温液体 LB 培养基(此培养基中无抗性),转速 160 r/min 和 37 ℃摇床中培养 1 h。

运用离心机在 5000 r/min 离心 2 min 收集菌体,在超净工作台中进行,弃掉上清液。

再分别加入 16 μL IPTG(24 μg/mL)和 20 μL X – GAL(40 μg/mL),用枪尖抽打混匀。

将上述混合溶液吸出吹散在 LB 固体培养基上,然后用涂布器均匀涂抹在含有抗生素 Amp(60 μg/mL)的 LB 固体培养基平板上,待到液体被吸收即可。

倒置平板,同时用封口膜封好四周,于恒温培养箱中37 ℃恒温培养16 h左右(具体时间需要观察斑点情况)。

进行蓝白斑筛选,挑取白色的单克隆,溶于 10 μL ddH$_2$O 中,每个平板中挑取 10 个单克隆。

进行 PCR 验证,以上一步获得的单克隆菌液为模板进行 PCR 验证,然后通过琼脂糖凝胶电泳进行验证,确认扩增的条带与第一步 PCR 所获得的片段大小一致(每个样品重复 3 ~ 5 次)。

在获得大小一致的片段后,将对应的离心管中的菌液加入到 1 mL 的加有 AMP 抗性的 LB 液体培养基中,将离心管进行封口,放入 37 ℃ 恒温摇床中培养 12 ~ 16 h。

次日将获得的菌液送到测序公司进行最后测序,最终获得基因序列。

(4)葡萄 VvDXS、α – TPS 基因序列的分析

运用 DnaSP 软件对基因 cDNA 序列的 SNP 位点进行检索。通过 π 值来评价两条序列不同位点的核苷酸多态性的平均数。从总的突变中计算出同义突变参数 Θ。根据 Tajima 提出的 TajiIma's D 检验做中性检验,以评价基因是否经受了选择的影响。运用 MEGA4 软件来比对基因的蛋白序列。

4.1.2.3 关联分析

运用 DnaSP 软件绘制关于 R^2 的衰减图,通过 TASSEL 软件绘制 R^2 的 LD 图。用 TASSEL 软件进行关联分析,检测 92 份葡萄品种 DXS 基因同各香气含量之间是否存在关联,将各葡萄品种间获得的基因序列比对结果、群体结构及各香气物质含量数据导入 TASSEL 软件,使用一般线性模型 GLM 的方法进行序列多态性与各香气物质含量间的关联分析。在关联分析中,将候选基因的基因序列作为多态性数据,过滤掉不具备多态性的位点,抽提出 SNP 用于关联分析。

为了避免由于群体分层而产生的假阳性关联,研究对 92 个品种群体进行了 87 个 SSR 标记位点(预实验获得数据),获得的 SSR 数据通过运用 Structure 件 2.1 软件计算出群体结构,获得 Q 值。Q 值作为协变量纳入回归分析,可以矫正亚群混合造成的伪关联。运用 TASSEL 软件的一般线性模型 GLM 功能,结合协变量 Q,对 $VvDXS$ 基因的 SNP 位点与香气物质表型性状相关联。

4.2 结果与分析

4.2.1 92 个品种资源群体香气物质含量分析

图 2 - 4 - 1 为主要香气物质含量分布,芳樟醇、α - 萜品醇、香茅醇、橙花醇、香叶醇、香叶酸在 2014 到 2015 两年中香气物质含量有一定的差异。2014 年的香气物质含量整体上高于 2015 年,其中 α - 萜品醇、橙花醇和香叶酸含量在两年中香气物质含量差异较大。在不同年份中,香气物质含量高的品种均偏少,大多集中在偏低的水平,其中部分品种未检测到对应的物质。同时也发现了样品中各香气物质含量分布范围较广,个体间差异较大。芳樟醇的含量区间主要集中在 0 ~ 5 μg/kg 和高于 25 μg/kg 两个区域。香茅醇和橙花醇在个区间内的分布差异不大。而 α - 萜品醇、香茅醇、香叶酸的物质含量主要集中在较低的区域,随着浓度区间的升高而对应的品种数逐渐减少。

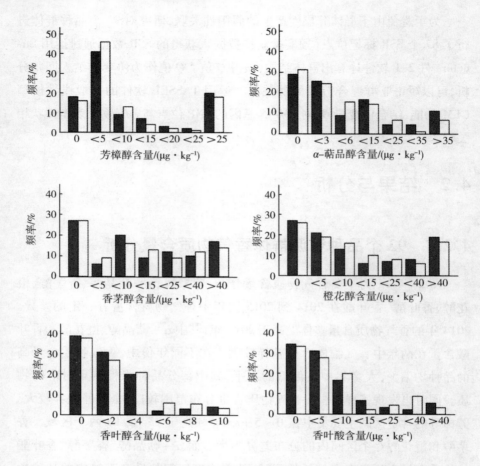

图 2 - 4 - 1　92 个葡萄品种香气物质含量在 2014、2015 两年中的分布

（■为 2014 年、□为 2015 年）

表2-4-1 87-1与9-22杂后代果实香气物质组分及含量的遗传指标

年份	87-1含量/(μg·kg⁻¹)		亲本 9-22含量/(μg·kg⁻¹)		杂交后代 最大值/(μg·kg⁻¹)		变异系数		高亲率/%		低亲率/%	
	2014年	2015年	2014年	2015年	2014年	2015年	2014年	2015年	2014年	2015年	2014年	2015年
芳樟醇	138.35	153.15	0.25	1.19	323.26	298.64	152.9	199.09	8.61	9.93	7.28	11.92
α-萜品醇	32.26	35.85	1.22	0.33	43.813	50.23	122.43	186.66	4.64	2.65	17.22	13.91
香茅醇	1.31	0.92	0.35	0.12	7.12	6.53	129.8	128.03	69.54	71.52	4.64	7.28
橙花醇	93.32	128.19	5.63	8.5	205.81	213.57	110.05	158.45	35.1	28.48	7.95	11.26
香叶醇	82.13	61.59	18.52	15.23	194.36	178.28	129.87	127.29	40.4	39.74	5.96	9.93
香叶酸	59.25	63.04	10.45	16.47	158.19	147.81	92.83	135.19	37.75	39.07	8.61	6.62

4.2.2　葡萄品种香气物质含量与 *VvDXS* 基因的关联分析

4.2.2.1　*VvDXS* 基因的核苷酸多态性分析

通过对 92 个品种的 *VvDXS* 基因 ORF 的结构和核苷酸多态性的分析(表2-4-2)可以看出,*VvDXS* 基因的 ORF 长度为 2151 bp,编码了 716 个氨基酸,在 *VvDXS* ORF 序列上总共发现了 22 个 SNP 位点(这些 SNP 位点遵循其在 ORF 序列上的位置进行命名)(表2-4-3)。其中同义突变与非同义突变的比值是 2.7:1,SNP 在基因序列中发生的频率是 1/98。分析以核苷酸多样性 π 值和核苷酸多态性 Θ 值为指标,进行多样性统计。其中,Θ 值是用来衡量群体突变率的参数,与核苷酸变异占序列位点数的比率有关,π 值则用来衡量同一位点不同序列两两之间的差异。通过对 *VvDXS* 基因序列的多态性的分析,得到了基因的多态性参数($\pi=0.0056,\Theta=0.269$),同时 Tajima D 和 Fu and Li's D* 数值均为负数,且显著远离 0,P 值小于 0.05,因此可以推断这个自然群体的进化过程中受到一定的正向选择。在所发现的 22 个 SNP 位点当中,有 6 个位点发生了氨基酸的非同义突变(T24P、L32W、K284N、T514A、V560I 和 I569V)。

表2-4-2　葡萄中 *VvDXS* 基因的核苷酸多样性

参数	cDNA 序列	SNP 位点	频率	同义突变/非同义突变	平均核苷酸多样性(π/Θ)	Tajima D	Fu and Li's D*
数值	2151 bp	22	1\98	2.7/1	0.0056/0.269	-2.55 ($P<0.001$)	-7.06 ($P<0.02$)

表 2 − 4 − 3　*VvDXS* 基因编码区 SNP 位点详细信息表

编号	SNP 位点	基因型（品种数）			发生改变的氨基酸
1	P 39（C/T）	CC（67）	TT（14）	CT（11）	—
2	P 70（T/C）	AA（67）	CC（14）	AC（11）	T24P
3	P 95（G/T）	GT（12）	GG（14）	TT（66）	L32W
4	P 423（T/A）	TT（67）	AA（15）	AT（10）	—
5	P 549（C/T）	CC（61）	TT（17）	TC（14）	—
6	P 624（C/T）	CC（74）	TT（3）	CT（15）	—
7	P 690（G/T）	GG（45）	TT（29）	GT（18）	—
8	P 723（T/C）	TT（66）	CC（17）	TC（9）	—
9	P 741（T/C）	TT（65）	CC（18）	TC（9）	—
10	P 852（G/T）	GT（24）	TT（6）	GG（62）	K284N
11	P 1110（T/C）	TT（82）	CC（5）	TC（5）	—
12	P 1278（G/A）	GG（80）	AA（9）	AG（3）	—
13	P 1509（T/C）	TT（58）	CC（19）	TC（15）	—
14	P 1524（T/C）	TT（74）	CC（2）	TC（17）	—
15	P 1539（A/G）	AG（22）	GG（18）	AA（52）	—
16	P 1540（A/G）	AA（52）	GG（18）	AG（22）	T514A
17	P 1593（C/T）	TT（74）	CC（2）	TC（16）	—
18	P 1626（C/T）	CC（81）	TT（3）	CT（8）	—
19	P 1678（A/G）	AG（15）	AA（14）	GG（63）	V560I
20	P 1705（A/G）	AG（8）	GG（4）	AA（80）	I569V
21	P 1776（G/A）	GG（72）	AA（10）	GA（10）	—
22	P 1875（T/C）	TT（68）	CC（17）	CT（7）	—

注:SNP 位点是根据其在 *VvDXS* ORF 的位置命名的。括号内的数字为各个基因型所对应的品种的分布数量。氨基酸代码,T 为苏氨酸;P 为脯氨酸;L 为亮氨酸;W 为色氨酸;K 为赖氨酸;N 为天门冬酰胺;A 为丙氨酸;V 为缬氨酸;I 为异亮氨酸。

4.2.2.2　*VvDXS* 基因内的连锁不平衡评价

VvDXS 基因内的连锁不平衡值是通过对每对多态性位点计算等位基因

频率的相关系数 r^2 值获得的。以 r^2 为衡量指标,在该基因分析区域检测到连锁不平衡的衰退,以 600 bp 为界,在前 600 bp 范围内 r^2 主要分布在 0.5 以上,衰退速度较快,600 bp 以后则减缓衰退,r^2 衰减至 0.1 的距离约为 1600 bp,如图 2 - 4 - 2 所示。对 $VvDXS$ 基因的序列多态性进行连锁不平衡结构分析,发现在基因的整个编码区域分布着连锁不平衡结构,如图 2 - 4 - 3 所示。其中位点 39、70、95,位点 723 和 549,位点 741 和 723,位点 1539 和 1509,位点 1593 和 1524,这 5 个区域连锁不平衡程度最强,基本达到完全连锁($r^2 = 1$)。位点 1540 和 1678,位点 1705 和 1110、1626 存在着较强的连锁不平衡($1 > r^2 > 0.5$)。位点 1540、1509 和 1539,位点 852 和 690 存在着较弱的连锁不平衡($0.5 > r^2 > 0.1$)。

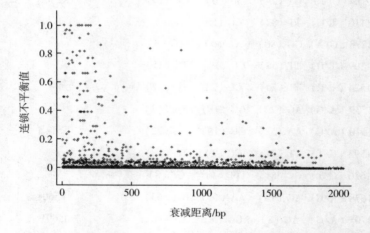

图 2 - 4 - 2　$VvDXS$ 基因编码区域内的连锁不平衡衰减图

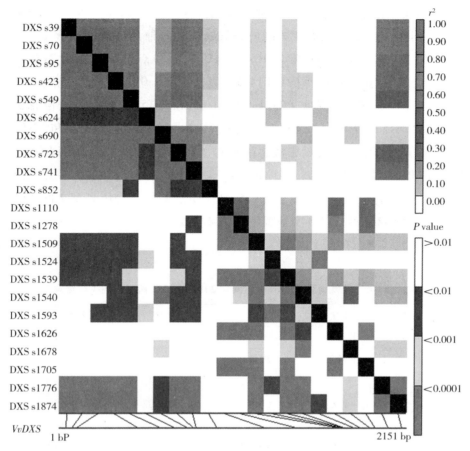

图 2 - 4 - 3 *VvDXS* 基因多态性位点间的连锁不平衡

4.2.2.3 候选基因的关联分析

通过对参试品种所筛选出来的 SNP 位点分别与 2014、2015 两年的香气物质表型数据进行关联,共计发现了 5 个与葡萄香气物质含量显著关联的非同义突变位点,如表 2 - 4 - 4 所示。其中位点 P95 与芳樟醇(2014, $P <$ 0.05)存在显著关联,并且具有较低的位点贡献率(2.05%)。P852 与芳樟醇(2014 和 2015, $P < 0.01$)、α - 萜品醇(2014, $P < 0.05$ 和 2015, $P <$ 0.01)、橙花醇(2014, $P < 0.05$)、香叶酸(2014, $P < 0.05$)存在显著关联,且位点的贡献率最高达到了 6.55%。P1540 与橙花醇(2014 和 2015, $P <$

0.01)和香叶酸(2014，$P < 0.05$)显著关联，位点贡献率在2.81% ~ 5.07% 之间。同样，与位点P1705相关联的香气物质有两种，分别为香茅醇(2014 和2015，$P < 0.05$)和香叶醇(2015，$P < 0.01$)，位点贡献率在3.21% ~ 4.06%之间。P1678与芳樟醇(2014和2015，$P < 0.01$)、α - 萜品醇(2014 和2015，$P < 0.05$)、香茅醇(2014，$P < 0.05$和2015，$P < 0.01$)、橙花醇 (2014和2015，$P < 0.01$)、香叶醇(2014，$P < 0.05$)、香叶酸(2014和2015， $P < 0.01$)相关联，位点贡献率最高达到17.07%。通过以上结果可以看出， P852和P1678两个位点与较多种香气物质相关联，且具有较高的位点贡献 率，因此在接下来的分析中着重分析这两个位点的香气物质表型之间的关 系。位点P852所对应的3个基因型占总样品数的比率分别为 G/T (26%)、 T/T (7%)、G/G (67%)，如表2 - 4 - 5所示。

表2 - 4 - 4　香气物质与 SNP 标记间在 2014 和 2015 两年中的关联结果

SNP 位点	性状	年份	P 值	贡献率/%
P95	芳樟醇	2014	4.36E – 02 *	2.05%
P852	芳樟醇	2014	1.53E – 03 * *	4.98%
		2015	4.89E – 03 * *	4.00%
	α - 萜品醇	2014	4.20E – 02 *	2.65%
		2015	9.90E – 04 * *	6.55%
	橙花醇	2014	1.74E – 02 *	2.78%
	香叶酸	2014	2.53E – 02 *	2.51%
P1540	橙花醇	2014	1.22E – 03 * *	5.07%
		2015	1.89E – 02 *	4.14%
	香叶酸	2015	2.12E – 02 *	2.81%
P1678	芳樟醇	2014	5.19E – 05 * *	7.97%
		2015	1.13E – 03 * *	5.32%
	α - 萜品醇	2014	3.18E – 02 *	4.41%
		2015	4.02E – 02 *	2.25%
	香茅醇	2014	3.81E – 02 *	2.36%
		2015	6.16E – 03 * *	4.07%

续表

SNP 位点	性状	年份	P 值	贡献率/%
	橙花醇	2014	7.07E − 10 ＊＊	17.07%
		2015	9.84E − 09 ＊＊	15.35%
P1678	香叶醇	2014	1.26E − 02 ＊	3.26%
	香叶酸	2014	4.49E − 05 ＊＊	8.08%
		2015	3.22E − 06 ＊＊	10.96%
	香茅醇	2014	1.54E − 02 ＊	3.21%
P1705		2015	3.33E − 02 ＊	2.47%
	香叶醇	2015	5.31E − 03 ＊＊	4.06%

注：＊为 $P < 0.05$，＊＊为 $P < 0.01$。

表 2 − 4 − 5　P852 和 P1678 两个位点不同基因型所对应香气物质含量

香气物质	年份	P852 基因型		
		G/T（26%）	T/T（7%）	G/G（67%）
芳樟醇	2014	103.24	18.87	17.11
	2015	79.23	10.58	5.44
α − 萜品醇	2014	27.85	18.06	10.16
	2015	18.34	12.24	5.36
橙花醇	2014	62.87	24.3	21.39
香叶酸	2014	14.59	9.39	4.77

香气物质	年份	P1678 基因型		
		A/G（16%）	G/G（69%）	A/A（15%）
芳樟醇	2014	54.62	17.07	109.13
	2015	42.14	14.69	75.48
α − 萜品醇	2014	21.74	9.88	38.42
	2015	19.71	7.56	23.67
香茅醇	2014	23.24	21.94	61.17
	2015	27.5	19.61	66.83
橙花醇	2014	61.99	16.62	135.57
	2015	32.07	12.3	111.12

续表

香气物质	年份	P1678 基因型		
		A/G（16%）	G/G（69%）	A/A（15%）
香叶醇	2014	1.05	0.35	1.42
香叶酸	2014	5.88	4.06	24.77
	2015	5.71	2.83	15.82

可见供试样品中大多数品种在该位点为 G/G 基因型，而 T/T 基因型所对应的品种数量最少。同时可以发现，G/T 基因型分别对应的香气物质的含量要显著高于其他两个基因型，而 T/T 和 G/G 两个基因型所分别对应的香气物质的含量较为接近。位点 P1678 所对应的 3 个基因型占总样品数的比率分别为 A/G（16%）、G/G（69%）、A/A（15%）。该位点为 G/G 基因型的品种要显著多于 A/G 和 A/A 两个基因型，而 A/G 和 A/A 两个基因型所对应的品种数量几乎相同。同时可以发现，A/G 基因型所对应的香气物质的含量要显著高于其他两个基因型。在同一位点上，不同基因型所对应的葡萄品种香气物质含量存在显著差异如图 2 - 4 - 4 和图 2 - 4 - 5 所示。G/T基因型所对应的 4 种香气物质总含量和平均含量要显著高于 T/T 和 G/G 两个基因型所对应的香气物质总含量和平均含量。同时可以看出，G/T 基因型所对应的 4 种香气物质总含量分布范围较为广泛，而 T/T 和 G/G 两个基因型所对应的 4 种香气物质总含量分布比较相近，均分布在较小的区间内，维持在相对较低的水平，如图 2 - 4 - 4 所示。同理，在 P1678 位点上得到了相似的结果。A/A 基因型所对应的 5 种香气物质总含量和平均含量要显著高于 A/G 和 G/G 两个基因型所对应的香气物质总含量和平均含量。A/G基因型对应的香气物质含量的平均值略高于 G/G 基因型所对应的葡萄品种。A/A 基因型所对应的 4 种香气物质总含量分布范围较为广泛。P1678位点作为一个新发现潜在的功能性 SNP 位点，对该位点与葡萄香气物质表型进行了比较分析，如表 2 - 4 - 6 所示。A/A 基因型对应共计 14 个品种，其中有 13 个品种为浓香型，其占浓香型葡萄品种总数（共计 19 个浓香型品种）的 68%，并且该位点不包含无香型的葡萄品种。在无香型的葡萄品种当中 97% 属于 G/G 基因型。而在 A/G 位点对应的品种只有 1 个为无香型品

种,占该基因型品种总数的6%。

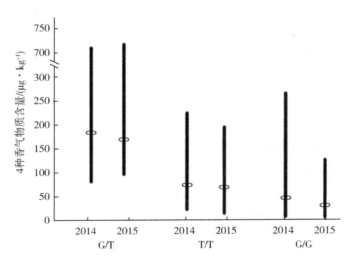

图2-4-4 位点P852与4种香气物质间的关系

(注:条状代表香气物质含量的区间,椭圆形代表平均值)

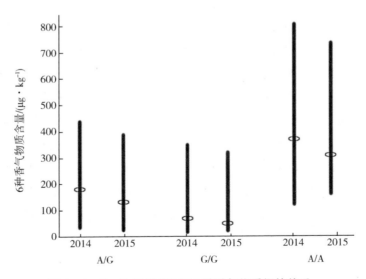

图2-4-5 位点P1678与6种香气物质间的关系

表 2 - 4 - 6   位点 P1678 与葡萄感官香型之间的相关分析

P1678 (A/G)	表型			
	浓香(19)	淡香(38)	无香(35)	共计(92)
A/G	3	11	1	15
A/A	13	1	0	14
G/G	3	26	34	63

4.2.3　葡萄品种香气物质含量与 $\alpha - TPS$ 基因的关联分析

4.2.3.1　$\alpha - TPS$ 基因的核苷酸多态性分析

通过对 $\alpha - TPS$ 基因序列进行比对,可以从 61 个品种的 $\alpha - TPS$ 基因 ORF 的结构和核苷酸多态性的分析得出, $\alpha - TPS$ 基因的 ORF 长度为 1773 bp,编码了 591 个氨基酸,如表 2 - 4 - 7 所示。通过对其氨基酸序列的比对可知,其中同义突变与非同义突变的比值是 1∶1,SNP 在基因序列中发生的频率是 1/93。分析以核苷酸多样性 π 值和核苷酸多态性 Θ 值为指标,进行多样性统计。其中,Θ 值是用来衡量群体突变率的参数,与核苷酸变异占序列位点数的比率有关,π 值则用来衡量同一位点不同序列两两之间的差异。通过对 $\alpha - TPS$ 基因的序列的多态性分析,得到了基因的多态性参数 ($\pi = 0.0034, \Theta = 0.325$),同时 Tajima D 和 Fu and Li's D* 数值均为负数,且显著远离 0,P 值小于 0.05,因此可以推断这个自然群体的进化过程中受到一定的正向选择,如表 2 - 4 - 8 所示。$\alpha - TPS$ ORF 序列上的总共发现了 20 个 SNP 位点。其中发现了 10 个非同义突变位点,分别为 I38S、A144S、M185L、K230N、E245G、E306Q、F317S、S441A、E492K 和 T519I,如表 2 - 4 - 9所示。

表 2 - 4 - 7 61 个品种资源(优系)群体

编码	品种或优系	种源	香气类型	编码	品种或优系	种源	香气类型
1	9 - 22	欧亚种	C	32	白雷司令	欧亚种	B
2	玫瑰香	欧亚种	A	33	2 - 13	欧美杂种	C
3	达米娜	欧亚种	A	34	4 - 355	欧美杂种	C
4	公酿一号	欧山杂种	B	35	4 - 13	欧亚种	A
5	汤姆森无核	欧亚种	C	36	14 - 10A	欧亚种	B
6	红光无核	欧亚种	C	37	13 - 18	欧亚种	C
7	雷蒙无核	欧美杂种	B	38	12 - 39	欧亚种	B
8	北冰红	欧山杂种	C	39	11 - 102	欧亚种	B
9	阳光玫瑰	欧美杂种	A	40	11 - 15	欧亚种	B
10	D - 278	欧亚种	B	41	01 - 40	欧亚种	A
11	D - 517	欧亚种	A	42	12 - 17	欧亚种	C
12	克瑞森无核	欧亚种	C	43	14 - 66	欧亚种	C
13	好力壮	欧美杂种	C	44	14 - 52	欧亚种	B
14	4 - 248	欧美杂种	B	45	意大利	欧亚种	B
15	布朗无核	欧美杂种	B	46	斯凯勒	欧美杂种	C
16	D - 278	欧亚种	A	47	早霞玫瑰	欧亚种	A
17	D - 17	欧亚种	C	48	红巴拉多	欧亚种	B
18	金星无核	欧美杂种	B	49	D - 95	欧亚种	A
19	4 - 297	欧美杂种	B	50	14 - 0	欧亚种	A
20	京早晶	欧亚种	B	51	12 - 16	欧亚种	C
21	87 - 1	欧亚种	A	52	01 - 36	欧亚种	C
22	火星无核	欧美杂种	B	53	14 - 15	欧亚种	C
23	京玉	欧亚种	C	54	13 - 87	欧亚种	B
24	粉红亚都蜜	欧亚种	C	55	D - 15	欧亚种	A
25	D - 480	欧亚种	A	56	4 - 345	欧美杂种	B
26	D - 99	欧亚种	B	57	D - 341	欧亚种	A
27	昆诺无核	欧美杂种	B	58	秋红	欧亚种	C
28	雷明无核	欧美杂种	B	59	天山	欧亚种	C
29	威代尔	欧亚种	C	60	13 - 53	欧亚种	C
30	歌海娜	欧亚种	B	61	14 - 6	欧亚种	A
31	霞多丽	欧亚种	C				

注:A 为浓香型;B 为淡香型;C 为无香型。

表2-4-8 葡萄中α-TPS基因的核苷酸多样性

参数	cDNA 序列	SNP 位点	频率	同义突变/非同义突变	平均核苷酸多样性(π/Θ)	Tajima D	Fu and Li's D*
数值	1773 bp	20	1\93	1/1.1	0.0034/0.325	-1.87 ($P < 0.001$)	-5.12 ($P < 0.02$)

表2-4-9 α-TPS基因编码区域SNP位点详细信息表

代码	SNP 位点	氨基酸变异	代码	SNP 位点	氨基酸变异
1	S93(T/C)	—	11	S858(T/A)	—
2	S96(T/A)	—	12	S892(A/T)	—
3	S113(G/T)	I38S	13	S919(G/C)	E306Q
4	S430(G/T)	A144S	14	S950(C/T)	F317S
5	S486(C/T)	—	15	S1152(C/T)	—
6	S546(C/T)	—	16	S1176(C/G)	—
7	S553(C/A)	M185L	17	S1321(G/T)	S441A
8	S561(C/T)	—	18	S1344(C/T)	—
9	S690(A/C)	K230N	19	S1477(A/G)	E492K
10	S734(G/A)	E245G	20	S1556(C/T)	T519I

4.2.3.2 α-TPS 基因内的连锁不平衡评价

α-TPS 基因内的连锁不平衡值是通过对每对多态性位点计算等位基因频率的相关系数 r^2 值获得的。以 r^2 为衡量指标,在该基因分析区域检测到连锁不平衡的衰退,以 400 bp 为界,在前 400 bp 范围内 r^2 主要分布在 0.2 以上,衰退速度较快,600 bp 以后则减缓衰退,r^2 衰减至 0.1 的距离约为 1500 bp,如图 2-4-6 所示。对 α-TPS 基因的序列多态性进行连锁不平衡结构分析,如图 2-4-7 所示,发现在基因的整个编码区域分布着连锁不平衡结构。

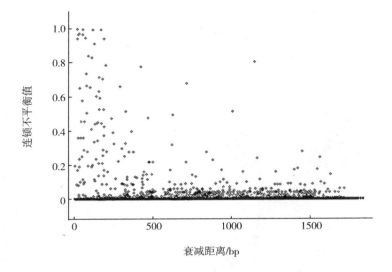

图 2 - 4 - 6　α - TPS 基因编码区域内的连锁不平衡衰减图

4.2.3.3　关联分析

关联分析是研究基因变异与表型性状之间关系的一种有效手段。通过对 α - TPS 基因序列的变异位点与 α - 萜品醇含量的关联分析，获得可能调控其物质含量的变异位点。

本书最终得到了 4 个变异位点（S113、S734、S950、S1556）分别在 2014 年和 2015 年与 α - 萜品醇含量存在关联，如表 2 - 4 - 10 所示。其中，S113（2014，$P < 0.01$；2015，$P < 0.05$）两年中的位点贡献率分别为 8.34% 和 5.61%。S734（2014，$P < 0.01$；2015，$P < 0.05$）两年中的位点贡献率分别为 9.53% 和 9.16%。S950（2014、2015，$P < 0.05$）具有较低的贡献率，分别为 5.25% 和 4.93%。S1556（2014、2015，$P < 0.01$）两年中的位点贡献率分别为 18.38 和 15.27%。位点贡献率往往反映该位点对表型性状的影响程度。本书中，S113、S734 和 S950 3 个位点的位点贡献率偏低，而 S1556 的位点贡献率相对较高。因此 S1556 位点更大的程度上存在与 α - 萜品醇含量相关联的可能性，可以通过各个基因型所对应的表型进一步分析。对于变异位点 S1556，基因型为 CT（占总样品数的 27%）所对应的品种中的

α-萜品醇含量要高于 A/G 或 G/G 两个基因型,如表 2-4-11 所示。这些
SNP 位点均位于基因的编码区域,进而导致了氨基酸的变异(T519I)。因
此,S1556(CT)基因型对应有较高 α-萜品醇含量的品种。

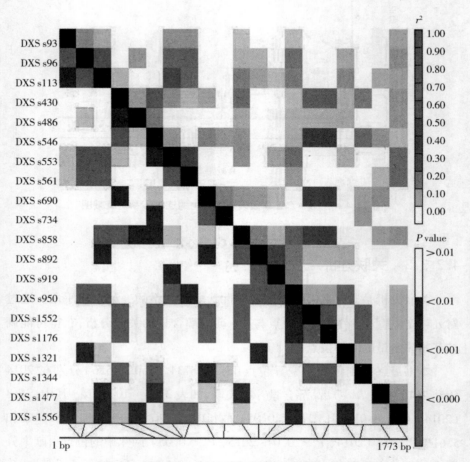

图 2-4-7   α-*TPS* 基因多态性位点间的连锁不平衡

表 2 - 4 - 10　α - 萜品醇与 SNP 标记分别在 2014 和 2015 年的关联结果

位点	年份	P 值	贡献值/%
S113	2014	2.86E - 04 * *	8.34
	2015	1.79E - 02 *	5.61
S734	2014	1.97E - 04 * *	9.53
	2015	1.87E - 02 *	9.16
S950	2014	2.39E - 02 *	5.25
	2015	1.94E - 02 *	4.93
S1556	2014	1.97E - 04 * *	18.38
	2015	2.19E - 04 * *	15.27

表 2 - 4 - 11　S1556 不同等位位点对应品种的 α - 萜品醇平均含量

位点	基因型/%	表型/($\mu g/ \cdot kg^{-1}$)	
		2014 年	2015 年
	TT (43)	11.53	9.63
S1556	CC (30)	5.9	8.68
	CT (27)	28.65	19.17

4.3　讨论

4.3.1　基因多态性研究

分子标记辅助选择育种是提高育种效率的重要途径,开发经济有效的分子标记是开展分子标记辅助选择育种的关键步骤。Battilana 等人运用两个作图群体(种内杂交和种间杂交),通过在 LG5 的主效 QTL 区间定位挥发性和非挥发性形态的香叶醇、橙花醇、芳樟醇的含量,定位候选基因 VvDXS。本书主要针对 VvDXS 基因的编码区域进行多态性分析,SNP 在编码区序列频率略低于 Emanuelli 等人对 VvDXS 基因研究所得到的频率(1/86),这可能是自然群体选择的不同以及数量不同所导致的,也可能是葡萄基因组多态性的不平均分布引起的。在编码区域内并未发现插入或缺失现象,这与 Emanuelli 等人所研究的结果相一致。在群体遗传学中常用 Tajima's D 和 Fu and Li's D* 进行中性检测。本书对 VvDXS 基因进行 Tajima's D 和 Fu and Li's D* 检测发现其检测结果皆为负值,且呈极显著,表明其可能在进化过程中受到正向选择。在葡萄中,特异性代谢的 VvTPS 基因家族是最大的基因家族之一,通过 TPS 基因调控酶促反应来影响果实的香气。本书主要是针对其萜类物质代谢途径中后期的代谢基因进行研究,其直接调控萜类物质的合成,在调控萜类物质合成组装的过程中起到了直接的作用。通过对基因序列的分析可以看出不同品种间存在着较大的变异,从中发掘出的 19 个 SNP 位点中存在 9 个非同义突变,具有较高的突变比例。

4.3.2　候选基因关联分析与优异等位基因的发掘

VvDXS 基因作为候选基因,通过对该基因的基因测序获得的 SNP 位点与葡萄玫瑰香型的特征进行了关联分析得到了与玫瑰香相关的 SNP 位点,证实了 K284N 的变异与葡萄具有玫瑰香型特性存在显著关联。但是目前关联分析主要是针对葡萄香气物质类型进行分析,存在一定的局限性。因此对其香气物质特性及含量与特异性位点进行关联分析十分必要。芳樟醇、α-萜品醇、香茅醇、橙花醇、香叶醇、香叶酸被认为是决定葡萄果实香气的主要成分。因此,基于候选基因关联分析的手段来分析 VvDXS 基因与香气物质之间的关系是一种有效的分析手段。SNP 位点的变异会引起一系列相关的表型变异,而关联分析的主要目的就是发现引起表型变异的功能性位点。本书中 P95、P1540、P17053 个位点只与 1~2 个香气物质相关联,且对应较低的位点贡献率。因此,可以推断这 3 个位点具有较低的可能性与香气物质的代谢存在关联。

通过分析可以判断两个多态性位点可能与香气物质含量存在关联(P852 和 P1678)。这两个氨基酸位于基因编码区域,同时导致了氨基酸的非同义突变。孙磊等人在对亚历山大葡萄果实发育的研究中表明,VvDXS 基因的转录水平与萜类物质代谢存在相关性。本书发现了 P852 位点与芳樟醇、α-萜品醇、橙花醇、香叶酸存在显著关联。在氨基酸序列的 284 位点上由于突变,全部样品中 26% 的样品在该位点存在赖氨酸突变为天门冬酰胺。

P852（G/T）位点所对应品种的萜类物质含量要显著高于其他两个基因型（G/G 和 T/T）。因此可以合理地推断 P852（G/T）为潜在的调控萜类物质代谢的功能性位点，同时结果也证明了该位点与芳樟醇、α-萜品醇、橙花醇、香叶酸存在显著关联。

一些研究已经证明了 VvDXS 基因在萜类物质代谢中的重要性。本书得出，P1678 位点分别在 2014 年和 2015 年与萜类物质显著相关。P1678（A/A）基因型对应的品种占总样品的 15%，其萜类物质含量显著高于其他两个基因型。P1678 位点导致了相关氨基酸的非同义突变（V560I），同时存在潜在的可能影响蛋白质功能。在 19 个浓香型品种中，超过 68% 的品种具有 A/A 基因型。在全部的具有 A/A 基因型的 14 个品种中，13 个品种为浓香型品种。由此可以推出，A/A 基因型与高萜类物质含量存在一定的关联。其中一个具有 A/A 基因型的品种属于非浓香型，可能是由于其他潜在对萜类物质产生影响的基因间互作产生的影响。例如 DXR、FPPS、HDR 3 个基因均是 MEP 途径上的调控基因，它们也会在萜类物质的代谢中起到一定作用。A/G 基因型对应的 15 个品种当中只有 1 个品种属于无香型，这也可以作为潜在的判定香气特征的标记类型。

影响关联分析结果的因素有很多，群体结构因素是不可忽视的一个重要因素，因此在进行关联分析的过程中一定要考虑到群体结构的作用，防止出现假阳性的结果。近些年来候选基因的关联分析发展较快，但在葡萄上的研究相对较少。随着统计分析方法、软件的不断进步，关联分析的方法得到了广泛的应用。有研究表明，α-TPS 基因在萜类物质合成的后期表达量明显升高，但是其萜类物质的积累量没有明显升高，可能是由于升高的转录水平没有完全转化成合成萜类物质的酶活。这可以在一定程度上说明萜品醇的含量不是绝对受到 α-TPS 基因表达量的影响，因此这也是本书的关键，也就是可能存在基因的 SNP 位点对萜品醇的积累产生影响。通过对比关联分析最终确定了 4 个与萜品醇含量相关的 SNP 位点，通过其位点贡献率、对应品种萜品醇含量，以及 P 值，可以得出位点 S1556 在两年的检测中均为极显著相关，并且基因型为 C/T 等位基因性时萜品醇的平均含量高于另外两个基因型。S1556 位点可以作为评判萜品醇含量的功能性位点，同时在分析中也发现位点为杂合的等位基因所对应的品种往往具有较高萜品醇含量。前人研究表明，*VvDXS* 基因中的一个 SNP 位点（K284N）是葡萄具有玫瑰香风味的主要原因。但是大多数的研究都局限在葡萄香味上，而对其进一步的香气物质调控机理研究还不够深入。$\alpha - TPS$ 研究结果基因的动态表达研究结果发现，其与 $\alpha -$ 萜品醇含量存在一定的相关性，而 *VvDXS* 基因则与 $\alpha -$ 萜品醇含量没有相关性。$\alpha - TPS$ 基因作为后期调控基因可以直接对 $\alpha -$ 萜品醇的合成进行调控，可以更加精准地通过其进行物质含量的评估，同时也进一步证明了 $\alpha - TPS$ 基因 SNP 位点存在的可用性。芳樟醇、香叶醇、橙花醇、香茅醇、$\alpha -$ 萜品醇被认为是栽培葡萄品种香气构成的主要成分。因此，仅通过 $\alpha -$ 萜品醇含量的研究不能完全说明葡萄香气的感官特征。这需要结合主要香气物质来共同研究香气表型，最终来确定葡萄香气物质的代谢机理。*VvTPS* 基因作为一个庞大的基因家族主要负责调控萜类物质的代谢，其对葡萄果实和葡萄酒感官气味的影响较为显著。$\alpha - TPS$ 基因分属于 TPS $-$ d 亚家族。本书的结果也证实了 $\alpha - TPS$ 基因在 MEP 代谢途径中的作用和在 *VvTPS* 基因家族中的功能特点。

通过对 *VvDXS* 基因与 6 种香气物质进行关联分析，最终得到位点 P852 等位基因为 G/T 杂合时，其对应品种的芳樟醇、萜品醇、橙花醇、香叶酸 4 种香气物质含量较高。位点 P1678 的等位基因为 A/A 时，该品种表现为浓香型，且芳樟醇、萜品醇、香茅醇、橙花醇、香叶醇、香叶酸含量较高，同时推理出该位点为 A/G 基因型对应的品种极可能不属于无香型。因此，以上 2 个标记可用作葡萄育种工作中针对葡萄香气类型的早期筛选与后期鉴定。通过对 $\alpha - TPS$ 基因与 $\alpha -$ 萜品醇之间的关联分析，本书发现了 S1556 位点的突变会对葡萄果实中 $\alpha -$ 萜品醇含量产生影响。该位点的突变会显著影响其对应葡萄果实中 $\alpha -$ 萜品醇含量。S1556（CT）基因型对应品种 $\alpha -$ 萜品醇的含量较高。

附　　录

附录 1　30 个差异表达基因的 qRT – PCR 引物

引物名称	引物序列	引物名称	引物序列
*Bra*000438 – L	AGTCAATGGAGACCG-TGCTGT	*Bra*000438 – R	TCCTTTACGGACGACGA-TGAG
*Bra*000995 – L	AGCAACCAGCCCGAG-TGA	*Bra*000995 – R	CCGACGGCGGCAACA
*Bra*002004 – L	GCAGAATGAGGCAAAG-GAGC	*Bra*002004 – R	TCTTGTCCTTTATCATTG-GCATTC
*Bra*004481 – L	AAAGAAGCCGCTCCTG-TCG	*Bra*004481 – R	CCTGTCTGCACCTGAAA-CCC
*Bra*006279 – L	CGAAGCCTGAAGAGG-TGGAA	*Bra*006279 – R	GACGCTTAGACCAGT-TCTTACGG
*Bra*008762 – L	TCATCTTCAGCCGCTTC-TCC	*Bra*008762 – R	GTGGATGTGCTGTCGGG-TG
*Bra*012756 – L	GATGACGCTGGAAAGC-CTAAA	*Bra*012756 – R	CCCGTCTATCGTCTTG-TGGC
*Bra*030510 – L	TCGGATTGTAGCGACCA-GATT	*Bra*030510 – R	TCCTGGGAACAAGCGA-CCT
*Bra*033347 – L	GGAGCAGATGGTTGTG-GCA	*Bra*033347 – R	TCCGTGTTGGGACTTTC-AGC
*Bra*040474 – L	CGGTCCTTCTCGTCG-TCTTC	*Bra*040474 – R	AAACTGTCCGCTTCCA-TCCTT

续表

引物名称	引物序列	引物名称	引物序列
*Bra*007665 – L	CGACGGTAACGAGAAG-GGTAA	*Bra*007665 – R	CAAATCGCCAATCTCA-GTTCC
*Bra*007666 – L	ATTTCACTGATTTTTGG-AACGCTA	*Bra*007666 – R	ATCCCAGTCTCCACTTC-CTTCA
*Bra*013821 – L	TGGCTGAGACGGGTAA-GACTG	*Bra*013821 – R	TGCTGGCAACTAATCCC-TCC
*Bra*025354 – L	CATAAACTCAGCATCAG-GGTCG	*Bra*025354 – R	CCTGCTGTGCCACCC-ATTT
*Bra*025355 – L	CGTCATCGTCCACATCA-CAAA	*Bra*025355 – R	GGTAGATTTGAAACTCC-CTGCTT
*Bra*025637 – L	TACTTTCGTGGCTGACC-TGGA	*Bra*025637 – R	AACCTAGAGCTGATATG-GCTTGG
*Bra*001011 – L	TTTCATCGCTCCTCCTC-ACCTAC	*Bra*001011 – R	ACCGTGTTTGGGCTTTA-TCATCT
*Bra*006279 – L	CGACCGAGGAAGATAA-CAACACG	*Bra*006279 – R	TACGGCAACGCCAACA-TTTATC
*Bra*026583 – L	GATGGTGACGGGATCA-ATATCTT	*Bra*026583 – R	CCCAAACAACATCACC-TCCTTAT
*Bra*007332 – L	TTGTTGCGTACCTCTTG-CTATTT	*Bra*007332 – R	GATGATTCGGGAGTGG-GTTTAT
*Bra*008721 – L	AAGCCTGAAGAGGAGG-GAACTGA	*Bra*008721 – R	GCCAGCATTTATCAATC-GGGTTA
*Bra*009265 – L	GAGATGGCATTAGAG-TGATAACAGC	*Bra*009265 – R	CCCAAATAGATTCCTTC-ACCAAC
*Bra*010872 – L	GAAGCCGTTTGGAAAG-CAGAT	*Bra*010872 – R	ACTTTCAGCAGGGGCA-GTAATC
*Bra*016700 – L	AACCGTTTCATTGCTCC-TCCTA	*Bra*016700 – R	CTCCTTCTGATTGCCA-GTTCCA

续表

引物名称	引物序列	引物名称	引物序列
*Bra*017412 – L	GTACCATTCCCTCAACG-CTATCG	*Bra*017412 – R	TTGTCTTCCGACCGAAC-CCTA
*Bra*020658 – L	AGTTCGCAAGGACCA-TAGTGAT	*Bra*020658 – R	CCAAGAGCCTGAGGAC-GAGTAA
*Bra*024619 – L	GACTACTTCACGAGGC-TGGACTT	*Bra*024619 – R	CTTTTTGAAGCCAACTG-AAGAATAAT
*Bra*026221 – L	ACTTTGGCCTCTTTCGA-TCCTTA	*Bra*026221 – R	TCGCATCTCCAGCATT-TGTCTAT
*Bra*028699 – L	AAATGGCTCCTGGAGA-ATACAAA	*Bra*028699 – R	GGCAATGAAATAGTCG-GATAAGAT
*Bra*040506 – L	ATGTTGCGGAGACGGA-TGAGTAT	*Bra*040506 – R	GTCGTAATGACGCTCG-TGGAAG
*Bra*023504 – L	CGCAGGGATTACGATTC-AGTTTG	*Bra*023504 – R	TACCGTCTCCATCGGCT-TTAGTT
actin – L	CGAAACAACTTACAAC-TCCA	actin – R	CTCTTTGCTCATACGG-TCA

附录 2 scaffold 序列信息统计

样品	LCSK5
总序列数目	2
基因组长度/bp	131650
最短序列长度/bp	4779
最长序列长度/bp	126871
平均序列长度/bp	65825
达到基因组长度 50% 时序列的长度/bp	126871
GC 含量/%	34.80
不确定碱基占基因组总长的百分比/%	0.01

附录3　已知 miRNA 列表

miRNA	可育标签 数量	可育表达 水平	不育标签 数量	不育表达 水平
Total clean tags	18084177	1000000	20107786	1000000
bra – miR9565 – 3p	0	0	0	0
bra – miR167b	253901	14039. 95327	206897	10289. 39735
bra – miR9553 – 5p	478	26. 43194656	703	34. 96158155
bra – miR5717	2	0. 110593919	0	0
bra – miR396 – 3p	678	37. 49133842	637	31. 67927091
bra – miR395b – 3p	198	10. 94879795	193	9. 598272033
bra – miR860 – 3p	246	13. 60305199	605	30. 08784756
bra – miR167d	253901	14039. 95327	206897	10289. 39735
bra – miR9567 – 3p	0	0	0	0
bra – miR9563b – 5p	5	0. 276484797	3	0. 149195938
bra – miR171e	1564	86. 48444438	1793	89. 16943914
bra – miR1140	4604	254. 5872007	4988	248. 0631135
bra – miR172d – 3p	867	47. 94246374	378	18. 79868823
bra – miR9563b – 3p	0	0	3	0. 149195938
bra – miR156a – 5p	161405	8925. 20572	109379	5439. 63418
bra – miR164d – 3p	1	0. 055296959	11	0. 547051774
bra – miR171b	30	1. 65890878	62	3. 083382725
bra – miR9564 – 3p	4	0. 221187837	6	0. 298391877
bra – miR172a	16923	935. 7904427	16156	803. 4698599
bra – miR400 – 3p	33	1. 824799658	31	1. 541691363
bra – miR168c – 5p	187896	10390. 07747	263356	13097. 21518
bra – miR5718	2508	138. 684774	8281	411. 8305218
bra – miR168b – 5p	186164	10294. 30314	262342	13046. 78695
bra – miR9555b – 5p	2	0. 110593919	4	0. 198927918

续表

miRNA	可育标签数量	可育表达水平	不育标签数量	不育表达水平
bra – miR5716	15	0.82945439	5	0.248659897
bra – miR156a – 3p	40	2.211878373	45	2.237939075
bra – miR408 – 5p	0	0	1	0.049731979
bra – miR2111a – 3p	6	0.331781756	3	0.149195938
bra – miR2111b – 5p	10	0.552969593	9	0.447587815
bra – miR172c – 5p	67	3.704896275	182	9.051220259
bra – miR9564 – 5p	6	0.331781756	2	0.099463959
bra – miR156b – 5p	161409	8925.426908	109384	5439.882839
bra – miR9558 – 5p	2	0.110593919	12	0.596783753
bra – miR162 – 5p	147	8.128653021	142	7.061941081
bra – miR9554 – 5p	1	0.055296959	4	0.198927918
bra – miR9558 – 3p	66	3.649599315	49	2.436866993
bra – miR2111 – 5p	8	0.442375675	2	0.099463959
bra – miR1885a	1061	58.67007384	1865	92.75014166
bra – miR9552b – 3p	886	48.99310596	622	30.93329121
bra – miR5714	6	0.331781756	13	0.646515733
bra – miR9568 – 3p	48	2.654254048	51	2.536330952
bra – miR395a – 3p	198	10.94879795	193	9.598272033
bra – miR9563a – 5p	0	0	0	0
bra – miR9562 – 5p	2	0.110593919	1	0.049731979
bra – miR164c – 3p	1	0.055296959	11	0.547051774
bra – miR9556 – 5p	30	1.65890878	3	0.149195938
bra – miR9560a – 5p	7	0.387078715	3	0.149195938
bra – miR9565 – 5p	0	0	0	0
bra – miR9567 – 5p	2	0.110593919	2	0.099463959
bra – miR5721	43	2.377769251	64	3.182846684
bra – miR161 – 3p	1	0.055296959	1	0.049731979
bra – miR9556 – 3p	7	0.387078715	1	0.049731979

续表

miRNA	可育标签数量	可育表达水平	不育标签数量	不育表达水平
bra – miR319 – 3p	154	8.515731736	1050	52.21857842
bra – miR156c – 5p	162333	8976.521298	109764	5458.780992
bra – miR164b – 5p	343	18.96685705	1797	89.36836706
bra – miR395d – 3p	197	10.89350099	193	9.598272033
bra – miR172b – 3p	16923	935.7904427	16156	803.4698599
bra – miR9408 – 5p	45	2.48836317	64	3.182846684
bra – miR172b – 5p	690	38.15490193	1105	54.95383728
bra – miR9568 – 5p	6	0.331781756	6	0.298391877
bra – miR400 – 5p	511	28.25674622	406	20.19118365
bra – miR2111b – 3p	55	3.041332763	113	5.619713677
bra – miR164e – 5p	7058	390.2859389	7039	350.0634033
bra – miR9552b – 5p	0	0	1	0.049731979
bra – miR161 – 5p	677	37.43604146	848	42.17271857
bra – miR158 – 5p	86790	4799.2231	172286	8568.12381
bra – miR9555b – 3p	0	0	0	0
bra – miR390 – 3p	803	44.40345834	602	29.93865162
bra – miR156b – 3p	0	0	0	0
bra – miR408 – 3p	1	0.055296959	1	0.049731979
bra – miR156e – 5p	168949	9342.365981	109918	5466.439716
bra – miR9566 – 5p	0	0	2	0.099463959
bra – miR167c	253901	14039.95327	206897	10289.39735
bra – miR9562 – 3p	1	0.055296959	3	0.149195938
bra – miR5654b	8500	470.0241543	8667	431.0270658
bra – miR5723	0	0	2	0.099463959
bra – miR391 – 3p	241	13.3265672	943	46.89725661
bra – miR9552a – 5p	197	10.89350099	135	6.713817225
bra – miR156c – 3p	39	2.156581414	11	0.547051774
bra – miR5711	72	3.981381071	98	4.873733985

续表

miRNA	可育标签数量	可育表达水平	不育标签数量	不育表达水平
bra – miR5654a	8500	470. 0241543	8667	431. 0270658
bra – miR2111a – 5p	9	0. 497672634	9	0. 447587815
bra – miR390 – 5p	23066	1275. 479664	15462	768. 9558662
bra – miR9555a – 5p	2	0. 110593919	4	0. 198927918
bra – miR9569 – 3p	3390	187. 4566921	17821	886. 2736057
bra – miR156d – 3p	0	0	0	0
bra – miR159a	3629	200. 6726654	6723	334. 3480978
bra – miR395a – 5p	2	0. 110593919	3	0. 149195938
bra – miR391 – 5p	319	17. 63973002	1873	93. 1479975
bra – miR9553 – 3p	161	8. 902810451	263	13. 07951059
bra – miR162 – 3p	2002	110. 7045126	1340	66. 64085245
bra – miR5719	0	0	0	0
bra – miR395b – 5p	4	0. 221187837	5	0. 248659897
bra – miR9552a – 3p	0	0	0	0
bra – miR9561 – 5p	0	0	2	0. 099463959
bra – miR5713	0	0	0	0
bra – miR860 – 5p	3	0. 165890878	3	0. 149195938
bra – miR398 – 3p	0	0	1	0. 049731979
bra – miR6032 – 3p	7	0. 387078715	4	0. 198927918
bra – miR9408 – 3p	5	0. 276484797	3	0. 149195938
bra – miR167a	253955	14042. 93931	207067	10297. 85179
bra – miR5725	230	12. 71830064	296	14. 72066592
bra – miR9560b – 3p	3	0. 165890878	2	0. 099463959
bra – miR9559 – 3p	0	0	1	0. 049731979
bra – miR824	1214	67. 13050862	2204	109. 6092827
bra – miR5726	0	0	2	0. 099463959
bra – miR172c – 3p	3983	220. 247789	6068	301. 7736513
bra – miR396 – 5p	262	14. 48780334	135	6. 713817225

续表

miRNA	可育标签数量	可育表达水平	不育标签数量	不育表达水平
bra－miR156f－3p	2	0.110593919	17	0.845443651
bra－miR160a－5p	453	25.04952257	1250	62.1649743
bra－miR171d	30	1.65890878	62	3.083382725
bra－miR156f－5p	162334	8976.576595	109764	5458.780992
bra－miR156g－3p	39	2.156581414	11	0.547051774
bra－miR395c－5p	4	0.221187837	4	0.198927918
bra－miR9561－3p	0	0	3	0.149195938
bra－miR319－5p	23	1.271830064	25	1.243299486
bra－miR403－5p	0	0	0	0
bra－miR168a－5p	179647	9933.932852	165186	8215.026756
bra－miR157a	108591	6004.75211	171310	8519.585398
bra－miR9560a－3p	1	0.055296959	0	0
bra－miR156d－5p	161402	8925.039829	109373	5439.335788
bra－miR2111－3p	2	0.110593919	7	0.348123856
bra－miR164b－3p	1	0.055296959	11	0.547051774
bra－miR5715	2	0.110593919	7	0.348123856
bra－miR164a	7055	390.120048	7037	349.9639393
bra－miR172d－5p	338	18.69037225	58	2.884454808
bra－miR168c－3p	1212	67.0199147	3300	164.1155322
bra－miR5712	80	4.423756746	105	5.221857842
bra－miR395d－5p	4	0.221187837	4	0.198927918
bra－miR156g－5p	162333	8976.521298	109764	5458.780992
bra－miR164d－5p	343	18.96685705	1797	89.36836706
bra－miR9557－5p	12	0.663563512	29	1.442227404
bra－miR9555a－3p	0	0	3	0.149195938
bra－miR171a	46	2.543660129	77	3.829362417
bra－miR9557－3p	0	0	11	0.547051774
bra－miR1885b	5359	296.336405	10696	531.9332521

续表

miRNA	可育标签数量	可育表达水平	不育标签数量	不育表达水平
bra – miR398 – 5p	0	0	1	0.049731979
bra – miR5720	5	0.276484797	2	0.099463959
bra – miR164c – 5p	343	18.96685705	1798	89.41809904
bra – miR9560b – 5p	7	0.387078715	3	0.149195938
bra – miR9554 – 3p	1	0.055296959	2	0.099463959
bra – miR9563a – 3p	2	0.110593919	1	0.049731979
bra – miR9559 – 5p	4	0.221187837	4	0.198927918
bra – miR395c – 3p	198	10.94879795	193	9.598272033
bra – miR5724	28	1.548314861	3	0.149195938
bra – miR9569 – 5p	55	3.041332763	1192	59.2805195
bra – miR164e – 3p	5	0.276484797	8	0.397855836
bra – miR5722	1	0.055296959	8	0.397855836
bra – miR156e – 3p	1055	58.33829209	344	17.10780093
bra – miR158 – 3p	65025	3595.68478	64358	3200.650733
bra – miR403 – 3p	18	0.995345268	3	0.149195938
bra – miR168a – 3p	169	9.345186126	227	11.28915933
bra – miR171c	30	1.65890878	62	3.083382725
bra – miR168b – 3p	1225	67.73877517	3331	165.6572235
bra – miR9566 – 3p	0	0	1	0.049731979
bra – miR6032 – 5p	195	10.78290707	38	1.889815219
bra – miR160a – 3p	507	28.03555838	492	24.46813389

附录4　已知 miRNA 家族的靶基因预测

miRNA	靶基因	拟南芥 同源基因	基因序列比对
bra – miR156	Bra003305	AT3G57920.1	SPL15 ∣ squamosa promoter binding protein – like 15
	Bra004363	AT1G69170.1	Squamosa promoter – binding protein – like（SBP domain）transcription factor family protein
	Bra004674	AT2G42200.1	SPL9，AtSPL9 ∣ squamosa promoter binding protein – like 9
	Bra010949	AT1G27370.1	SPL10 ∣ squamosa promoter binding protein – like 10
	Bra014599	AT3G57920.1	SPL15 ∣ squamosa promoter binding protein – like 15
	Bra016891	AT2G42200.1	SPL9，AtSPL9 ∣ squamosa promoter binding protein – like 9
	Bra022766	AT5G50670.1	SPL13B，SPL13
	Bra027478	AT5G43270.2	SPL2 ∣ squamosa promoter binding protein – like 2
	Bra028067	AT1G34790.1	TT1，WIP1 ∣ C2H2 and C2HC zinc fingers superfamily protein
	Bra030040	AT1G27360.1	SPL11 ∣ squamosa promoter – like 11
	Bra030041	AT1G27370.1	SPL10 ∣ squamosa promoter binding protein – like 10
	Bra032822	AT1G27360.1	SPL11 ∣ squamosa promoter – like 11

续表

miRNA	靶基因	拟南芥 同源基因	基因序列比对
bra－miR156	Bra032940	AT3G26670.1	Protein of unknown function（DUF803）
	Bra033671	AT5G43270.2	SPL2 ｜ squamosa promoter binding protein－like 2
	Bra035016	AT1G22260.1	ZYP1a，ZYP1
	Bra038324	AT1G69170.1	Squamosa promoter－binding protein－like（SBP domain）transcription factor family protein
bra－miR157	Bra003305	AT3G57920.1	SPL15 ｜ squamosa promoter binding protein－like 15
	Bra004363	AT1G69170.1	Squamosa promoter－binding protein－like（SBP domain）transcription factor family protein
	Bra004674	AT2G42200.1	SPL9，AtSPL9 ｜ squamosa promoter binding protein－like 9
	Bra010949	AT1G27370.1	SPL10 ｜ squamosa promoter binding protein－like 10
	Bra013374	AT4G19120.1	ERD3 ｜ S－adenosyl－L－methionine－dependent methyltransferases superfamily protein
	Bra014599	AT3G57920.1	SPL15 ｜ squamosa promoter binding protein－like 15
	Bra016891	AT2G42200.1	SPL9，AtSPL9 ｜ squamosa promoter binding protein－like 9
	Bra018703	AT1G48090.1	calcium－dependent lipid－binding family protein
	Bra018705	AT1G48090.1	calcium－dependent lipid－binding family protein

续表

miRNA	靶基因	拟南芥 同源基因	基因序列比对
bra – miR157	Bra022766	AT5G50670.1	SPL13B，SPL13 ｜ Squamosa promoter – binding protein – like（SBP domain）transcription factor family protein
	Bra027478	AT5G43270.2	SPL2 ｜ squamosa promoter binding protein – like 2
	Bra030040	AT1G27360.1	SPL11 ｜ squamosa promoter – like 11
	Bra030041	AT1G27370.1	SPL10 ｜ squamosa promoter binding protein – like 10
	Bra031864	AT5G65330.1	AGL78 ｜ AGAMOUS – like 78
	Bra032822	AT1G27360.1	SPL11 ｜ squamosa promoter – like 11
	Bra033671	AT5G43270.2	SPL2 ｜ squamosa promoter binding protein – like 2
	Bra035616	AT1G32375.1	F – box/RNI – like/FBD – like domains – containing protein
	Bra038324	AT1G69170.1	Squamosa promoter – binding protein – like（SBP domain）transcription factor family protein
bra – miR159	Bra000531	AT2G26960.1	AtMYB81，MYB81
	Bra002042	AT3G11440.1	ATMYB65，MYB65
	Bra002938	AT5G55020.1	ATMYB120，MYB120
	Bra003413	AT3G60460.1	DUO1 ｜ myb – like HTH transcriptional regulator family protein
	Bra007536	AT3G60460.1	DUO1 ｜ myb – like HTH transcriptional regulator family protein

续表

miRNA	靶基因	拟南芥 同源基因	基因序列比对
bra - miR159	Bra009957	AT1G09650.1	F - box and associated interaction domains - containing protein
	Bra012038	AT2G26990.1	FUS12, ATCSN2, COP12, CSN2
	Bra021791	AT2G32460.1	MYB101, ATMYB101, ATM1
	Bra022888	AT2G32460.1	MYB101, ATMYB101, ATM1
	Bra026359	AT4G27330.1	SPL, NZZ ǀ sporocyteless (SPL)
	Bra028997	AT5G55020.1	ATMYB120, MYB120
	Bra032924	AT1G29010.1	unknown protein
	Bra034842	AT3G11440.1	ATMYB65, MYB65
	Bra035547	AT5G55020.1	ATMYB120, MYB120
bra - miR160	Bra003665	AT1G77850	ARF17 (AUXIN RESPONSE FACTOR 17)
	Bra011955	AT2G28350	ARF10 (AUXIN RESPONSE FACTOR 10)
	Bra024109	AT4G30080	ARF16 (AUXIN RESPONSE FACTOR 16)
	Bra037581	AT3G18480	AtCASP
	Bra011162	AT4G30080	ARF16 (AUXIN RESPONSE FACTOR 16)
	Bra015651	AT1G77850	ARF17 (AUXIN RESPONSE FACTOR 17)
bra - miR164	Bra001480	AT3G12977.1	NAC (No Apical Meristem) domain transcriptional regulator superfamily protein
	Bra001586	AT3G15170.1	CUC1, ANAC054, ATNAC1
	Bra007810	AT1G57820.1	VIM1, ORTH2 ǀ Zinc finger (C3HC4 - type RING finger) family protein
	Bra009246	AT5G07680.1	ANAC080, ANAC079, ATNAC4, NAC080
	Bra009837	AT5G25390.2	SHN2 ǀ Integrase - type DNA - binding superfamily protein
	Bra012960	AT5G61430.1	ANAC100, ATNAC5, NAC100 ǀ NAC domain containing protein 100

续表

miRNA	靶基因	拟南芥 同源基因	基因序列比对
bra – miR164	Bra021592	AT3G15170.1	CUC1，ANAC054，ATNAC1
	Bra022326	AT3G18500.3	DNAse I – like superfamily protein
	Bra022685	AT5G53950.1	CUC2，ANAC098，ATCUC2
	Bra025658	AT5G39610.1	ATNAC2，ORE1，ANAC092，ATNAC6，NAC2，NAC6
	Bra028047	AT1G34270.1	Exostosin family protein
	Bra028435	AT5G39610.1	ATNAC2，ORE1，ANAC092，ATNAC6，NAC2，NAC6
	Bra028685	AT5G07680.1	ANAC080，ANAC079，ATNAC4，NAC080
	Bra029313	AT5G61430.1	ANAC100，ATNAC5，NAC100
	Bra030820	AT1G56010.2	NAC1，ANAC022 | NAC domain containing protein 1
	Bra034713	AT3G12977.1	NAC (No Apical Meristem) domain transcriptional regulator superfamily protein
	Bra036543	AT5G25390.2	SHN2 | Integrase – type DNA – binding superfamily protein
bra – miR167	Bra004125	AT5G37020.1	ARF8，ATARF8
	Bra010776	AT1G30330.2	ARF6
	Bra015704	AT1G76970.1	Target of Myb protein 1
	Bra016165	AT1G71020.1	ARM repeat superfamily protein
	Bra028110	AT5G37020.1	ARF8，ATARF8
	Bra037778	AT5G64520.1	XRCC2，ATXRCC2
bra – miR168	Bra002105	AT5G17780	hydrolase，alpha/beta fold family protein
bra – miR171	Bra000375	AT2G45160.1	HAM1，ATHAM1，LOM1 | GRAS family transcription factor
	Bra003311	AT2G45160.1	HAM1，ATHAM1，LOM1 | GRAS family transcription factor
	Bra028100	AT4G36710.1	GRAS family transcription factor

续表

miRNA	靶基因	拟南芥 同源基因	基因序列比对
bra - miR171	Bra036812	AT3G51380.1	IQD20 ∣ IQ - domain 20
	Bra037319	AT4G00150.1	HAM3，ATHAM3，LOM3 ∣ GRAS family transcription factor
bra - miR172	Bra000487	AT2G28550.3	RAP2.7 ∣ related to AP2.7
	Bra002510	AT5G60120.2	TOE2 ∣ target of early activation tagged（EAT）2
	Bra003899	AT1G72050.2	TFIIIA ∣ transcription factor IIIA
	Bra005019	AT2G39730.1	RCA ∣ rubisco activase
	Bra005768	AT5G03550.1	BEST Arabidopsis thaliana protein match is：TRAF - like family protein （TAIR：AT2G42460.1）
	Bra007123	AT3G54990.1	SMZ ∣ Integrase - type DNA - binding superfamily protein
	Bra011741	AT4G36920.1	AP2，FLO2，FL1 ∣ Integrase - type DNA - binding superfamily protein
	Bra011939	AT2G28550.3	RAP2.7 ∣ related to AP2.7
	Bra012139	AT5G67180.1	TOE3 ∣ target of early activation tagged（EAT）3
	Bra017809	AT4G36920.1	AP2，FLO2，FL1 ∣ Integrase - type DNA - binding superfamily protein
	Bra020262	AT5G60120.2	TOE2 ∣ target of early activation tagged（EAT）2
	Bra027473	AT5G43190.1	Galactose oxidase/kelch repeat superfamily protein

续表

miRNA	靶基因	拟南芥 同源基因	基因序列比对
	Bra013304	AT4G18390	TCP family transcription factor, putative
	Bra018280	AT2G31070	TCP10; TCP10 (TCP DOMAIN PROTEIN 10); transcription factor
	Bra012600	AT4G18390	TCP family transcription factor, putative
	Bra029596	AT3G66658	ALDH22a1; ALDH22a1 (Aldehyde Dehydrogenase 22a1)
	Bra012038	AT2G26990	FUS12, ATCSN2, COP12, CSN2; FUS12 (FUSCA 12)
	Bra010789	AT1G30210	TCP24, ATTCP24; TCP24 (TEOSINTE BraNCHED1, CYCLOIDEA, AND PCF FAMILY 24)
bra－miR319	Bra030952	AT1G53230	TCP3; TCP3; transcription factor
	Bra002042	AT3G11440	ATMYB65, MYB65; MYB65 (MYB DOMAIN PROTEIN 65)
	Bra021586	AT3G15030	TCP4, MEE35; TCP4 (TCP family transcription factor 4)
	Bra000531	AT2G26960	AtMYB81; AtMYB81 (myb domain protein 81)
	Bra032365	AT1G30210	TCP24, ATTCP24; TCP24 (TEOSINTE BraNCHED1, CYCLOIDEA, AND PCF FAMILY 24)
	Bra034842	AT3G11440	ATMYB65, MYB65; MYB65 (MYB DOMAIN PROTEIN 65)
bra－miR391	Bra012155	AT5G67340	armadillo/beta－catenin repeat family protein / U－box domain－containing protein
	Bra022280	AT3G18100	MYB4R1; MYB4R1 (myb domain protein 4R1); transcription factor

续表

miRNA	靶基因	拟南芥同源基因	基因序列比对
bra – miR391	Bra019831	AT1G11770	FAD binding / catalytic/ electron carrier/ oxidoreductase
	Bra039309	AT2G45850	DNA – binding family protein
	Bra001264	AT3G07650	COL9；COL9（CONSTANS – LIKE 9）；transcription factor/ zinc ion binding
bra – miR396	Bra040611	AT3G02930	unknown protein
	Bra022988	AT2G34740	catalytic/ protein serine/threonine phosphatase
	Bra040656	AT4G08320	tetratricopeptide repeat （TPR）– containing protein
	Bra006333	AT5G15920	structural maintenance of chromosomes （SMC) family protein（MSS2)
	Bra001369	AT3G10572	3 – phosphoinositide – dependent protein kinase – 1，putative
	Bra020390	AT5G58080	ARR18；ARR18（ARABIDOPSIS RESPONSE REGULATOR 18）
	Bra004128	AT1G65780	tRNA – splicing endonuclease positive effector – related
	Bra019962	AT1G10120	DNA binding / transcription factor
	Bra002521	AT5G59900	pentatricopeptide （PPR）repeat – containing protein
	Bra009973	AT5G27230	hydroxyproline – rich glycoprotein family protein
	Bra034699	AT3G13190	myosin heavy chain – related

续表

miRNA	靶基因	拟南芥 同源基因	基因序列比对
bra – miR396	Bra020564	AT5G26920	CBP60G；CBP60G（CAM – BINDING PRO-TEIN 60 – LIKE. G）；calmodulin binding
	Bra022185	AT3G16890	PPR40；PPR40（PENTATRICOPEPTIDE（PPR）DOMAIN PROTEIN 40）
	Bra018461	AT1G10120	DNA binding / transcription factor
	Bra027961	AT1G07440	tropinone reductase，putative / tropine dehy-drogenase，putative
	Bra031700	AT1G10120	DNA binding / transcription factor
	Bra016337	AT1G23580	unknown protein
	Bra031019	AT3G06210	binding
	Bra021292	AT3G18080	BGLU44；BGLU44（B – S GLUCOSIDASE 44）
bra – miR408	Bra000553	AT2G25737.1	Sulfite exporter TauE/SafE family protein
	Bra004116	AT1G65470.1	FAS1，NFB2 | chromatin assembly factor – 1（FASCIATA1）（FAS1）
	Bra004673	AT2G42190.1	unknown protein；BEST Arabidopsis thaliana protein match is：unknown protein
	Bra007671	AT3G62310.1	RNA helicase family protein
	Bra012173	AT4G08580.1	microfibrillar – associated protein – related
	Bra012922	AT3G49790.1	Carbohydrate – binding protein
	Bra016892	AT2G42190.1	unknown protein；BEST Arabidopsis thaliana protein match is：unknown protein
	Bra018440	AT1G10400.1	UDP – Glycosyltransferase superfamily prot-ein
	Bra019824	AT1G13300.1	HRS1 | myb – like transcription factor family protein
	Bra021463	AT3G02400.1	SMAD/FHA domain – containing protein
	Bra026997	AT1G63120.1	ATRBL2，RBL2 | RHOMBOID – like 2

续表

miRNA	靶基因	拟南芥同源基因	基因序列比对
bra - miR408	Bra027054	AT5G49760.1	Leucine – rich repeat protein kinase family protein
	Bra033268	AT1G01350.1	Zinc finger (CCCH – type/C3HC4 – type RING finger) family protein
	Bra033698	AT5G43810.1	ZLL, PNH, AGO10 ∣ Stabilizer of iron transporter SufD / Polynucleotidyl transferase
	Bra034269	AT2G25737.1	Sulfite exporter TauE/SafE family protein
	Bra037896	AT4G09980.1	EMB1691 ∣ Methyltransferase MT – A70 family protein
	Bra039173	AT3G02400.1	SMAD/FHA domain – containing protein
bra - miR824	Bra011509	AT3G57230.1	AGL16 ∣ AGAMOUS – like 16
	Bra012038	AT2G26990.1	FUS12, ATCSN2, COP12, CSN2 ∣ proteasome family protein
	Bra017638	AT3G57230.1	AGL16 ∣ AGAMOUS – like 16
	Bra024235	AT4G28000.1	P – loop containing nucleoside triphosphate hydrolases superfamily protein
	Bra030279	AT3G29680.1	HXXXD – type acyl – transferase family protein
	Bra030724	AT1G08420.1	BSL2 ∣ BRI1 suppressor 1 (BSU1) – like 2
bar - miR860	Bra040386	AT1G36980	unknown protein
bra - miR1140	Bra014588	AT3G58060.1	Cation efflux family protein
	Bra024435	AT5G67610.2	Uncharacterized conserved protein (DUF2215)
bra - miR1885	Bra001043	AT3G02380.1	COL2, ATCOL2 ∣ CONSTANS – like 2
	Bra002117	AT5G17970.1	Disease resistance protein (TIR – NBS – LRR class) family
	Bra006452	AT5G18350.1	Disease resistance protein (TIR – NBS – LRR class) family

续表

miRNA	靶基因	拟南芥 同源基因	基因序列比对
bra – miR1885	Bra012210	AT1G20090.1	ARAC4，ROP2，ATROP2，ATRAC4丨RHO – related protein from plants 2
	Bra017544	AT5G46470.1	RPS6丨disease resistance protein（TIR – NBS – LRR class）family
	Bra020693	AT4G16890.1	SNC1，BAL丨disease resistance protein（TIR – NBS – LRR class），putative
	Bra022037	AT4G08450.1	Disease resistance protein（TIR – NBS – LRR class）family
	Bra023670	AT5G18350.1	Disease resistance protein（TIR – NBS – LRR class）family
	Bra023671	AT5G18370.1	Disease resistance protein（TIR – NBS – LRR class）family
	Bra023687	AT5G18370.1	Disease resistance protein（TIR – NBS – LRR class）family
	Bra025095	AT5G45080.1	AtPP2 – A6，PP2 – A6丨phloem protein 2 – A6
	Bra034079	AT5G22690.1	Disease resistance protein（TIR – NBS – LRR class）family
	Bra036135	AT5G49550.1	BLOS2
	Bra036413	AT1G65850.2	Disease resistance protein（TIR – NBS – LRR class）family
	Bra036417	AT2G14080.1	Disease resistance protein（TIR – NBS – LRR class）family
	Bra038704	AT3G12240.1	SCPL15丨serine carboxypeptidase – like 15
	Bra038872	AT5G11250.1	Disease resistance protein（TIR – NBS – LRR class）

续表

miRNA	靶基因	拟南芥 同源基因	基因序列比对
bra – miR1885	Bra039798	AT5G18370.1	Disease resistance protein （TIR – NBS – LRR class）family
bra – miR5654	Bra002495	AT1G12220.1	RPS5 ｜ Disease resistance protein （CC – NBS – LRR class）family
	Bra016758	AT1G12770.1	ISE1，EMB1586 ｜ P – loop containing nucleoside triphosphate hydrolases superfamily protein
	Bra026836	AT1G12300.1	Tetratricopeptide repeat（TPR）– like superfamily protein
	Bra026882	AT1G12300.1	Tetratricopeptide repeat（TPR）– like superfamily protein
	Bra026884	AT3G22470.1	Pentatricopeptide repeat （PPR） superfamily protein
	Bra026954	AT1G12775.1	Pentatricopeptide repeat （PPR） superfamily protein
	Bra026958	AT1G12300.1	Tetratricopeptide repeat（TPR）– like superfamily protein
	Bra026971	AT1G12300.1	Tetratricopeptide repeat（TPR）– like superfamily protein
	Bra028267	AT1G12300.1	Tetratricopeptide repeat（TPR）– like superfamily protein
	Bra028874	AT5G02430.1	Transducin／WD40 repeat – like superfamily protein
	Bra031731	AT1G12300.1	Tetratricopeptide repeat（TPR）– like superfamily protein
	Bra034270	AT2G25800.1	Protein of unknown function （DUF810）
	Bra036649	AT1G62720.1	Pentatricopeptide repeat （PPR – like） superfamily protein

续表

miRNA	靶基因	拟南芥 同源基因	基因序列比对
bra – miR5654	Bra036651	AT1G62680.1	Pentatricopeptide repeat （ PPR ） superfamily protein
	Bra012193	AT1G19900.1	glyoxal oxidase – related protein
bra – miR5711	Bra028596	AT5G10170.1	ATMIPS3，MIPS3 ∣ myo – inositol – 1 – phosphate synthase 3
	Bra039767	AT4G24260.1	ATGH9A3，KOR3，GH9A3 ∣ glycosyl hydrolase 9A3
	Bra005824	AT5G04870.1	CPK1，ATCPK1 ∣ calcium dependent protein kinase 1
	Bra009420	AT5G04870.1	CPK1，ATCPK1 ∣ calcium dependent protein kinase 1
bra – miR5714	Bra025181	AT3G26090.1	RGS1，ATRGS1 ∣ G – protein coupled receptors；GTPase activators
	Bra026489	AT5G23580.1	CDPK9，ATCDPK9，CPK12，ATCPK12
	Bra031537	AT1G06780.2	GAUT6 ∣ galacturonosyltransferase 6
bra – miR5715	Bra034136	AT3G10650.1	BEST Arabidopsis thaliana protein match is：nucleoporin – related
	Bra001203	AT3G06530.2	ARM repeat superfamily protein
bra – miR5716	Bra008748	AT5G14650.1	Pectin lyase – like superfamily protein
	Bra011078	AT4G29030.1	Putative membrane lipoprotein
	Bra009464	AT5G04340.1	C2H2，CZF2，ZAT6
	Bra009827	AT5G25270.1	Ubiquitin – like superfamily protein
bra – miR5717	Bra015830	AT1G75620.1	glyoxal oxidase – related protein
	Bra036538	AT5G25265.1	unknown protein；FUNCTIONS IN：molecular_function unknown
bra – miR5718	Bra006138	AT5G12040.1	Nitrilase/cyanide hydratase and apolipoprotein N – acyltransferase family protein

续表

miRNA	靶基因	拟南芥 同源基因	基因序列比对
bra – miR5718	Bra012912	AT3G49990.1	unknown protein
	Bra035134	AT1G79670.1	RFO1，WAKL22 ｜ Wall – associated kinase family protein
bra – miR5720	Bra001625	AT3G16210.1	F – box family protein
	Bra003581	AT1G80700.1	unknown protein；FUNCTIONS IN：molecular_function unknown
	Bra009330	AT5G08230.1	Tudor/PWWP/MBT domain – containing protein
	Bra030726	AT1G08440.1	Alu minium activated malate transporter family protein
	Bra035160	AT1G80980.1	unknown protein；FUNCTIONS IN：molecular_function unknown
bra – miR5721	Bra004765	AT4G37470.1	alpha/beta – Hydrolases superfamily protein
	Bra006826	AT5G57320.1	VLN5 ｜ villin, putative
	Bra007255	AT3G56590.2	hydroxyproline – rich glycoprotein family protein
	Bra009608	AT5G02180.1	Transmembrane a mino acid transporter family protein
	Bra020451	AT5G57320.1	VLN5 ｜ villin, putative
	Bra028560	AT5G10870.1	ATCM2，CM2 ｜ chorismate mutase 2
bra – miR5722	Bra025666	AT1G18570.1	MYB51，AtMYB51，BW51A，BW51B，HIG1
	Bra039988	AT2G29580.1	CCCH – type zinc fingerfamily protein with RNA – binding domain
bra – miR5724	Bra000993	AT3G01720.1	unknown protein
	Bra010214	AT4G31940.1	CYP82C4 ｜ cytochrome P450, family 82, subfamily C, polypeptide 4

续表

miRNA	靶基因	拟南芥 同源基因	基因序列比对
bra – miR5725	Bra005076	AT1G80070.1	SUS2，EMB33，EMB177，EMB14 ｜ Pre – mRNA – processing – splicing factor
	Bra009963	AT5G27410.1	D – a minoacid a minotransferase – like PLP – dependent enzymes superfamily protein
bra – miR6032	Bra018419	AT1G10880	unknown protein
bra – miR9552	Bra035208	AT5G55480.1	SVL1 ｜ SHV3 – like 1
	Bra035209	AT5G55480.1	SVL1 ｜ SHV3 – like 1
bra – miR9557	Bra004977	AT2G40230.1	HXXXD – type acyl – transferase family protein
	Bra017023	AT2G40230.1	HXXXD – type acyl – transferase family protein
bra – miR9559	Bra005076	AT1G80070.1	SUS2，EMB33，EMB177，EMB14
bra – miR9567	Bra036046	AT1G12280.1	LRR and NB – ARC domains – containing disease resistance protein
bra – miR9569	Bra032576	AT4G02570	ATCUL1，CUL1，AXR6；ATCUL1（ARAB-IDOPSIS THALIANA CULLIN 1）；protein binding

附录 5　SSR 引物序列信息

编号	名称	正向引物	反向引物
1	VLG101	tggacacacacacacacaca	gcatgtgctcactgatgctt
2	VLG102	tatcagggctttgcgtaacc	tgtgcaacactgcaaacaaa
3	VLG103	gttaccaaacagggctaggg	catgaagaagggttgccagt
4	VLG104	tgcttctcgagttccctttt	cctgttagaaccaaagaagacca
5	VLG105	ttcatttgagaaccggaatc	ctccaaagtcccattttca
6	VLG106	tggaatacgaggggagtctg	ctgatggtgggaagaaaagc
7	VLG107	ccagagtgccatcagaatcc	cattgaagtttggggaggaa
8	VLG108	cccctcaaagaatcaatagacc	agtgcagtgacaccagcaac
9	VLG109	catcaaaatatgccccagcta	cctgtccacagaccgtgttt
10	VLG110	tagacggtcagtgtgcaagc	ccgcaattatgaagcgttCT
11	VLG111	cccagaaatatcttaagggatgg	atgtgtgcgcctgtaccata
12	VLG112	attgcttttgtgtggaggaa	cagggagccctttgcattat
13	VLG113	tctgactgacattacaccgattc	tctgttcacatcacacccaat
14	VLG114	cccatggagattgattgagg	ttcaagtggacaatgaagcaac
15	VLG115	caagttgcagaagtggctga	cctcttcttccccatcaaca
16	VLG116	tcaagaacagacggaaacca	agggccttcaatgctctaca
17	VLG117	cctgccaataaagaacccatt	tcaagtgccaaatcatcagg
18	VLG1 – A – 1	tcacatatgccttttgtcac	cacaccaatatcatgagcaa
19	VLG1 – B – 1	gctctgtttcttcagttcc	ctcacatatggctcctccta
20	VLG1 – C – 1	aaggtttcttatcccctcaa	gcgttatttgaaagcactct
21	VLG1 – D – 1	aaaatcagagcaagcagaag	catgcagcaactctcttaca
22	VLG1 – E – 1	gccacagttgtgttattttc	aatatggtgaaatgctgtcc
23	VLG1 – F – 1	ggagtctgaatcagtgggta	ctccagcttgtgtggtaagt
24	VLG1 – G – 1	tgatggtgacatgagctaga	tcatcctcatcaccactacc
25	VLG1 – H – 1	tcccctattttcccctatt	gaaatcctgagcaaaatcag
26	VLG1 – I – 1	tgacggttcgaccaggta	aaaagaacagggtccaaaac

续表

编号	名称	正向引物	反向引物
27	VLG1 – J – 1	gaaccattcatagctgggta	tcttcaaaaggaactcctga
28	VLG1 – K – 1	atttgagcatgtaagcaacc	gatttcaaaaggccatcc
29	VLG1 – L – 1	ggcaatgagatagtgatggt	tattggttcacccacccttta
30	VLG1 – M – 1	gtgggtgaatatggaaaatg	agagatcagcttgcgtttag
31	VLG1 – N – 1	atagccaaacttgctcctct	gagctcgaaaccaagaaaat
32	VLG1 – O – 1	gtgcatcaatatgtgcaaag	gagcctcctatccctctcta
33	VLG1 – P – 1	ctatcccacactgcctctac	atgaagaatagtggggaggt
34	VLG1 – Q – 1	aacacatgtacacgcacaac	agcaagtgtttggtttagga
35	VLG1 – R – 1	tttttcttcccctttctctc	ggtatgtggtgtggaaaaat
36	VLG1 – S – 1	caaatcttatggttcggaag	tgacatgcactcacacttttt
37	VLG1 – T – 1	agcctactcaaccagcataa	tccatgaggaagaagagaga
38	VLG1 – U – 1	ttgcctaggtccagaaaata	taaaaccaaacccttagctg
39	VLG2 – A – 1	taatttcgctgttcctcaag	taagcgcatatcacaagaag
40	VLG2 – B – 1	gcttagacgatagtgacaacaa	tgttgaagaaagacacttgc
41	VLG2 – C – 1	gaatcctcccatcaaagaa	tgtgtggagtaaggatttga
42	VLG2 – D – 1	atgtcctctggttgcttaaa	aaccaaggctgacaagtaaa
43	VLG2 – E – 1	cctttggctctaaatgtgaa	gtaaggttgccatgtctgtt
44	VLG2 – F – 1	gaaaccacaaggacatgatt	cttccacccctttatctct
45	VLG2 – G – 1	acaatgcttcttaccacacc	cccacacttgcttttagttc
46	VLG2 – H – 1	caaggctttagcttttagg	agatggaacacatgcaaagt
47	VLG2 – I – 1	ctcctcccctatccttctta	tgtctatggagggagagaga
48	VLG2 – J – 1	tggtatcgaagaggtagtttg	gactcagccaaacctcatag
49	VLG2 – K – 1	atggatatgtgcttcgagtt	caacaacaacaacacacaca
50	VLG2 – L – 1	agcctaaggaaaaccctaaaa	gcatcgagtactttttgatcc
51	VLG2 – M – 1	atcctttattccaagcttcc	gccaaatcctcaaagaacta
52	VLG2 – N – 1	caaagccttcactatgttcc	ctcctcctcttgactttttca
53	VLG2 – O – 1	tttctctctacgccttttc	gtcacataaggtgaggcaat
54	VLG2 – P – 1	aggcaggtaaacctttcttt	gaagaccattgaactctgct

续表

编号	名称	正向引物	反向引物
55	VLG2 – Q – 1	gcaggagtggagattatcag	ggaggggagtagtgttttcta
56	VLG2 – R – 1	ctcgccaaaaagaaagtg	catggccacctttctgag
57	VLG2 – S – 1	ccaatagacaggaaaatcca	ggccgcaatacaatagataa
58	VLG3 – A – 1	ttctggagggatgtttattg	ggccaattgactaactgaag
59	VLG3 – B – 1	agttcaactccctattgctg	ggtgtaacatgcttggattt
60	VLG3 – C – 1	cccctaggttcaaattatgcag	gggccctagagtttgcacta
61	VLG3 – D – 1	gaagaggtcccccagaaagg	gaccttccaatctccccaat
62	VLG3 – E – 1	ccatgtgtcctccatcctct	cacgcaccagcacaaagtta
63	VLG3 – F – 1	atggcaccacctcaactctc	gtaggcgtggagtggaaaag
64	VLG3 – G – 1	tgtgcaatcgacattcaaac	ccaaatgcacctgaaaaatg
65	VLG3 – H – 1	acctcctgtccacatgcttc	gttcatccaccagcaaacct
66	VLG3 – I – 1	cacttgcatttggtttggaa	tttttaggaccacaaagtgc
67	VLG3 – J – 1	cttggggatggagtaacgaa	tcacctaacccaatgcatca
68	VLG3 – K – 1	ccggtaatacagaaaatgatgc	acttcctttgcagccaaaaa
69	VLG3 – L – 1	tccaggtacgtcctcaatca	aagcgctatcacaagacatcaa
70	VLG3 – M – 1	ctaatggggtccaaagaagg	atcaatccgagacctcatgc
71	VLG3 – N – 1	tctaagccaagaaccccaga	ggagtgtttcccttcttttt
72	VLG3 – O – 1	gggtcagaatttaagcttgc	cgacattggaaatgcgaata
73	VLG3 – P – 1	cctccgggatcataacaaaa	ataagggctccctcatgctt
74	VLG3 – Q – 1	gggtaggagataccaaacatgaa	tcgatatcgtaacttttccctctc
75	VLG3 – R – 1	ggaaggaaggcattggaata	tcaagactatccccaaaacca
76	VLG4 – A – 1	ggacgcaatcacattttgtt	cttgattgagtacatgctatgatgc
77	VLG4 – B – 1	tcttgcccaacctctgattc	ctgggaagacaatgcatcaa
78	VLG4 – C – 1	aaacgaagaggacgagacga	gacgtggcaaagacgaaaat
79	VLG4 – D – 1	tcctctggtgggagagagaa	gagaccccaaatgcagtaa
80	VLG4 – E – 1	gggaaggcaaatccctctac	gaggtccagtcgagaagtgc
81	VLG4 – F – 1	aaaaggagctaaagctaagg	ctctggttgaccccaacatt
82	VLG4 – G – 1	tcagtcaatgtccgttccag	cacatttgcagcaggaagaa

续表

编号	名称	正向引物	反向引物
83	VLG4 – H – 1	ttcccccatcatcgaaataa	tcaaaagaagtgtctccatgct
84	VLG4 – I – 1	cgtccttggtggaacctta	ccatgcttttcactttcaac
85	VLG4 – J – 1	ctctttggatcggaggagtt	ctctactgctccccgttcag
86	VLG4 – K – 1	ccaataatctgtgcaaatgg	aagcatttgagagctcatacca
87	VLG4 – L – 1	tgctggtgaatcaagcaaac	tcttagccatcccaaaggaa
88	VLG4 – M – 1	tgaccaacaaagtaagccttca	ttttcccttgtcttggcatc
89	VLG4 – N – 1	tgcaaacctacattttagcc	ttgggcggacctattaaaaa
90	VLG4 – O – 1	aatttcaaccccaatcacca	gttggagcctatgctacttacttt
91	VLG4 – P – 1	ccacgtttcttcccaaacat	gaaaaggcccacgaaattaag
92	VLG4 – Q – 1	tgccaaacacgatcagagac	cggtctagtggtcagggaaa
93	VLG4 – R – 1	gtgcagactctggaggaagc	tgccaatgagcaaaaactagc
94	VLG4 – S – 1	tggttcctccaacaaacaca	ttgaataccttggctgttgc
95	VLG4 – T – 1	acatatctccctccccaacc	cagttctttcctgcccagtc
96	VLG4 – U – 1	acttgggaggaggaggaaaa	atcaaccccgctacaatcac
97	VLG4 – V – 1	agtccacgccagctgatatt	tccttctcgctcaaaataaagg
98	VLG4 – W – 1	taattggcatgtgaccgttg	ggaagggaccctcatgttta
99	VLG4 – X – 1	ttgggttcaatgagctttcc	tgggctcaccctaattcact
100	VLG5 – A – 1	gagtctaaattgcctaggat	tggagacttgtgacccgact
101	VLG5 – B – 1	tggatcatctcaccatcattg	ttgtctttggccctgctaat
102	VLG5 – C – 1	ggtccgtatcaccaaaatgc	tcatggctgtaggctttgaa
103	VLG5 – D – 1	tgcaattgctgcaactcaat	cagccaacctttttccagag
104	VLG5 – E – 1	gcaaaatcagaggaccagga	ccagggcttgtattcttacacc
105	VLG5 – F – 1	gttgaaagggcctaccacaa	tgatttgaaaagccaggtga
106	VLG5 – G – 1	ctgaaggatggagggaattg	tcccccagattaaatgccta
107	VLG5 – H – 1	ccagagcagaacataaccagaa	tgaatgctgagctacgagga
108	VLG5 – I – 1	cttaggtgtcgcattgtcca	tagcttggaggtcgcttgat
109	VLG5 – J – 1	ttgggattggcatcttcaat	ggagaaatttggctaagaaagg
110	VLG5 – K – 1	ctcaactcccacacccatct	gggacgtgcgcaatattta

续表

编号	名称	正向引物	反向引物
111	VLG5 – L – 1	tatgggaggcatcctaaat	ttgcatggtggttattgtcttc
112	VLG5 – M – 1	tttgtgtgtgaaagacagcaac	cgcaatggtggatttaaagg
113	VLG5 – N – 1	gtcaccaaacggtccctaaa	gtgcgttctccgatcttctc
114	VLG5 – O – 1	gagtgcttcgggtttaatgg	aaagggacaagtcaatgcaga
115	VLG5 – P – 1	tggcttgtacgaggctttct	cacgtggattgctacagaaaaa
116	VLG5 – Q – 1	aggaaagtggcagcaaaaga	ccaccttgccacacatcata
117	VLG5 – R – 1	tcaatttcaaccccatgaga	tctcctagcccccttgtatgg
118	VLG5 – S – 1	aatcacccaccaatgtgagc	agcaaccaaaactccaaacg
119	VLG5 – T – 1	cactcctgcccatttaccac	cgcttcggaatcgatcttag
120	VLG5 – U – 1	ccccaacacacaaacaaaac	ttgtcggatggttcttgaca
121	VLG6 – A – 1	caaaagcttcctgggcttta	ttgcttgtgagaatgagagtga
122	VLG6 – B – 1	tcccacttggatcttaggtgt	cgatcatgcaagatgatgct
123	VLG6 – C – 1	aggactgcatgcacagtgg	ccccagttcctgtaaatcca
124	VLG6 – D – 1	ggaagcactcgatcgacaat	ttcaccctcgctgtaaatcc
125	VLG6 – E – 1	ggatgcataaataatggggtca	ttgttgcaaaaccatgccta
126	VLG6 – F – 1	ttcaatgggcagtaattcca	ggtccggtccggttttta
127	VLG6 – G – 1	cccacaagctctatccctca	ccgcccctttatttcattt
128	VLG6 – H – 1	aacttgtttgcacacgcatc	gttgggctcatggctagaga
129	VLG6 – I – 1	gtgctctctttctgggttgg	ggtacggcttctcagactgg
130	VLG6 – J – 1	cactaagggcttgggtcact	cataaggtgacacaggggtaa
131	VLG6 – K – 1	tgggggttatcatgaggatg	tgtagacccccaaatttgtca
132	VLG6 – L – 1	atggtgcgaacatcttaggg	gacacagaattcttggaaag
133	VLG6 – M – 1	cagagcaattcgtactgataacg	aaggcttcttacaccccatgt
134	VLG6 – N – 1	ttgtgccatcattcagcaat	ttgaaacgtctttgcagcag
135	VLG6 – O – 1	tttaccctactacaaggcttc	tctgggcttccctatcttt
136	VLG6 – P – 1	catggtccaacagccattta	tgtgctatcacaccccttca
137	VLG6 – Q – 1	atgcacacgactttcccatt	tcatatgagcgcaatgtttacc
138	VLG6 – R – 1	tggggaggacttctcatgtt	tctggtgtgtgttacctgga

续表

编号	名称	正向引物	反向引物
139	VLG6 – S – 1	tggtgttcacgcttcttgtg	ccctgtgcaaggggagtaattt
140	VLG6 – T – 1	tggttatcctgaatctctctcactc	ccaactgcctcatgtgtttg
141	VLG7 – A – 1	acgcactcctccttctcctt	aatgaacaggctccaaaacg
142	VLG7 – B – 1	agtgcccacacagcttcatt	gccaactgggtcaggtaaaa
143	VLG7 – C – 1	ggtagcatcttttcattcccta	atgcttcttttccacggttg
144	VLG7 – D – 1	agaacaaggaccatggaacg	tttatggcaaccctccaatc
145	VLG7 – E – 1	gctgctagctggtcatcctc	gcagcgcactctgaaagtaa
146	VLG7 – F – 1	tctttccccatggacatttt	agttgggaagcaattggatg
147	VLG7 – G – 1	cgtcaaagcttgtttgatctc	aaaaacacacacacacacac
148	VLG7 – H – 1	acctgtggccagtcatgata	tcctcctccaatggaatcag
149	VLG7 – I – 1	cataactccatgccacatgc	ggtgacatcattcccctctg
150	VLG7 – J – 1	atccgagtagctgccttgaa	cctgctgcttcttcttccat
151	VLG7 – K – 1	tgctgcgtggtgaataattt	tcttagcatccgaagattga
152	VLG7 – L – 1	tttcccatatatagcccaag	ggatggaacccaaacattca
153	VLG7 – M – 1	aaccttggacacttcacctcat	tctgtgacatatcttcaggt
154	VLG7 – N – 1	tccctcgtggctatcaattt	tgatgaatgggatcaggcta
155	VLG7 – O – 1	ggctgcctacaaagattgtca	ttgagatttaccccccaggtt
156	VLG7 – P – 1	cccagaaacccaaattaaca	tttcccatctcatccgtttc
157	VLG7 – Q – 1	gctgttttggggtggatgta	aggggcctcttcataggtgt
158	VLG7 – R – 1	agtgtatcaggattgtttgg	ccagtccatataggggtcgtt
159	VLG7 – S – 1	tctcggacgagatgtacacg	agaatggaaagggaacaatg
160	VLG7 – T – 1	gcagcgaggatatgatcagg	gcaaatcggactggtagctt
161	VLG7 – U – 1	tgaactcccacaaatcacca	aatgggtggttgaaggtgaa
162	VLG7 – V – 1	gcttgaggcttggaaaacag	ggcaggatattcatggttgg
163	VLG7 – W – 1	aagtgccaacggctaacaat	acacacccttaacccattcg
164	VLG7 – X – 1	accgtgtgtgctctcaacag	tgggctcaccctaattcact
165	VLG7 – Y – 1	gttcattcaagccccaacat	gcttcatcactgccacttga
166	VLG7 – Z – 1	aacccaaaagcctcaaaagc	gagcaatgagtgcttcttcttg

续表

编号	名称	正向引物	反向引物
167	VLG18 - A - 1	atattgcatgggggattgatg	cgaatgcacaccaaatctta
168	VLG18 - B - 1	gattggatgctttgaattgg	gttctcacacaagtcctaaa
169	VLG18 - C - 1	agcaagcaagcaagaaacat	tccatcattcccatatctcc
170	VLG18 - D - 1	aggccatgttatggagatga	gatggccgagacaatgatac
171	VLG18 - E - 1	gcgagactgtttggagaaga	gggcataatgcaaatggtta
172	VLG18 - F - 1	gtggtccataatgggactga	ccaaaatgcacacacatctc
173	VLG18 - G - 1	gtaaggacctctactccctaa	attcctaagctgcacaccag
174	VLG18 - H - 1	aaggtggtttgttctcgaatc	attcaaccagcatgagcttt
175	VLG18 - I - 1	gctgtcctaagaagtgggatt	aaaaccgaagactgttgtgc
176	VLG18 - J - 1	agttccgaattcaaactaggc	tacattgatgtgcccctttt
177	VLG18 - K - 1	atgaaaggccagttggatct	gacaaaaaccgtttcccttt
178	VLG18 - L - 1	aaagtgcacaggaacgaaag	ttcaacttggcaggaaaaag
179	VLG18 - M - 1	cctagcttcagtcgtgcagt	gcctaacggaaggtatgtga
180	VLG18 - N - 1	aaatcggccttccttctct	atgctcagttgccatttgat
181	VLG18 - O - 1	tcccacatcggttaagaaaa	ttggttccctcctgtgtaaa
182	VLG18 - P - 1	ggcgctttggtaatgtatga	caacaattggctgagagctt
183	VLG18 - Q - 1	gggattttgtagaagaaagg	ctccaaagaattgtctccttca
184	VLG18 - R - 1	gatgcaaccacatcctcttc	aaaaagccacccaaggtaac
185	VLG18 - S - 1	ttgtgttgccatttcactgt	tattcccggaaaaagaaacc
186	VLG18 - T - 1	tttagctacccaaggttcca	tcctaatggcatggattgat
187	VLG18 - U - 1	tattgcgacccttagcagtc	tcccaccttccaaatatcaa
188	VLG18 - V - 1	ttgttggcatatgcttcatc	aaaacactaccctaaacgcagt
189	VLG18 - W - 1	aaaaatgcgtcgttgtgg	tccccaacaattctccatta
190	VLG18 - X - 1	cttgggaagaagcagaaaaa	tgagccttaggcatcttttg
191	VLG18 - Y - 1	cgtttggttgctgagaaaat	cgaggaagtgaggaaattga
192	VLG18 - Z - 1	tactgaaatcgggttgttgg	gtggccacagtaaaaacacc
193	VLG18 - ZA - 1	ccaaaaagttgcacttccac	gcccacacatgtttcctatg
194	VLG19 - A - 1	gccatgcatgaaatggtaat	ggggattcaaaaaggacagt

续表

编号	名称	正向引物	反向引物
195	VLG19 – B – 1	ttttcaccattcactcctcag	cctagaattcatcctcataggtct
196	VLG19 – C – 1	ggacatagctagggcattca	ggtaatgaatctgcccagtg
197	VLG19 – D – 1	tctggaacctaaaccccaat	tcctaacacaagggtgcatt
198	VLG19 – E – 1	tggaacctccaaggataaca	aggctgtgccatatcattgt
199	VLG19 – F – 2	tgggcattaccctttaatca	cgcaatgagagaccacattt
200	VLG19 – G – 1	gaggcaattaaaccaaagga	gggctaaagagccctcatac
201	VLG19 – H – 1	caacctgtttgttcctttgg	gaacctcccttcactccact
202	VLG19 – I – 1	ccttatcttatccctgtcctga	agcttctgggttggctatg
203	VLG19 – J – 1	ggatgacgaattcagagagc	actgaccatggaacacccta
204	VLG19 – K – 1	ttggcattgagatgatgatg	gaaagcaacagtttgggaga
205	VLG19 – L – 1	gacttgtgttaaagtgttctaccc	attcacaccatccatgttc
206	VLG19 – M – 1	aacattacgggggatttctc	tgtcatgtggatggagtgag
207	VLG19 – N – 1	ttgaaagagggcattcaaag	cctcattgtcatccctatgc
208	VLG19 – O – 1	cttgcttcaatcatggagaa	ttcagtgctcattcatgtgg
209	VLG19 – P – 1	aacataagtgcccaatggag	tctttcccattggagtttga
210	VLG19 – Q – 1	ccagcctggcttacttacct	cctccataggagagctgatg
211	VLG19 – R – 1	agcaagaaggtgacatttgc	gggtggagagaggagaagag
212	VLG19 – S – 1	cagagtccatcccatcatgt	cacaccaatcttgcttttcc
213	VLG19 – T – 1	accttggatgcaaatgttgt	agggatgacaatgatccaga
214	VLG19 – U – 1	gatttggagtgcttatttgagg	gcaaaataggtttgatccatgc
215	VLG19 – V – 2	aacgtgctctgataccaaatg	aatcgactacaatggctggaa
216	VLG19 – W – 1	tgagatcaacatgggcaaac	gccaaattgtgtttgatggt
217	VLG19 – X – 1	ggccttgaaagtgaagatga	atgttgggatgtgtttgctt
218	VLG19 – Y – 1	caacggacattttccaagtc	gaaatgcaggaacaagatgg
219	VLG13 – A – 1	aaaatcggggcgggaaaatt	catgatatgccttccacgtgg
220	VLG13 – F – 1	tgaagtatcagcgattgtggt	atgataacaccacccttccg
221	VLG13 – H – 1	accagggtccaaataaggtga	ggagtaggaggttttgttgaact
222	VLG13 – J – 1	tcccttaaaccaaagaccataca	aagcagtcctagtttcttgtgt

续表

编号	名称	正向引物	反向引物
223	VLG13 – L – 1	agctatagaaccatcctctacct	attgccaacatatgcgtgca
224	VLG13 – N – 1	tggcaaagactgtgctcaac	gcccaagagattagatgtgca
225	VLG13 – P – 1	aggaggggtttgttgagagt	tgttgcatgccatctcacag
226	VLG13 – R – 1	ggtggccctcatcctcttat	tctctcctatggtatctgacgt
227	VLG13 – T – 1	cgggtgagtgtagaaaggga	catggcgcttatattaggtgac
228	VLG13 – V – 1	tttgactgcatactaggacaagt	atggcctgagtcgaaaatatct
229	VLG12 – A – 1	cgcttggcaaagtgataatg	tggtggatagattccaagctc
230	VLG12 – C – 1	ggtctaccttcttccttggga	tggcttgcaaatgaagaaagga
231	VLG12 – E – 1	gttttgtggttgtgcatgcc	tctttccctacacaacaccca
232	VLG12 – G – 1	gggtttccatcttgttccatct	tgcctcatgatgcatcctact
233	VLG12 – I – 1	cgtggacgcaaaacatttcc	tcaatggccctgattttatcgt
234	VLG12 – M – 1	gcgtgattttctagaacggtga	ttcctagatgtccacacgca
235	VLG12 – N – 1	tcccacgatgctggaagtta	aaaaggaaggcaaggcttttc
236	VLG12 – P – 1	aggtcaagaaggtaaaatctgca	tcctttacgtggtggcagat
237	VLG12 – R – 1	agccaccaactacacccatt	agcgtgattttctgtgaagaga
238	VLG12 – S – 1	gtattgggccttgaagtggg	ccttcaaattgtgtcacatgtcc
239	VLG12 – T – 1	ttccctcacttccccatcac	agtccaaacataaggccaca
240	VLG12 – W – 1	tcacccttggatttgacttca	ttggggctgcaattggttac
241	VLG15 – A – 1	ccttcgtaaagccttttgtcca	gcattcaaggaagcaaaacagt
242	VLG15 – C – 1	tcatctcaccacttatcctctc	tggagatagaagtgggtatgagg
243	VLG15 – E – 1	agccatccaacaacccaaaa	cctcgagtaagaaccgttgc
244	VLG15 – G – 1	tgtgtctcatggatgttgct	accacatgcgtctagattgc
245	VLG15 – K – 1	cccacacacttcatggcttt	aagtagggaggacacaagcc
246	VLG15 – M – 1	gaacaaccctacaacgccac	tcaccacctcattcaccaca
247	VLG15 – O – 1	acaaaatttcaagcttggcact	aacacacacacacacacaca
248	VLG15 – Q – 1	tcctccacatatatcagcagga	tgcatttcacaatcacgcca
249	VLG15 – S – 1	gcattttccctcatctttccct	cgaatggttcttttgcccca
250	VLG15 – U – 1	tcctccccaaacactttcct	caccaagccaaacccagtt

续表

编号	名称	正向引物	反向引物
251	VLG14 – A – 1	ctgaccagggcaatgcatac	atccaattgtgtgccgtgtc
252	VLG14 – B – 1	atgaatgggaagggaaacagt	agggagcacttggttgtcaa
253	VLG14 – D – 1	tcctgcttttgtgtgtggac	accaccattgtagctcccaa
254	VLG14 – F – 1	acgtcactcacaaacatcca	agtagagttggtggggttgt
255	VLG14 – G – 1	acagcaaaacaagagatagggt	ccaaatacacttgatgacgtgga
256	VLG14 – H – 1	tgtcgtgtagcagagggttt	tctttcctaatcttaccctccct
257	VLG14 – I – 1	tgcgttgtcttgtgcgttta	gagagggcatcatccagagt
258	VLG14 – J – 1	gtgaacggaaccaaaccagg	ttagtgtggagtcgaaccga
259	VLG14 – K – 1	gcttgtatgcatgtcctaggtg	ggaccaaaatcaagggacacc
260	VLG14 – L – 1	tgcaacgaattttcagaaggga	taggggttttctcaggccag
261	VLG14 – M – 1	accccagagagattgtagca	acacacaacgcacgaatacc
262	VLG14 – N – 1	tacctctcccctaactcccc	gcattgtagcttggtttagggt
263	VLG14 – P – 1	tcacctcaccccacttttca	cctctcatccttcccttggt
264	VLG14 – Q – 1	accttgatcttgatacacttcca	tggtgggctcaagtcactta
265	VLG14 – R – 1	tgggtggtttacatgtccca	tggctccaacattgcatcaa
266	VLG14 – S – 1	tggggttcatgtatccatcagt	acccacaatgacaaatataccca
267	VLG14 – T – 1	tgttcggatgttgttctcca	tggtattgggtcatgaagagaga
268	VLG14 – Y – 1	actagatttggtaggtgcccc	gccttggttattctgattgcca
269	VLG14 – AA – 1	ccttctctcttttgggccca	tgcaagcataaggacacgtt
270	VLG14 – AC – 1	gttgtgaatttcatatgcctgct	ctggccctctcttggttgta
271	VLG14 – AD – 1	ggacatggattggggtttcac	aaacatatcccaaacccggc
272	VLG16 – A – 1	caaggggttactttggttcc	tagccttaaggtgccctttt
273	VLG16 – B – 1	tgtggtacatccaaaatgtgac	gatgtcaaacagggatggaa
274	VLG16 – C – 1	ccttttgcacgcagtaaaat	tttcctaggctgttgtgtcc
275	VLG16 – D – 1	cgtgttaccacagtattgatgc	ggtctgagtggtactttcagga
276	VLG16 – E – 1	aggcatgttcttgattttgg	tgtcaaactcaaaccctcaa
277	VLG16 – F – 1	ccaatttcctcacctaatgc	cccttcaagctttacaacca
278	VLG16 – G – 1	tttttcagatcccttgtgga	agcaccaagatgcagaaaac

续表

编号	名称	正向引物	反向引物
279	VLG16 – H – 1	ctaaaaagggatgggaggtc	tcttctagccagtccccaat
280	VLG16 – I – 1	gtggaattagaggaatttaggg	tcatcagcacttatcaagac
281	VLG16 – J – 1	cttgttggaggagtaaatccaa	cagtcggacaaatggttttc
282	VLG16 – K – 1	caatcctgaggaaaatggtg	ggtgatcaacattggagcat
283	VLG16 – L – 1	caccaaggcttagtttgtgc	cgggcttcgaatcttaaact
284	VLG16 – M – 1	gccaccacctatatggataaaa	ggaaggattcaatggaaggt
285	VLG16 – N – 1	gcagagagaggcaataccaa	accaaaatgggaaatcttcg
286	VLG16 – O – 1	ttgatgctggaagcacataa	aaacccgggatagggtatatt
287	VLG16 – P – 1	gtgatatctcacattggattgg	agagagtaggtgaaccccaaa
288	VLG16 – Q – 1	catgtcatcaacgccaatta	cccattgaatgtttgttgac
289	VLG16 – R – 1	acccagctagagagccactt	aagtcaagtggtggtccaaa
290	VLG16 – S – 1	cgagtttgaatccccattat	ccggttttggctcttttagt
291	VLG17 – A – 1	cctcctccatcccactattt	ggggctaatgaaggtttgat
292	VLG17 – B – 1	ttgcttatccccctcttctc	cgccagactgtaaccaattc
293	VLG17 – C – 1	actgtgtccgagtgctgttt	tggactttttggtggtgact
294	VLG17 – D – 1	gaagtggttttacggatag	cagcactgatgagctgtgtc
295	VLG17 – E – 1	aagccgtattctttcgaggt	gttctatccccaaccgtttt
296	VLG17 – F – 1	cccagggtttccatttctat	ttcctctccccattctctct
297	VLG17 – G – 1	cttttctttccctcgcattt	gggatggatttcttgattacc
298	VLG17 – H – 1	gctctttcctccattcttcc	ctcacgatcttgccaatttt
299	VLG17 – I – 1	tggctcgtcttttgttacttg	catcagcagtgtttccatca
300	VLG17 – J – 1	aggaagaggattgatcacca	aattcttggtaaggtgccaac
301	VLG17 – K – 1	gggatgggtgtgtgtgtatt	catgctcaccacttttcaca
302	VLG17 – L – 1	cgatggatcccatagtttga	gttgcttgaggtgtttggtt
303	VLG17 – M – 1	ccaatgtcactgataaccaaag	ggtaagggttagtaatgcaa
304	VLG17 – N – 1	aactaccagaagcagcaacc	cgagttaccagggaatgattt
305	VLG17 – O – 1	atttcccttttcccacatc	tggttttgatgcctagctc
306	VLG17 – P – 1	cacctccttgctctcaaaaa	aggagaagagaatgggttgg

续表

编号	名称	正向引物	反向引物
307	VLG17 – Q – 1	agaattagtgtgtggggaacaa	cttgcaaattagacacatgg
308	VLG17 – R – 1	aagtgccaaacgaatttcag	cgcaaccctaagaatgagaa
309	VLG17 – S – 1	ccaacccacttaggttcactt	tgttgttgttgtgtgcatga
310	VLG8 – A – 1	aagcagagccatcacatgac	ccttaaaccacatgttccaaag
311	VLG8 – B – 1	attttcgtggggatgagcta	caatgccatttctcctatcca
312	VLG8 – C – 1	gttcagtttggtgccctttt	cccatgtcaaaccttgaagc
313	VLG8 – D – 1	gagggactaggggctcaaac	aaaggtttaggagacgcaaaag
314	VLG8 – E – 1	gatcgatctgtcatcatcatcttc	ggacatattttcacctgcaaga
315	VLG8 – F – 1	caaaagctgagttcctttgttg	gtacattcacctttttaggg
316	VLG8 – G – 1	gatgggtagtcacttgtttgga	ggagtgatgagtttgatttg
317	VLG8 – H – 1	tctccaggaagttttaccaaca	tcctctcatggataagtttcccta
318	VLG8 – I – 1	aacaaactcaagctcaccattg	tttcctctcagcaccagctt
319	VLG8 – J – 1	cgacttatgcatctcagtcaa	tgtatccaccaaacacaatgg
320	VLG8 – K – 1	gcccacttacattttcccaat	ttggagcctttcaatgaagc
321	VLG9 – A – 1	tggttaacaatgccctcaca	ttcggggtatttccatgtgt
322	VLG9 – B – 1	cctccatgccaatcctagtc	ctccgagtcaatccattcaa
323	VLG9 – C – 1	tgcatgctgagaaaatctgc	ccatttggttgctagggaaa
324	VLG9 – D – 1	agcactcgtctcgaatccat	ggtccaagtcatccccattt
325	VLG9 – E – 1	gtcttcaagccttggtgctc	gctcaagttttcacccaagg
326	VLG9 – F – 1	tcgaaccaatttggaagtga	gtccaataaaagcgtacccaaa
327	VLG9 – G – 1	tccgctgagtacttgtcgtg	attgggcctcacgagtctta
328	VLG9 – H – 1	aaggttgtggcctttgagtg	cacaaatcatcctgggcttt
329	VLG9 – I – 1	tttaatggggatggggtat	ggcgatgaagattgggttta
330	VLG9 – J – 1	gtgatcttcatcacaagtttgg	atggcatgcacaactagcaa
331	VLG9 – K – 1	ggcagatcacagctgaaggt	gcaagttgtccccctatcaa
332	VLG9 – L – 1	cccaatactaacagcacaaa	atgcaaaatttcctgccatc
333	VLG9 – M – 1	gccaaacttggggagattc	caccacacataatgcttaccg
334	VLG9 – N – 1	cgatgccagagaattcacac	atcgatccgggaacagaact

续表

编号	名称	正向引物	反向引物
335	VLG9 – O – 1	gatgtattgggtgtatcccaaag	ggtctctatgcaggaataaacca
336	VLG10 – A – 1	gtggaggtggagcaactcat	caccaccccagctctctttta
337	VLG10 – B – 1	ccccaccactaccagacaag	aaccgaacaaaatggagtgc
338	VLG10 – C – 1	tccacaactccatgaacagc	agttgcccttggttctcctt
339	VLG10 – D – 1	ctcaagtccaaccacccaac	ctcctacccaagtccagctc
340	VLG10 – E – 1	cccaccgtggaagataaaaa	tgaatgttgtgttcaaggag
341	VLG10 – F – 1	caatagggcgtcctgttta	aggattccggattctcttcc
342	VLG10 – G – 1	aaagggcaacaaaaatgcag	tcgtgaaagagaaggttgct
343	VLG10 – H – 1	tgttgtgtctcctctctgtgg	caggcatgcttcatctctca
344	VLG10 – I – 1	atcaaaggggtgaaatgtgc	tgatcattttgttcgagagg
345	VLG10 – J – 1	tccatcctcacttaatggtgaa	ggcctctatgcctcctcaat
346	VLG10 – K – 1	acctgatccctgtgacttgg	gatttccacccatcttgtgg
347	VLG10 – L – 1	cagaaccagtgctagaagcat	gagatccagcttggattgga
348	VLG10 – M – 1	atgggggctagacatacacg	gttgtcgctcccattttgtt
349	VLG10 – N – 1	tgatcggaggagcctaattg	aagagcgggaaaaggaaaag
350	VLG10 – O – 1	gggcaatggaaagaatgaaa	aaatgacccaagccttgatg
351	VLG10 – P – 1	tggcatttacgcaactctttc	gttctccccttccattgtca
352	VLG10 – Q – 1	gaagaatcctccctgcttcc	acccacgttttctaagatca
353	VLG10 – R – 1	gaaggttcgtagcccaatga	gattccaatcactttgctca
354	VLG10 – S – 1	aaagacacgagtccgtcttca	ttcgactgcctctctccaat
355	VLG10 – T – 1	gcatgccaataaagtttctgc	ttgcagcaccagtaaatcca
356	VLG10 – U – 1	ttttctccggatttgcattc	ttgagttaccaacacccaagc
357	VLG10 – V – 1	tgaggggggcctacctagttt	ggagagaccaagtaaatgtccaa
358	VLG10 – W – 1	gtccttgtgagtgctggttg	caaccctgaggaccctaaca
359	VLG10 – X – 1	ttccaatggtatgcaacgtg	ttagcccatggatgtcacct
360	VLG10 – Y – 1	gaggaggaaaggaagggaag	tccctaaaacacccttttct
361	VLG11 – A – 1	tgtttccagacatgcaccat	aaattcctggacagcaccac
362	VLG11 – B – 1	aaaggatttgcttgaagtgctc	gcccgaggaccaattacttc

续表

编号	名称	正向引物	反向引物
363	VLG11 – C – 1	aaaagattgcccccaagttt	gtttaaatcacggtcaaacc
364	VLG11 – D – 1	tcctgtttgcttgctctttc	tgccacaattcttctctcca
365	VLG11 – E – 1	gtctttgcgggttgattgat	tgaagttggatagcgaccat
366	VLG11 – F – 1	tggttgcattttctcaagtctg	ttgccatcatccaacacatt
367	VLG11 – G – 1	aggtattgttggagggtgttg	cccgtcattttgatccttgt
368	VLG11 – H – 1	caaggctatgagtcctaactacca	aaaaggtttggggatggttt
369	VLG11 – I – 1	tggctaaggggtcaaatgat	ccatctgccatggttttctt
370	VLG11 – J – 1	atttctgcgctcacactcct	aagctaagtggcgagcatgt
371	VLG11 – K – 1	tatggaatggtgcgaagtga	gcgaaataagtgacccttcc
372	VLG11 – L – 1	catcctccatgggtcatttc	tgctcaataccaccatttgc
373	VLG11 – M – 1	aacccggattcacttcagc	ggttggaaacttggaagtgg
374	VLG11 – N – 1	tctagggtctgtttgagcttct	tctcatcctgtttccaactctt
375	VLG11 – O – 1	tgccaggtcctgatgtgtta	ggcatagcatcaaccccata
376	VLG11 – P – 1	tgggacacctcataaagacca	accatgctcaggtttcaagg
377	VLG11 – Q – 1	acgagcaaaagtccatgtcc	cgttttgcccaaaatcaag
378	VLG11 – R – 1	accagttcactagccgttgg	cgaggtctggtcaagaggag
379	VLG11 – S – 1	ggcaaattgatggaagacttg	ggcaatgttttgcttcctct
380	VLG11 – T – 1	tttttcagggcatatcagga	aggttcaaaggtgtgggcta
381	Y – 2 – 1A	tccatgagagatgtagatgtg	ctcctgcgatgagtaacc
382	Y – 2 – 1B	ctccattctcttatcctaacca	aactcaactcctagccaag
383	Y – 2 – 2A	agcagatggactgatgga	atcttgaccacactctaaca
384	Y – 2 – 2B	ccagttgtagaccgatcc	gcatagttaagtgcttgtgt
385	Y – 2 – 3A	ccttcattgaatgctggaat	gcgaactatacaccacaga
386	Y – 2 – 3B	ggaggttctaggttcatgtc	taggaagtgtatcccaatagac
387	Y – 2 – 4A	cctccttccacttcctct	aatgtatccgactcaaatgc
388	Y – 2 – 4B	atgaaacgagtccttatcca	acatagttaggctacaacca
389	Y – 2 – 5A	acctgactaggagctgac	cctcacacttggtatgcc
390	Y – 2 – 5B	cttacgtctcgctgaggt	gccagcaattcgtttatagg

续表

编号	名称	正向引物	反向引物
391	Y－2－6A	atgcctcttgtctatcttgg	cctccattgagacttcctac
392	Y－2－6B	atggttcattatgggtagcc	ctgtgattggatggtatttgg
393	Y－2－6C	tacctcctgagtgagacaa	acatgatcccactactatctg
394	Y－2－7A	cactattcactcacgagattac	cttacatggtgagaggtagg
395	Y－2－7B	ggaatattggattctttcaggg	ttcgtcgtcgagtggaag
396	Y－2－8A	ccaagtatgagtgttgtatctc	gatttctccattccctatcct
397	Y－2－8B	tcttgttgtcttcgtctcc	agagcgaaagggtaggaa
398	Y－2－9A	tgttcctacctcaattcctt	aagtgacctaagcctttgta
399	Y－2－9B	gtatgtgaggttgagattgt	taggactcgcatcccaaa
400	Y－2－10A	attcaatggtccttcagtgt	cgcagattggtggattatg
401	Y－2－10B	gtacacacagctactctctc	gacaatccgcttcccatc
402	Y－2－11A	agcaacatcaccaaccaat	gagaagagaagaacctgagag
403	Y－2－11B	gcagcatcttccagaagt	aaattcacaccctccactt
404	Y－2－12	ttccaagtgcctcttatctt	aagcggagaaaggaatgtt
405	Y－2－13A	tggctactaattgtaagacc	ccacttggttaatgacttct
406	Y－2－13B	catgtggcactcattggg	gtcggattgctatatgtaagtg
407	Y－2－14A	aagagtggtatatccttccc	tgcaccaattgacataacc
408	Y－2－14B	gcattagttgatctggattg	gtgaaagcacacagaagat
409	Y－2－15A	cgaaccaacaataggagtag	agccttaccaacatcacat
410	Y－2－15B	gctccttgtggtgtagaa	tctgaaaccctaatcccttc
411	Y－2－16A	aacaaggtcggcaagaac	tgaggagttggttacagaga
412	Y－2－16B	ggtcaagaacgcacctatt	ccttatggtcgggagtca
413	Y－2－17A	gctcaaacataaagttcacc	catcttcctacggtccttc
414	Y－2－17B	ggagtcctaactaccatacat	gtcttggacacttgagaatt
415	Y－2－18A	ttgggttgggttcatcaat	gccagatatgagaacaagga
416	Y－2－18B	tgggaaacctcaagaagtg	gcctaatggtgtcctaattg
417	Y－7－1	gggtttgagttgatcgtatatc	ggttgattagatttggctacac
418	Y－7－2	aggtgaggttgaggtagat	gtaatggaccagtgagtga

续表

编号	名称	正向引物	反向引物
419	Y－7－3	aacacatgacctcttgctaa	agtggatggcttagttgac
420	Y－7－4	ctggtccattaagtcaagtg	ttcctctccaagattcagtc
421	Y－7－5	ttatcctcgttggaaatccc	gcttgagttcaccaatgga
422	Y－7－6	atgccatctatcacaatgtg	tcatcctttaacctcgtttg
423	Y－7－7	accctttgtgtctcccctt	gtgactccaaccttgaaga
424	Y－7－10	ttgtgctagatgttgctgta	tggaattggtcgctctaac
425	Y－7－11	tccacctcctgatctgtc	aggactcctagccttgtata
426	Y－7－12	gtcacatactacaacagtgt	catgggtttcgatgatctat
427	Y－7－13	ctgaagcaccaactgaaga	ggaatacaagcaatcccaaa
428	Y－7－14	cccatacacatgacaatatacg	ctggaaagaagacacctctat
429	Y－7－16	gcaaatccaaggcacataa	ctcgtcactcactcactg
430	Y－7－17	gtaagcacaagagccataga	ttcgtcgtgactggagtt
431	Y－7－18	ggactgtcttgatactgttca	attaggcattccagttgtgt
432	Y－7－19	agttgaatcctctttctctc	ggtgagactattgtggataa
433	Y－7－20	gagactcagatagagatagagg	aaggacggaaactgcttt
434	Y－7－21	gtcattgcatcaccttcat	ctatgtgtatgttgatgtgc
435	Y－11－3A	tccgcacaattcatatcatc	gtgacatgctaaacagtgaa
436	Y－11－3B	gttagccgtcttatgaatagc	aatatgagagacaagagggtag
437	Y－11－4A	ggcgtgattcaaggagag	ccctatgaatgatgctttcg
438	Y－11－4B	ccaacaaccaaacaatttcg	cttcttcttcctcttcttcttc
439	Y－11－5A	actaagactaccaactccttc	gaatgaactctgggataatagc
440	Y－11－5B	cctatatgctttgggtcgg	tgttccatgaattgcctaag
441	Y－11－6A	ggaccaccatctcaatatacc	ggagccactgaagagaca
442	Y－11－6B	tgcccttgaatctattggaa	gtactgtcactgatggaaga
443	Y－11－7	tctcgtgctccacactata	actagaattacgtggctgta
444	Y－11－8	gatgtctctgctgctactt	ttactaggtatcaggaggttac
445	Y－11－9A	aaggcaggtagacataacat	gtaattctgtggatcgctat
446	Y－11－9B	cacctaaccacaaacaagaa	aagaggttgggtgacattt

续表

编号	名称	正向引物	反向引物
447	Y－11－10	ttctgagtgtcacgaggt	gtccatttcaaccctattctg
448	Y－11－11	aaggataaccagcgttagtt	cctgattggagttgaaccta
449	Y－11－12	actgggattggaagtattac	tgagtgtataggaggtatgg
450	Y－11－13A	agtctgagtgtataggaggta	gcagagccatcacatgat
451	Y－11－13B	ccactgtctctgattattagtc	acaattcctatgctcaccaa
452	Y－11－14	cctactccttctcaggtttg	cctttcttgatattgggttgg
453	Y－11－15A	gagacttcctcatggatattc	ggaacctgaagacaagttg
454	Y－11－15B	ttaggctggtttggtttg	caatttctcctctacatgag
455	Y－11－16	gagtggagttgggatacatc	gcttaggacattaggcttca
456	Y－11－17	gtgcaacgatcataactcat	gccatatccttatcccaaga
457	Y－11－18	tctcaagatagcatgtggaa	gtggcaaattcatttagacc
458	Y－11－19	cctgttaaggtatttaggtgga	cgtaaggaactcgcaatga
459	Y－11－20	tgacaaggatgatgcaacta	aacattagggctaacaccaa
460	Y－15－1A	ctacacatggatctttcgtatg	gcacaagactagaaggacat
461	Y－15－1B	ggatgagtgtaacaatcaac	ctaatggcttagcatctaag
462	Y－15－2	gcctaatatccacatgagtt	attgcgagttccacacat
463	Y－15－3A	atggataagtttccctactctc	cggagcttagttgcttaattc
464	Y－15－3B	gagactttaagcttgaggaa	ctagacccgaacaaagaaa
465	Y－15－4	tggcttcttcattccttgg	tgcttatatcaccaggacct
466	Y－15－5A	tccatacaccttaacggtaa	atgagtcttgcttgtctgt
467	Y－15－5B	ctttacgcacttcagcatta	cttccatccatagcacttct
468	Y－15－6	agtcagtctaagaacggatac	accctattctctacttcaaacc
469	Y－15－7A	agtatgtaaggttgagatcg	aagtgtaggcgtaggatg
470	Y－15－7B	gagcaagacattgttcaaga	tctgaagagcattgttgttg
471	Y－15－8	aacattcttgcctcttaacg	ggtgatagtcggttgtgaa
472	Y－15－9A	acggtaagagtccatgtattc	tcatcgctaacctcacaac
473	Y－15－9B	tacaccaccttactagacttg	ggcattgtttgtgagcatt
474	Y－15－10	cactccataagagacttgttg	tgtcctcaaatctgttcctt

续表

编号	名称	正向引物	反向引物
475	Y – 15 – 11	ctcttctttcaatatggtaggc	agtcgtctaacctatactccta
476	Y – 15 – 12	ccaatgctttcttgctcat	ctcttcactaatcaggtagga
477	Y – 15 – 13	agaggagagaaatcgcatac	ccaacaccaggtcacttc
478	Y – 15 – 14	caacaccttctcttctctatg	ccagaactctgatctcaatc
479	Y – 15 – 15A	ctgcgtgacatccatagc	ggaccaactcaacattagga
480	Y – 15 – 15B	ccatcaatctcagtctcatt	ccatgtccaaaggcaaat
481	Y – 15 – 16	ccagtggtcataataagatgtc	tgcttgcttagtaagaaggt
482	Y – 15 – 17A	ccttgtaacgatagattcagag	taccaaccaaccataccatt
483	Y – 15 – 17B	gcactgtaagtcctattctct	gctctcgttcagatgatgg
484	Y – 15 – 18	gatgaggaatctctactaagga	tctcaaccaggaaagtgaat
485	Y – 15 – 19A	agcaacagcaacagtcta	ccagttccacaacattcc
486	Y – 15 – 19B	ggtaactcaggagaaacattg	gttgaacctacgggaaaga
487	Y – 15 – 20	aagtcaagtcgtccaactaa	tggtccgagaacaagaga
488	Y – 17 – 1A	cgaacatagaccagtaggac	gtaatcttgagaggatgatagc
489	Y – 17 – 1B	aatgaaggtcgattcgtgtt	cgtcgtcactgggctata
490	Y – 17 – 2A	tacagccttgagactatcg	caaagcccattcaaaccat
491	Y – 17 – 2B	ccgacaaagaactgggaaa	agatttagggctacgagagt
492	Y – 17 – 3A	acatccacatctgctctc	gcctcacatcatatactaca
493	Y – 17 – 3B	ttcttgcctctcttcttactc	gctggaaataagtcgtgatg
494	Y – 17 – 4A	tctctgtgtgcgtgtctat	cctcttggtgttggaatcg
495	Y – 17 – 4B	ccagagaacagacgactg	aaggactcacaactccaata
496	Y – 17 – 5A	aaggcaaagagagtattcca	agatttacacccatcaacag
497	Y – 17 – 5B	agacttgtgtgttactcctgtg	atcttgccttgaatcattgc
498	Y – 17 – 6A	ttctgttgctccacatacc	tcattagcgatcaactccat
499	Y – 17 – 6B	gggccatttcttctctct	ctttcaaataaaggctctcc
500	Y – 17 – 7A	gctactactactactactactg	ggaatctggttgcatcatt
501	Y – 17 – 7B	agtgctttgtgagaggatt	gatacgccatactgttgtg
502	Y – 17 – 8A	tcatggtacaagtcgtgac	gttgataagtagttctgtctcc

续表

编号	名称	正向引物	反向引物
503	Y－17－8B	ccttcctaagtcggtccta	ggcccacaaacaaacataa
504	Y－17－9A	ccaacttgcacatgaataac	ccaaggctcttgtaggaa
505	Y－17－9B	tcacaatggtctcgcttaa	gctttgtaaatgtgttggtc
506	Y－17－12A	cagatgttccacaccttga	gctcacttagactgcttga
507	Y－17－12B	ttgatggacttgatgactgt	aggttgaaaggggttactgtt
508	Y－17－13A	gtcacactaagtggctcaa	ttggagatacatggttggtt
509	Y－17－13B	gatggtgatgatgatgatgg	gccgctatgtctcctaac
510	Y－17－14A	ttcacattcccactactctc	aatctcctcttctgcatctc
511	Y－17－14B	gaggttccaggttagagtc	caccttaagttcttcctacac
512	Y－17－15A	taaggtaaacactcacatgc	ttccgccaattaccctatt
513	Y－17－15B	caagaatccaataccactacc	ctctcaaggaactagcatact
514	Y－17－16A	gcttctgttggaactctca	ggttctctgtttagggttgt
515	Y－17－16B	tgcttagagttcactagaca	ccacttaggttcacttagatag
516	Y－17－17A	gtgcctttgataggaagc	gcatatctcttaccaccatt
517	Y－17－17B	gccaattacaccatagactac	gctctgtgatatgtattgatcc
518	Y－18－1A	gtgttccttcctccatatcc	gccgtcttgtattactctca
519	Y－18－1B	gaaagcacataggcatcaaa	cgttcttccctccatcatt
520	Y－18－2A	atagttgatgccgctgtt	gtatgccattggatactgtc
521	Y－18－2B	gatgtcatatcaacggtccta	ctcacttctagttcgagtctta
522	Y－18－3A	ctgtttggtgctcttaatca	gatgtctcgtccttcttga
523	Y－18－3B	ttgtcacatctcccagttg	atggcgggtgtataggtt
524	Y－18－4A	ttgaatgagaccagatccat	gcatgaagatgtgagaagtt
525	Y－18－4B	ggcaatagaaggttgtgaat	aggaataggtcaatcgtctt
526	Y－18－5A	atctccatctccatctcact	ttctcgctctccactctc
527	Y－18－5B	ggaaggtcaatcctgataatg	accgaccaatctgatatgg
528	Y－18－6A	ctccttacttcccgcatc	agtacccgaggcattgat
529	Y－18－6B	gttagcactccattcatagg	acggttgtgttctatatgtg
530	Y－18－7A	tgattgcctattggtgtcta	aagccttgttgtgattctg

续表

编号	名称	正向引物	反向引物
531	Y-18-7B	ccttggctctgagaacag	tgaaaccctaatcccttatgg
532	Y-18-8A	ttgtcctctgagcatcttc	ccgcgttgtgatctgtaa
533	Y-18-8B	gctgcctgatggagatta	accatacattgaccattacc
534	Y-18-9A	ttccttcttccctcttcca	ggttgctcgcattaatatga
535	Y-18-9B	ggatctcatgctccttagtaa	tgacatggcattcttctttg
536	Y-18-10A	gcctgctgataattgagatag	caaccaacatggagaacct
537	Y-18-10B	ctctccagtgatgattcctt	gagttgctcacatgattgc
538	Y-18-12A	ggttactacggttgctgag	tctgtttggttgctggaaa
539	Y-18-12B	tgtgcttgtagtgctctc	cctaattcacttgactgacc
540	Y-18-13A	tcttcaagagacgagttcc	gagacgagttccgttagg
541	Y-18-13B	ctggacgacaacggaatt	ttgtgtgttgatgaagggta
542	Y-18-15A	gcaatacaagcaatcccaaa	atgccacactctcatcca
543	Y-18-15B	cctagccactcatcttctaa	ccttgtaatccaccaacca
544	Y-18-16A	cactaaatcaaaggaagagg	gtgttctttattcctcgttc
545	Y-18-16B	ccacactatcttgttgttgt	aggacaatgatctccatctc
546	Y-18-17A	tctagccactcattctctaag	ctcagacgcatcctttgt
547	Y-18-17B	tcaccttcaccttcacctt	gggaaagcgactcagaga
548	Y-18-19A	atccacctcatccttccat	accgtgattaacgctgtc
549	Y-18-19B	cgtatatgggtttgtatggatc	gaaggaagaaggaacagagat
550	Y-18-20A	tccacttacaaagagaaacc	tagcatggcgacaactaa
551	Y-18-20B	tgagacgctccgagatag	ggtgaggagagtcttctga
552	Y-18-21A	caaacataaggcccacaaa	ctcactttcccatcacact
553	Y-18-21B	ggtgtactgtccttgtctc	ggtagaagagccaacagaa
554	Y-18-22A	gattacgctcaactttgtgt	atgcttccatgtgtctgta
555	Y-18-22B	ggatatgtggatctcatctct	ccaagtttccaaccatcatt
556	Y-18-23A	cactagacagtcgccatc	caatgtggaataagggataagg
557	Y-18-23B	gcaaatgataggcactctg	tgtcattctcattaggaggtc
558	Y-18-25A	ctaggatggtcaaaggtttatc	gctttgaacttcccttatgg

续表

编号	名称	正向引物	反向引物
559	Y – 18 – 25B	accaagaagagaagactactg	ggctaaccgactcaactg
560	Y – 18 – 26A	gaacacatcgtacctccat	gacatcctcaccaccatc
561	Y – 18 – 26B	tcgctttccaacctttaact	catgcaccattattccttatcc
562	Y – 18 – 27A	agggttctatcctaacaact	ctaagataaggtccagtcact
563	Y – 18 – 27B	tgaaccttaggcaaatctct	aagaaaggacgtgtgtgg
564	Y – 18 – 28A	cagtatcaacacaatcctca	tttctgggctaccaagca
565	Y – 18 – 28B	caccagcagtagaagtcaa	gtctatgcaagccagtagt
566	Y – 18 – 29A	ttgcttgtcgtaggattgt	gatgtgtctgatttgtgtgt
567	Y – 18 – 29B	atctgaagtcacccttacat	cctgctccatccattagtt

参考文献

[1] 常玉花,周鹊,杨仲南,等.拟南芥雄性不育突变体 ms1142 的遗传定位与功能分析[J].植物学报,2010,45(4):404-410.

[2] 陈贤丰,梁承邺.水稻细胞质雄性不育性与组织抗氰呼吸关系的研究[J].中国水稻科学,1990,4(2):92-94.

[3] 崔永兰,刘慧娟,张在宝,等.控制拟南芥花药发育的 MS157 基因的精细定位[C]//中国遗传学会七届一次青年研讨会暨上海高校模式生物 E——研究院第一届模式生物学术研讨会论文汇编,2005.

[4] 邓继新,刘文芳,肖翊华.HPGMR 花粉发育期花药 ATP 含量及核酸与蛋白质的合成研究[J].武汉大学学报(自然科学版),1990,3:85-88.

[5] 邓明华,文锦芬,刘志,等.辣椒细胞质雄性不育系的物质代谢和过氧化物酶分析[J].云南农业大学学报,2007,22(6):791-794.

[6] 邓明华,文锦芬,何长征,等.辣椒核质互作雄性不育系与保持系呼吸速率研究[J].云南农业大学学报,2009,24(1):22-25.

[7] 方智远,孙培田,刘玉梅.甘蓝杂种优势利用和自交不亲和系选育的几个问题[J].中国农业科学,1983,16(3):51-62.

[8] 方智远,刘玉梅,杨丽梅,等.甘蓝显性核基因雄性不育与胞质雄性不育系的选育及制种[J].中国农业科学,2004,37(5):717-723.

[9] 冯辉,魏毓棠,许明.大白菜核基因雄性不育系遗传假说及其验证[C]//中国科学技术协会青年学术年会园艺学,1995.

[10] 冯辉,魏鹏,李承彧,等.大白菜核基因雄性不育复等位基因 Ms 的 SSR 标记[J].园艺学报,2009,36(1):103-108.

[11] 郭晶心,孙日飞,宋家祥,等.大白菜雄性不育系小孢子发生的细胞形态学研究[J].园艺学报,2001,28(5):409-414.

[12]高夕全,张子学,夏凯,等.雄性不育辣椒中几种内源植物激素的含量变化(简报)[J].植物生理学报,2001,37(1):31-32.

[13]黄厚哲,楼士林,王侯聪,等.植物生长素亏损与雄性不育的发生[J].厦门大学学报(自然科学版),1984,23(1):82-97.

[14]黄少白,周燮.水稻细胞质雄性不育与内源 GA1+4 和 IAA 的关系[J].华北农学报,1994,9(3):16-20.

[15]黄晋玲,杨鹏,李炳林,等.棉花晋 A 细胞质雄性不育系酶活性的研究[J].棉花学报,2004,16(4):229-232.

[16]李树林,钱玉秀,吴志华,等.甘蓝型油菜细胞核雄性不育性的遗传规律探讨及其应用[J].上海农业学报,1985,1(2):1-12.

[17]刘红艳,吴坤,杨敏敏,等.芝麻显性细胞核雄性不育系内源激素、可溶性糖和淀粉含量变化[J].中国油料作物学报,2014,36(2):175-180.

[18]刘慧娟,张在宝,高菊芳,等.拟南芥雄性不育突变体 EC2-157 基因的精细定位[J].上海师范大学学报(自然科学版),2005,34(1):58-63.

[19]刘齐元,朱肖文,刘飞虎,等.烟草雄性不育花蕾发育过程中几种物质含量的变化[J].江西农业大学学报,2007,29(3):336-340.

[20]刘吉焘,狄佳春,陈旭升.草甘膦诱导抗草甘膦棉花花药中激素和游离氨基酸含量的变化[J].分子植物育种,2014,12(3):530-536.

[21]刘金兵,侯喜林,陈晓峰,等.甜椒胞质雄性不育系及其保持系生化特性研究[J].园艺学报,2006,33(3):629-631.

[22]刘忠松.不育花药的生理生化研究进展与展望[J].植物生理学通讯,1987,3(2):16-21.

[23]吕洪飞,余象煜,李平,等.杉木雄性不育株与可育株小孢子囊发育的电镜研究[J].武汉植物学研究,1997,(15)2:97-102.

[24]马尚耀,董歧福,成慧娟,等谷子雄性不育复等位基因的发现初报[J].遗传,1990,1:9-11.

[25]孟金陵,等.植物生殖遗传学[M].北京科学出版社,1995.

[26]苗锦山,杨文才,刘彩霞,等.葱胞质雄性不育花蕾生化物质含量和能量代谢酶活性的动态变化特征[J].西北植物学报,2010,30(6):1142-1148.

[27]任芳.大白菜核雄性不育基因 Ms 的精细定位及 BAC 文库筛选[D].沈阳:沈阳农业大学,2016.

[28]任雪松.甘蓝细胞质雄性不育系和保持系的同工酶与线粒体 DNA 的比较研究[D].重庆:西南农业大学,2004.

[29]沈向群.大白菜雄性不育研究及利用现状[J].北方园艺,1992,4:12-15.

[30]舒孝顺,陈良碧.低温敏感不育水稻育性敏感期细胞色素氧化酶活性[J].内蒙古师范大学学报(自然科学版),1999,28(1):58-61.

[31]李巍,马翎,何蓓如.两类小麦温敏雄性不育系育性敏感时期生理生化指标的变化[J].麦类作物学,2009,29(1):89-92.

[32]林苏娥.白菜花粉壁发育相关的四个多糖代谢基因的表达分析与功能鉴定[D].浙江:浙江大学,2014.

[33]沈火林,乔志霞,安岩.辣椒胞质雄性不育系和保持系内源激素含量的比较[J].西北植物学报,2008,28(9):1751-1756.

[34]宋喜悦,胡银岗,马翎健,等.YS 型小麦温敏雄性不育系 A3314 育性转换期间幼穗和叶片中物质含量的变化[J].西北农林科技大学学报(自然科学版),2009,37(8):81-86.

[35]宋宪亮,孙学振,王洪刚,等.棉花洞 A 型核雄性不育系花药败育过程中的生化变化[J].西北植物学报,2004,24(2):243-247.

[36]汤继华,赫忠友.玉米温敏型核雄性不育系育性机制转换研究[J].河南农业大学学报,2000,34(1):4-6.

[37]田长恩,张明永,段俊,等.油菜细胞质雄性不育系及其保持系不同发育阶段内源激素动态变化初探[J].中国农业科学,1998,31(4):20-25.

[38]王淑华.大白菜核雄性不育基因的等位性检测及不育株与可育株生理生化特性的比较分析[D].沈阳:沈阳农业大学,1996.

[39]夏涛,刘纪麟.玉米细胞质雄性不育性(CMS)的激素调控机制[J].中国农业大学学报,1993,S4:17-22.

[40]谢潮添,杨延红,朱学艺,等.白菜细胞核雄性不育花药的细胞化学观察[J].实验生物学报,2004,37(4):295-302.

[41]徐孟亮,刘文芳,肖翊华.湖北光敏核不育水稻幼穗发育中 IAA 的变化

［J］.华中农业大学学报,1990,25(4):381－386.

［42］易君,高菊芳,张在宝,等.拟南芥雄性不育突变体 ms1502 的遗传及定位分析［J］.植物分类与资源学报,2006,28(3):283－288.

［43］曾爱松,梁毅,严继勇,等.洋葱胞质雄性不育系及其保持系花蕾内源激素含量和脯氨酸含量的动态变化特征［J］.华北农学报,2012,27(s1):77－80.

［44］曾维英.大豆质核互作雄性不育系和保持系的差异蛋白质组研究［D］.南京:南京农业大学,2007.

［45］张爱民,李英贤,黄铁城.小麦雄性不育与内源激素关系的初步研究［J］.农业生物技术学报,1996,(4)1:56－61.

［46］张明永,梁承邺,黄毓文,等.水稻细胞质雄性不育系与保持系的呼吸途径比较［J］.植物生理学报,1998,(24)1:55－58.

［47］张新梅,武剑,郭蔼光,等.甘蓝显性雄性不育基因 CDMs399－3 紧密连锁的分子标记［J］.中国农业科学,2009,42(11):3980－3986.

［48］张艳玉,张卫东,高庆荣,等.温光敏雄性不育小麦 BNS 幼穗发育中的内源激素变化［J］.西北植物学报,2013,33(6):1165－1170.

［49］周凯,司龙亭,张琪.萝卜细胞质雄性不育系与保持系光合特性和呼吸特性的比较试验［J］.北方园艺,2007,6:3－5.

［50］Aarts M G M, Hodge R, Kalantidis K, et al. The Arabidopsis MALE STE-RILITY 2 protein shares similarity with reductases in elongation/condensation complexes［J］. Plant Journal, 1997,12(3):615－623.

［51］Allen E, Xie Z,Gustafson A M,et al. microRNA－directed phasing during trans－acting siRNA biogenesis in plants［J］. Cell, 2005, 121(2):207－221.

［52］An H,Yang Z,Yi B,et al. Comparative transcript profiling of the fertile and sterile flower buds of pol CMS in B. napus［J］. BMC Genomics, 2014,15(1):258.

［53］Ariizumi T, Hatakeyama K, Hinata K, et al. The HKM gene, which is identical to the MS1 gene of Arabidopsis thaliana, is essential for primexine formation and exine pattern formation［J］. Sexual Plant Reproduction,

2005,18(1):1-7.

[54] Ariizumi T, Hatakeyama K, Hinata K, et al. Disruption of the novel plant protein NEF1 affects lipid accumulation in the plastids of the tapetum and exine formation of pollen, resulting in male sterility in Arabidopsis thaliana [J]. The Plant Journal, 2004,39(2):170-181.

[55] Audic S, Claverie J M. The significance of digital gene expression profiles [J]. GENOME RESEARCH, 1997,7(10): 986-995.

[56] Aukerman M J, Sakai H. Regulation of Flowering Time and Floral Organ Identity by a MicroRNA and its APETALA2-like Target Genes[J]. The Plant Cell, 2003,15(11):2730-2741.

[57] Bartel D P. MicroRNAs: genomics, biogenesis, mechanism, and function [J]. Cell, 2004,116(2):281-297.

[58] Bateson W, Gairdner A E. Male-sterility in flax, subject to two types of segregation[J]. Journal of Genetics, 1921,11(3): 269-275.

[59] Bergman P, Edqvist J, Farbos I, et al. Male-sterile tobacco displays abnormal mitochondrial atp1 transcript accumulation and reduced floral ATP/ADP ratio[J]. Plant Molecular Biology, 2000,42(3):531-544.

[60] Borges F, Pereira P A, Slotkin R A, et al. MicroRNA activity in the Arabidopsis male ger mLine[J]. Journal of Experimental Botany, 2011,62(5): 1611-1620.

[61] Brenda N P, Heather A O, Kenneth A F, et al. Characterization of three male-sterile mutants of Arabidopsis thaliana exhibiting alterations in meiosis [J]. Sexual Plant Reproduction, 1996,9(1):1-16.

[62] Cao J JUN. The pectin lyases in Arabidopsis thaliana evolution, selection and expression profiles[J]. Plos One, 2012, 7(10): e46944.

[63] Caryl A P, Jones G H, Franklin F C H. et al. Dissecting plant meiosis using Arabidopsis thaliana mutants[J]. Journal of Experimental Botany, 2003,54(380):25-38.

[64] Canales C, Bhatt A M, Scott R, et al. EXS, a putative LRR receptor kinase, regulates male ger mLine cell number and tapetal identity and pro-

motes seed development in Arabidopsis[J]. Current Biology, 2002, 12 (20):1718 – 1727.

[65] Chambers C, Shuai B. Profiling microRNA expression in Arabidopsis pollen using microRNA array and real-time PCR. [J]. BMC Plant Biology, 2009, 9(2):333 – 337.

[66] Chapple R M, Chaudhury A M, Blomer K C, et al. Construction of a YAC Contig of 2 Megabases Around the MS1 Gene in Arabidopsis thaliana[J]. Australian Journal of Plant Physiology, 1996, 23(4):453 – 465.

[67] Chaudhury A M. Nuclear Genes Controlling Male Fertility[J]. Plant Cell, 1993, 5(10):1277 – 1283

[68] Chen C M, Chen G J, Cao B H, et al. Transcriptional profiling analysis of genic male sterile – fertile Capsicum annuum, reveal candidate genes for pollen development and maturation by RNA-Seq technology[J]. Plant Cell Tissue & Organ Culture, 2015. 122(2):465 – 476.

[69] Chen X M. A MicroRNA as a translational repressor of APETALA2 in Arabidopsis flower development[J]. Science, 2004, 303(5666):2022 – 2025.

[70] Coimbra S, Costa M, Jones B, et al. Pollen grain development is compromised in Arabidopsis agp6 agp11 null mutants[J]. Journal Experimental Botany, 2009, 60 (11):3133 – 3142.

[71] Dawson J, Wilson Z A, Aarts M G M, et al. Microspore and pollen development in six male-sterile mutants of Arabidopsis thaliana[J]. Canadian Journal of Botany, 1993, 71(4):629 – 638.

[72] Cheng F, Liu S Y, Wu J, et al, the genetics and genomics database for Brassica plants[J]. BMC Plant Biology, 2011, 11(1):1 – 6.

[73] Floyd S K, Bowman J L. Gene regulation: Ancient microRNA target sequences in plants[J]. Nature, 2004, 428(6982):485 – 486.

[74] Franco – Zorrilla J M, Valli A, Todesco M, et al. Target mimicry provides a new mechanism for regulation of microRNA activity. [J]. Nature Genetics, 2007, 39(8):1033 – 1037.

[75] Fujioka T, Kaneko F, Kazama T, et al. Identification of small RNAs in late

developmental stage of rice anthers[J]. Genes & Genetic Systems, 2008, 83(3):281 – 284.

[76]Gaillard C, Moffatt B A, Blacker M, et al. Male sterility associated with APRT deficiency in Arabidopsis thaliana results from a mutation in the gene APT1[J]. Molecular & General Genetics MGG, 1998,257(3):348 – 453.

[77]Grant – Downton R, Hafidh S, Twell D, et al. Small RNA Pathways Are Present and Functional in the Angiosperm Male Gametophyte[J]. Molecular Plant, 2009,2(3):500 – 512.

[78]Guo H S, Hia, Q, Fei J F, et al. MicroRNA directs mRNA cleavage of the transcription factor NAC1 to downregulate auxin signals for Arabidopsis lateral root development[J]. Plant Cell, 2005,17(5):1376 – 1386.

[79]Holley RW, Madison JT, Zamir A. A new method for sequence deter mination of large oligonucleotides[J]. Biochemical & Biophysical Research Communications, 1964,17(4):389 – 394.

[80]Holley RW, Everett GA, Madison JT, et al. Nucleotide Sequences in the Test Alanine Transfer Ribonucleic Acid[J]. Journal of Biological Chemistry, 1965,240:2122 – 2128.

[81]Li H,Cao J S,Zhang A H, et al. The polygalacturonase gene BcMF2 from Brassica campestris is associated with intine development[J]. Journal of Experimental Botany, 2008,60(1):301 – 13.

[82]Li H,Ye Y Q,Zhang Y C. BcMF9, a novel polygalacturonase gene, is required for both Brassica campestris intine and exine formation[J]. Annals of Botany, 2009,104: 1339 – 1351.

[83]Ha Y J,Wu Q S,Liu S N, et al. Study of rice pollen grains by multispectral imaging microscopy[J]. Microscopy Research and Technique, 2005, 68 (6):335 – 46.

[84]Ito T, Shinozaki K. The MALE STERILITY1 gene of Arabidopsis, encoding a nuclear protein with a PHD-finger motif, is expressed in tapetal cells and is required for pollen maturation[J]. Plant Cell Physiology, 2002,43(11): 1285 – 1292.

[85]Yu J H, Zhao Y X, Qin Y T, et al. Discovery of MicroRNAs Associated with the S Type Cytoplasmic Male Sterility in Maize[J]. Journal of Integrative Agriculture, 2013, 12(2):229 – 238.

[86]Jiang L X, Yang S L, Xie F X, et al. VANGUARD1 encodes a pectin methylesterase that enhances pollen tube growth in the Arabidopsis style and transmitting tract[J]. The Plant Cell, 2005,17: 584 – 596.

[87]Jia G X,Liu X D,Heather A, et al. Signaling of cell fate deter mination by the TPD1 small protein and EMS1 receptor kinase[J]. Proceedings of the National Academy of Sciences of the United States of America, 2008,105 (6):2220 – 2225.

[88]Jiang J X, Jiang J J, Yang Y F, et al. Identification of microRNAs potentially involved in male sterility of Brassica campestris ssp. chinensis using microRNA array and quantitative RT-PCR assays[J]. Cellular & Molecular Biology Letters, 2013,18(3):416 – 432.

[89]Jiang J X, Jiang J J, Qiu L, et al. Identification of gene expression profile during fertilization in Brassica campestris subsp. chinensis[J]. Genome, 2013,56(1):39 – 48.

[90]Jiang J X, Lyu M L, Liang Ying, et al. Identification of novel and conserved miRNAs involved in pollen development in Brassica campestris ssp. chinensis by high-throughput sequencing and degradome analysis. [J]. BMC Genomics, 2014,15(1):120 – 121.

[91]Kanehisa M, Araki M, Goto S. et al. KEGG for linking genomes to life and the enviro nment[J]. Nucleic Acids Research, 2008,36: 480 – 484.

[92]Kang J G, Zhang G Y, Bonnema G, et al. Global analysis of gene expression in flower buds of Ms-cd1 Brassica oleracea conferring male sterility by using an Arabidopsis microarray[J]. Plant Molecular Biology, 2008,66 (1): 177 – 192.

[93]Kaul M L H. Male Sterility in Higher Plants[M]. Springer Berlin Heidelberg,1988.

[94]Laser K D, Lersten N R. Anatomy and cytology of microsporogenesis in cyt-

oplasmic male sterile Angiosperms [J]. Botanical Review, 1972,38(3):
425 – 454.

[95] Chan L F, Ding X L, Zhang H, et al. Comparative Transcriptome Analysis between the Cytoplasmic Male Sterile Line NJCMS1A and Its Maintainer NJ-CMS1B in Soybean (Glycine max (L.) Merr.) [J]. Plos One, 2015,10 (5): e126771.

[96] Wei L Q, Yan L F, Wang T. Deep sequencing on genome – wide scale reveals the unique composition and expression patterns of microRNAs in developing pollen of Oryza sativa[J]. Genome Biology, 2011,12(6):1 – 16.

[97] Li W X, Oono Y, Zhu J H, et al. The Arabidopsis NFYA5 Transcription Factor Is Regulated Transcriptionally and Posttranscriptionally to Promote Drought Resistance[J]. Plant Cell, 2008,20(8):2238 – 2251.

[98] Liu C, Ma N, Wang P Y, et al. Transcriptome sequencing and De Novo analysis of a cytoplasmic male sterile line and its near – isogenic restorer line in chili pepper[J]. Plos one,2013,8(6)

[99] Liu C, Liu Z Y, Li C Y, et al. Comparative transcriptome analysis of fertile and sterile buds from a genetically male sterile line of Chinese cabbage[J]. In Vitro Cellular & Developmental Biology-Plant, 2016,52(2):1 – 10.

[100] Lou P, Kang J G, Zhang G Y, Transcript profiling of a do minant male sterile mutant (Ms-cd1) in cabbage during flower bud development[J]. Plant Science, 2007,172: 111 – 119.

[101] Mallory A C, Vaucheret H. Function of microRNAs and related small RNAs in plants[J]. Nature Genetics. 2006,38(6):S31 – 6.

[102] Mascarenhas J P. The male gametophyte of flowering plants[J]. The Plant Cell, 1989,1(7): 657 – 664.

[103] Maxam A M, Gilbert W. Sequencing end – labeled DNA with base-specific chemical cleavages [J]. Methods in Enzymology, 1980,65(1): 499 – 560.

[104] Maxam A M, Gilbert W. A new method for sequencing DNA[J]. Biotechnology, 1977,24(24):99 – 103.

［105］Meer Q P. Chromosomal monogenic do minant male sterility in Chinese cabbage［J］. Euphytica, 1987,36:927 – 931.

［106］Mei S Y, Liu T M, Wang Z W. Comparative Transcriptome Profile of the Cytoplasmic Male Sterile and Fertile Floral Buds of Radish（Raphanus sativus L.）［J］. International Journal of Molecular Sciences, 2016, 17（1）: 42.

［107］Qiao M, Zhao Z J, Song Y G, et al. Proper regeneration from in vitro cultured Arabidopsis thaliana requires the microRNA – directed action of an auxin response factor［J］. The Plant Journal, 2012,71:14 – 22.

［108］Millar A A, Waterhouse P M. Plant and animal microRNAs: similarities and differences［J］. Functional & Integrative Genomics, 2005,5（3）: 129 – 135.

［109］Mortazavi A, Williams B A, McCue K, et al. Mapping and quantifying mammalian transcriptomes by RNA-Seq［J］. Nature Methods, 2008,5: 621 – 628.

［110］Omidvar V, Mohorianu I, Dalmay T, et al. Identification of miRNAs with potential roles in regu0lation of anther development and male-sterility in 7B-1 male-sterile tomato mutant［J］. BMC Genomics, 2015, 16（1）: 1 – 16.

［111］Pacini E, Guarnieri M, Nepi M. Pollen carbohydrates and water content during development, presentation, and dispersal: a short review［J］. Protoplasma, 2006,228: 73 – 77.

［112］Palatnik J F, Allen E, Wu X L, et al. Control of leaf morphogenesis by microRNAs［J］. Nature, 2003,425（6955）:257 – 263.

［113］Palatnik J F, Wollmann H, Schommer C, et al. Sequence and Expression Differences Underlie Functional Specialization of Arabidopsis MicroRNAs miR159 and miR319［J］. Developmental Cell, 2007,13（1）:115 – 25.

［114］Qu C M, Fu F Y, Liu M, et al. Comparative Transcriptome Analysis of Recessive Male Sterility（RGMS）in Sterile and Fertile Brassica napus Lines［J］. Plos One, 2015, 10（12）: e0144118.

[115]Rhoades M W, Reinhart B J, Lim L P, et al. Prediction of Plant Micro-RNA Targets[J]. Cell, 2002,110(4):513-520.

[116] Sanger F, Coulson A R. A rapid method for deter mining sequences in DNA by primed synthesis with DNA polymerase [J]. Journal of Molecular Biology, 1975,94(3):441-448.

[117]Sanger F, Air G M, Barrell B G, et al. Nucleotide sequence of bacteriophage φX174 DNA[J]. Journal of Molecular Biology, 1978,125(2):225-246.

[118]Sawhney V K, Shukla A. Male Sterility in Flowering Plants: Are Plant Growth Substances Involved? [J]. American Journal of Botany, 1994,81(12):1640-1647.

[119]Saxena K B, Choudhary A K, Hingane A J. Considerations for Breeding, Maintenance, and Utilization of TGMS Lines for a Two-Parent Hybrid System in Pigeonpea[J]. International Journal of Scientific Research, 2015,4(3):344-348.

[120]Schiefthaler U, Schneitz K. Molecular analysis of NOZZLE, a gene involved in pattern formation and early sporogenesis during sex organ development in Arabidopsis thaliana[J]. Proceedings of the National Academy of Sciences of the United States of America, 1999,96(20):11664-11669.

[121]Schwab R, Palatnik J F, Riester M, et al. Specific Effects of MicroRNAs on the Plant Transcriptome [J]. Developmental Cell, 2005, 8 (4):277-284.

[122]Scott R, Pereira A. The Arabidopsis MALE STERILITY 2 protein shares similarity with reductases in elongation/condensation complexes[J]. The Plant Journal,1997,12(3):615-623.

[123]Shukla A, Sawhney V K. Abscisic acid: one of the factors affecting male sterility in Brassica napus[J]. Physiologia Plantarum, 2006,91(3):522-528.

[124]Singh S, Sawhney V K. Cytokinins and sbscisic acid in roots of the stamenkess-2 mutant of tomato[J]. Reports of the Tomato Genetixs Cooperat-

ive, 1992,42:34 – 35.

[125] Sorensen A M, Kröber S, Unte U S, et al. The Arabidopsis ABORTED MICROSPORES (AMS) gene encodes a MYC class transcription factor [J]. The Plant Journal, 2003,33(2): 413 – 423.

[126] Sun T P, Kaimaya Y. The Arabidopsis GAL locus encodes the cylasse ent-ksurene synthetase A of gibberellin biosynthesis[J]. Plant Cell, 1994,6 (10):1509 – 1518.

[127] Sunkar R, Chinnusamy V, Zhu J, et al. Small RNAs as big players in plant abiotic stress responses and nutrient deprivation[J]. Trends in Plant Science, 2007,12 (7):301 – 309.

[128] Tang Z H, Zhang L P, Xu, C G, et al. Uncovering small RNA-mediated responses to cold stress in a wheat thermosensitive genic male-sterile line by deep sequencing[J]. Plant Physiology, 2012, 159(2):721 – 38.

[129] Taylor P E, Glover J A, Lavithis M, et al. Genetic control of male fertility in Arabidopsis thaliana: structural analyses of postmeiotic developmental mutants[J]. Planta, 1998,205(4):492 – 505.

[130] Teixeira R T, Glimelius K. Modified sucrose, starch, and ATP levels in two alloplasmic male-sterile lines of B. napus[J]. Journal of Experimental Botany, 2005,56(414):1245 – 1253.

[131] Thomas B R, Rodriguez R L. Metabolite Signals Regulate Gene Expression and Source/Sink Relations in Cereal Seedlings[J]. Plant Physiology, 1994,106(4):1235 – 1239.

[132] Thorbly G J, Shumukov L, Vizir I Y, et al. Fine-scale molecular genetic (RFLP) and physical mapping of a 8.9cM region on the top arm of Arabidopsis chromosome 5 encopassing the male sterility gene, ms1 [J]. The Plant Journal, 1997,12(2): 471 – 479.

[133] Thorstensen T, Grini P E, Mercy I S,et al. The Arabidopsis SET-domain protein ASHR3 is involved in stamen development and interacts with the bHLH transcription factor ABORTED MICROSPORES (AMS)[J]. Plant Molecular Biology, 2008,66(1 – 2):47 – 59.

[134] Trapnell C, Pachter L, Salzberg S L. TopHat: discovering splice junctions with RNA-Seq[J]. Bioinformatics, 2009, 25(9): 1105 – 1111.

[135] Válóczi A, Hornyik C, Varga N, et al. Sensitive and specific detection of microRNAs by northern blot analysis using LNA-modified oligonucleotide probes[J]. Nucleic Acids Research, 2004, 32(22): e175.

[136] Vasil I K. Physiology and cytology of anther development [J]. Biological Reviews, 1967, 42(3): 327 – 366.

[137] Vizcaybarrena G, Wilson Z A. Altered tapetal PCD and pollen wall development in the Arabidopsis ms1 mutant[J]. Journal of Experimental Botany, 2006, 57(11): 2709 – 2717.

[138] Voinnet O. Origin, biogenesis, and activity of plant microRNAs[J]. Cell, 2009, 136(4): 669 – 687.

[139] Wang J W, Park M Y, Wamg L J, et al. miRNA control of vegetative phase change in trees[J]. Plos Genetics, 2011, 7(2): 199 – 212.

[140] Wang L K, Feng Z X, Wang X, et al. DEGseq: an R package for identifying differentially expressed genes from RNA – seq data[J]. Bioinformatics, 2010, 26(1): 136 – 138.

[141] Wang X W, Wang H Z, Wang J, et al. The genome of the mesopolyploid crop species Brassica rapa [J]. Nature Genetics, 2011, 43(10): 1035 – 1039.

[142] Wang Z, Gerstein, M, Snyder, M. RNA-Seq: a revolutionary tool for transcriptomics[J]. Nature Reviews Genetics, 2009, 10(1): 51 – 63.

[143] Wei M M, Wei H L, Wu M, et al. Comparative expression profiling of miRNA during anther development in genetic male sterile and wild type cotton[J]. Bmc Plant Biology, 2013, 13(1): 1275 – 1296.

[144] Wei M M, Song M Z, Fan S L, et al. Transcriptomic analysis of differentially expressed genes during anther development in genetic male sterile and wild type cotton by digital gene-expression profiling[J]. BMC Plant Biology, 2013, 13(1): 1275 – 1296.

[145] Wei X C, Zhang X H, Y Q J, et al. The miRNAs and their regulatory ne-

tworks responsible for pollen abortion in Ogura-CMS Chinese cabbage reveal-ed by high-throughput sequencing of miRNAs, degradomes, and transcr-iptomes[J]. Frontiers in Plant Science, 2015,6:894.

[146]Wilson Z A, Zhang D B. From Arabidopsis to rice: pathways in pollen de-velopment [J]. Journal of Experimental Botany, 2009, 60 (5): 1479 – 1492.

[147]Wilson Z A, Morroll S M, Dawson J, et al. The Arabidopsis MALE STE-RILITY1 (MS1) gene is a transcriptional regulator of male gametogenesis, with homology to the PHD-finger family of transcription factors[J]. Plant Journal, 2001,28(1):27 –39.

[148]Wu Y F,Reed G W,Tian C Q. Arabidopsis microRNA167 controls patte-rns of ARF6 and ARF8 expression, and regulates both female and male re-production[J]. Development, 2006,133(21):4211 –4218.

[149]Wu G, Poethig R S. Temporal regulation of shoot development in Arabido-psis thaliana by miR156 and its target SPL3[J]. Development, 2006,133 (18):3539 –3547.

[150]Xie D X, Feys B F, James S, et al. Coi1: an Arbaidopsis gene reqired for jasmonat-regulated defense and fertility [J]. Science, 1998, 280: 1091 – 1094.

[151]Xing S P, Salinas M, Höhmann S, et al. MiR156-targeted and nontarget-ed SBP-box transcription factors act in concert to secure male fertility in Arabidopsis[J]. Plant Cell, 2010,22(12):3935 –3950.

[152]Yan J J, Zhang H Y, Zheng Y H, et al. Comparative expression profiling of miRNAs between the cytoplasmic male sterile line MeixiangA and its maintainer line MeixiangB during rice anther development[J]. Planta, 2015, 241(1):109 –23.

[153]Yang J H,Liu X Y,Xu B C, et al. Identification of miRNAs and their tar-gets using high-throughput sequencing and degradome analysis in cytoplas-mic male-sterile and its maintainer fertile lines of Brassica juncea[J]. BMC Genomics, 2012,14(1):1 –16.

［154］Yang P, Han J F, Huang J L. Transcriptome Sequencing and De Novo Analysis of Cytoplasmic Male Sterility and Maintenance in JA－CMS Cotton［J］. Plos One, 2014, 9(11)：112320－112320.

［155］Yang S L, Xie L F, Mao H Z, et al. Tapetum Deter Minant1 is Required for Cell Specialization in the Arabidopsis Anther［J］. Plant Cell, 2004,15 (12):2792－2804.

［156］Yang C Y, Xu Z Y, Song J, et al. Arabidopsis MYB26/MALE STERILE35 regulates secondary thickening in the endothecium and is essential for anther dehiscence［J］. Plant Cell, 2007,19：534－548.

［157］Yang F X, Liang G, Liu D M, et al. Arabidopsis MiR396 Mediates the Development of Leaves and Flowers in Transgenic Tobacco［J］. Journal of Plant Biology, 2000, 52(5):475－481.

［158］Yang W C, Sundaresan V. Genetics of gametophyte biogenesis in Arabidopsis［J］. Current Opinion in Plant Biology, 2000,3(1):53－57.

［159］Yang W C, Ye D W, Xu J X, et al. The SPOROCYTELESS gene of Arabidopsis is required for initiation of sporogenesis and encodes a novel nuclear protein［J］. Genes & Development, 1999,13(16):2108－2017.

［160］Tian Y, Yang H, Zhang H W, The molecular mechanisms of male reproductive organogenesis in rice (Oryza sativa L.)［J］. Plant Growth Regulation, 2010, 61(1):11－20.

［161］Zhai J X, Zhang H, Siwaret A. Spatiotemporally dynamic, cell-type-dependent premeiotic and meiotic phasiRNAs in maize anthers［J］. Proceedings of the National Academy of Sciences of the United States of America, 2015,112(10):3146－3151.

［162］Zhao D Z, Wang G F, Brooke S, et al. The EXCESS MICROSPOROCYTES1 gene encodes a putative leucine-rich repeat receptor protein kinase that controls somatic and reproductive cell fates in the Arabidopsis anther ［J］. Genes & Development, 2002,16(15):2021－31.

［163］Zhang A H, Chen Q H, Huang L, et al. Cloning and Expression of an Anther－Abundant Polygalacturonase Gene BcMF17 from Brassica Campe-

stris ssp. Chinensis[J]. Plant Molecular Biology Reporter, 2011,29(4):
943 –951.

[164]Zhang A H, Qiu L, Huang L, Isolation and Characterization of an Anther-
Specific Polygalacturonase Gene, BcMF16, in Brassica campestris ssp.
Chinensis [J]. Plant Molecular Biology Reporter, 2012, 30 (2):
330 –338.

[165]Zhang Q, Huang L, Liu T T, et al. Functional analysis of a pollen – expr-
essed polygalacturonase gene BcMF6 in Chinese cabbage (Brassica camp-
estris L. ssp. chinensis Makino)[J]. Plant Cell Reports, 2008,27(7):
1207 –1215.

[166]Zhang W,Sun Y J,Ljudmilla T, et al. Regulation of Arabidopsis tapetum
development and function by DYSFUNCTIONAL TAPETUM1 (DYT1) en-
coding a putative bHLH transcription factor[J]. Development, 2006,133
(16):3085 –3095.

[167]Zhang Y J, Chen J, Liu J B, et al. Transcriptome Analysis of Early Ant-
her Development of Cotton Revealed Male Sterility Genes for Major Meta-
bolic Pathways[J]. Journal of Plant Growth Regulation, 2015,34(2):
223 –232.

[168]Zhu E G,You C J,Wang S S, et al. The DYT1 - interacting proteins bH-
LH010, bHLH089 and bHLH091 are redundantly required for Arabidopsis
anther development and transcriptome[J]. Plant Journal, 2015,83(6):
976 –990.

[169]Zhu Q D, Song Y L, Zhang G S, et al. De Novo Assembly and Transcrip-
tome Analysis of Wheat with Male Sterility Induced by the Chemical Hybri-
dizing Agent SQ-1[J]. 2015,Plos One, 10(4): e0123556.

[170]李湘龙，柏斌，吴俊，等. 第二代测序技术用于水稻和稻瘟菌互作早
期转录组的分析[J]. 遗传, 2012, 34(1): 104 –114.

[171]芦思佳. 大豆生育期数量性状位点克隆及功能验证[D]. 北京：中国
科学院,2015.

[172]米霞，李震宇，秦雪梅，等. 基于 NMR 代谢组学技术的不同性状款冬

花药材的化学比较[J]. 药学学报, 2013, (11): 1692 - 1697.

[173]帅敏敏. 光周期途径成花关键基因 GGANTEA 和 CONSTANS 的进化机制[D]. 浙江:浙江农林大学, 2018.

[174]Alabadı D, Yanovsky M J, Más P, et al. Critical Role for CCA1 and LHY in Maintaining Circadian Rhythmicity in Arabidopsis[J]. Current Biology, 2002, 12 (9): 757 - 761.

[175]Alabadí D, Oyama, Yanovsky M J, et al. Reciprocal regulation between TOC1 and LHY/CCA1 within the Arabidopsis circadian clock[J]. Science, 2001, 293 (5531): 880 - 883.

[176]Bonato E R, Vello N A. E6, a dominant gene conditioning early flowering and maturity in soybeans[J]. Genetics & Molecular Biology, 1999, 22 (2):229 - 232.

[177]Buzzell R I. Inheritance of a soybean flowering response to fluorescent-daylength conditions[J]. Canadian Journal of Genetics and Cytology, 1971, 13(4):703 - 707.

[178]Chow B Y, Kay S A. Global approaches for telling time: omics and the Arabidopsis circadian clock[J]. Se minars in Cell & Developmental Biology. 2013, 24 (5): 383 - 392.

[179]Covington M F, Panda S, et al. ELF3 modulates resetting of the circadian clock in Arabidopsis[J]. Plant Cell. 2001, 13(6):1305 - 1315.

[180]Dixon L E, Knox K, Kozmabognar L, et al. Temporal repression of core circadian genes is mediated through EARLY FLOWERING 3 in Arabidopsis[J]. Current Biology, 2011, 21(2):126 - 133.

[181]Elroyr C, Stephenj M, Martin C, et al. A New Locus for Early Maturity in Soybean[J]. Crop Science, 2010, 50(2):524 - 527.

[182]Emrich S J, Barbazuk W B, Li L. Gene discovery and annotation using CM - 454 transcriptome sequencing[J]. Genome Research, 2007, 1 (17): 69 - 73

[183]Farré E M, Harmer S L, Harmon FG, et al. Overlapping and distinct roles of PRR7 and PRR9 in the Arabidopsis circadian clock[J]. Current

Biology, 2005, 15(1): 47 - 54.

[184] Fiehn O. Metabolomics-the link between genotypes and phenotypes[J]. Plant Molecular Biology, 2002, 48(1 - 2): 155 - 171.

[185] Fujiwara, S, Oda, A. Yoshida. R, et al. Circadian Clock proteins LHY and CCA1 regulate SVP protein accumulation to control flowering in Arabidopsis[J]. Plant Cell 2008, 20(11):2960 - 2971.

[186] Greenham K, Mcclung C R. Integrating circadian dynamics with physiological processes[J]. Nature reviews Genetics, 2015, 16(10):598 - 610.

[187] Guitton B, Théra K, Tékété M L, et al. Integrating genetic analysis and crop modeling: A major QTL can finely adjust photoperiod-sensitive sorghum flowering[J]. Field Crops Research, 2018, 221:7 - 18.

[188] Harmer S L, Kay S A. Positive and negative factors confer phase - specific circadian regulation of transcription in Arabidopsis[J]. Plant Cell, 2005, 17(7): 1926 - 1940.

[189] Hazen S P, Naef F, Quisel T, et al. Exploring the transcriptional landscape of plant circadian rhythms using genome tiling arrays[J]. Genome Biology, 2009, 10(2): R17.

[190] Hernando C E, Romanowski A, Yanovsky M J. Transcriptional and post - transcriptional control of the plant circadian gene regulatory network [J]. Biochimica et Biophysica Acta (BBA)-Gene Regulatory Mechanisms, 2016.

[191] Herrero E, Kolmos E, Bujdoso N, et al. EARLY FLOWERING4 Recruitment of EARLY FLOWERING3 in the Nucleus Sustains the Arabidopsis Circadian Clock[J]. Plant Cell, 2012, 24(2):428 - 443.

[192] Ito S, Niwa Y, Nakamichi N, et al. Insight into Missing Genetic Links Between Two Evening-Expressed Pseudo-Response Regulator Genes TOC1 and PRR5 in the Circadian Clock - Controlled Circuitry in Arabidopsis thaliana[J]. Plant & Cell Physiology, 2008, 49(2): 201 - 213.

[193] Jones - Rhoades M W, Borevitz J O, Preuss D. Genome-wide expression profiling of the Arabidopsis female gametophyte identifies families of small,

secreted proteins[J]. Plos Genetics, 2007, 3(10): 1848 – 1861.

[194] Kawamura H, Ito S, Yamashino T, et al. Characterization of Genetic Links between Two Clock-Associated Genes, GI and PRR5 in the Current Clock Model of Arabidopsis thaliana[J]. Journal of the Agricultural Chemical Society, 2008, 72 (10): 2770 – 2774.

[195] Kikis E A, Khanna R, Quail P H. ELF4 is a phytochrome-regulated component of a negative-feedback loop involving the central oscillator components CCA1 and LHY[J]. Plant Journal, 2005, 44(2): 300 – 313.

[196] Kamfwa K, Cichy K A, Kelly J D. Genome-wide association study of agronomic traits in common bean[J]. Plant Genome. 2015,8:1 – 12.

[197] Kong F, Nan H, Cao D, et al. A New Do minant Gene, Conditions Early Flowering and Maturity in Soybean [J]. Crop Science, 2014, 54: 2529 – 2535.

[198] Komiya R, Ikegami A, Tamaki S, et al. Hd3a and RFT1 are essential for flowering in rice[J]. Development, 2008, 135(4): 767 – 774.

[199] Kreps J A, Harmer S L. GIGANTEA acts in blue light signaling and has biochemically separable roles in circadian clock and flowering time regulation[J]. Plant Physiology, 2007, 143 (1): 473 – 486.

[200] Kushanov F N, Buriev Z T, Shermatov S E. QTL mapping for flowering-time and photoperiod insensitivity of cotton Gossypium darwinii Watt[J]. Plos One, 2017, 12(10):e0186240.

[201] Lau O S, Huang X, Charron J B, et al. Interaction of Arabidopsis DET1 with CCA1 and LHY in mediating transcriptional repression in the plant circadian clock[J]. Molecular Cell, 2011, 43(5):703.

[202] Locke J C, Kozma – Bognár L, Gould P D, et al. Experimental validation of a predicted feedback loop in the multi-oscillator clock of Arabidopsis thaliana[J]. Molecular Systems Biology, 2006, 2(1): 59.

[203] Lu S X, Tobin E M. CCA1 and ELF3 Interact in the Control of Hypocotyl Length and Flowering Time in Arabidopsis[J]. Plant Physiology, 2012, 158(2):1079 – 1088.

[204]Lu S X, Tobin E M. CIRCADIAN CLOCK ASSOCIATED1 and LATE EL-
ONGATED HYPOCOTYL function synergistically in the circadian clock of
Arabidopsis[J]. Plant Physiology, 2009, 150(2):834.

[205]Liu X L, Covington M F, Fankhauser C, et al. Wagner. ELF3 encodes a
circadian clock-regulated nuclear protein that functions in an Arabidopsis
PHYB signal transduction pathway [J]. Plant Cell. 2001, 13:
1293 – 1304.

[206]Mcblain B A, Bernard R L. A new gene affecting the time of flowering and
maturity in soybeans[J]. Journal of Heredity, 1987, 78(3): 160 – 162.

[207]Mcclung C R, Gutierrez R A. Network news: prime time for systems biol-
ogy of the plant circadian clock[J]. Current Opinion in Genetics & Devel-
opment, 2010 , 20 (6): 588 –598.

[208] Mcclung C R. Thegenetics of plant clock [J]. Advances ingenetics,
2011 , 74(10):5 –39.

[209]Mcwatters H G, Devlin P F. Ti ming in plants-a rhythmic arrangement
[J]. Febs Letters, 2011, 585 (10): 1474 – 1484.

[210]Mcwatters H G, Bastow R M, Hall A, et al. The ELF3 zeitnehmer regul-
ates light signalling to the circadian clock [J]. Nature, 2000, 408
(6813): 716.

[211]Maas L F, Mcclung A, Mccouch S . Dissection of a QTL reveals an adapt-
ive, interacting gene complex associated with transgressive variation for flo-
wering time in rice[J]. Theoretical and Applied Genetics, 2010, 120
(5):895 –908.

[212]Mizoguchi T, Wheatley K, Hanzawa Y, et al. LHY and CCA1 Are Parti-
ally Redundant Genes Required to Maintain Circadian Rhythms in Arabi-
dopsis[J]. Developmental Cell, 2002, 2(5): 629 –641.

[213]Moyses N, Nascimento A C C, Silva F F E. Quantile regression for geno-
me-wide association study of flowering time-related traits in common bean
[J]. Plos One, 2018. 13(1):0190303.

[214] Nagel D, Kay S. Complexity in the Wiring and Regulation of Plant

Circadian Networks[J]. Current Biology, 2013, 23 (1): 95 –96.

[215]Nakamichi N, Kiba T, Kiba T, et al. PSEUDO – RESPONSE REGULA-TORS 9, 7 and 5 are transcriptional repressors in the Arabidopsis circadian clock[J]. Plant Cell, 2010, 22(3): 594 –605.

[216]Norihito N. Molecular Mechanisms Underlying the Arabidopsis Circadian Clock[J]. Plant & Cell Physiology, 2011, 52 (10): 1709 –1718.

[217]Nusinow D A, Helfer A, Hamilton E E, et al. The ELF4-ELF3-LUX complex links the circadian clock to diurnal control of hypocotyl growth[J]. Nature, 2012, 475(7356):398 –402.

[218]Onai K, Ishiura M. PHYTOCLOCK 1 encoding a novel GARP protein essential for the Arabidopsis circadian clock[J]. Genes to Cells, 2005, 10 (10): 963 –972.

[219]Ou C G, Mao J H, Liu L J, et al. Characterising genes associated with flowering time in carrot (Daucus carota L.) using transcriptome analysis [J]. Plant Biology, 2017, 19(2): 286 –297.

[220]Pnueli L, Carmel – Goren L, Hareven D, et al. The SELF-PRUNING gene of tomato regulates vegetative to reproductive switching of sympodial meristems and is the ortholog of CEN and TFL1[J]. Development, 1998, 125(11): 1979 –1989.

[221]Race A M, Styles I B, Bunch J. Inclusive sharing of mass spectrometry imaging data requires a converter for all[J]. Journal of Proteomics, 2012, 75(6):5111 –5112.

[222]Schaffer R, Ramsay N, Samach A, et al. The late elongated hypocotyl mutation of Arabidopsis disrupts circadian rhythms and the photoperiodic control of flowering[J]. Cell, 1998, 93 (7): 1219 –1229.

[223]Sun C, Li Y, Wu Q, et al. De novo sequencing and analysis of the American ginseng root transcriptome using a GS FLX Titanium platform to discover putative genes involved in ginsenoside biosynthesis[J]. Bmc Genomics, 2010, 11(1): 262.

[224]Shalu J, Kishore C, Robert B, et al. Comparative Transcriptome Analysis

of Resistant and Susceptible Common Bean Genotypes in Response to Soybean Cyst Nematode Infection[J]. Plos One, 2016, 11(7):e0159338.

[225]Smit S, Claus W, Nicole J, et al. Whole-transcriptome analysis reveals genetic factors underlying flowering time regulation in rapeseed (Brassica napus L.)[J]. Plant Cell Environ. 2018, 41:1935 – 1947.

[226]Suárez – López P K, Wheatley F, Robson H, et al. CONSTANS mediates between the circadian clock and the control of flowering in Arabidopsis [J]. Nature, 2001, 410(6832):1116 – 1120.

[227]Tsubokura Y, Watanabe S, Xia Z, et al. Natural variation in the genes responsible for maturity loci E1, E2, E3 and E4 in soybean[J]. Annals of Botany, 2014, 113(3):429 – 441.

[228]Wang L, Kim J, Somers D E. Transcriptional corepressor TOPLESS complexes with pseudoresponse regulator proteins and histone deacetylases to regulate circadian transcription[J]. Pnas, 2013, 110(2): 761 – 766.

[229]Wang Z Y, Tobin E M. Constitutive Expression of the CIRCADIAN CLOCK ASSOCIATED 1 (CCA1) Gene Disrupts Circadian Rhythms and Suppresses Its Own Expression Cell[J]. 1998, 93(7): 1207 – 1217.

[230]Weber A P M, Ohlrogge J B. Sampling the arabidopsis transcriptome with massively parallel pyrosequencing[J]. Plant Physiology, 2007, 144(1): 32 – 42.

[231]Xia Z, Harada K. Positional cloning and characterization reveal the molecular basis for soybean maturity locus E1 that regulates photoperiodic flowering[J]. Proceedings of the National Academy of Sciences of the United States of America, 2012, 109(32): E2155.

[232]Yakir E, Hilman D, Hassidim M, et al. CIRCADIAN CLOCK ASSOCIATED1: Transcript Stability and the Entrai nment of the Circadian Clock in Arabidopsis[J]. Plant Physiology, 2007, 145(3): 925 – 932.

[233]Wu Z J, Pang B P, Fu Y F. Bioinformatics analysis of the TOC1 homologs in soybean genome[J]. J. Henan Agr. Sci. 2010. 56:14 – 19.

[234]Zhai Q, Zhang X, Wu F, et al. Transcriptional Mechanism of Jasmon-

ate Receptor COI1 - Mediated Delay of Flowering Time in Arabidopsis [J]. The Plant Cell, 2015: 27(10):2814 - 2828.

[235] 白团辉. 苹果砧木根际低氧耐性差异机理及 QTL 定位研究[D]. 杨凌: 西北农林科技大学, 2011.

[236] 曹建宏. 霞多丽营养系品种葡萄与葡萄酒香气成分的研究[D]. 杨凌: 西北农林科技大学, 2006.

[237] 曹珂, 王力荣, 朱更瑞, 等. 桃遗传图谱的构建及两个花性状的分子标记[J]. 园艺学报, 2009, 36(2): 179 - 186.

[238] 杜红斌, 周健, 张付春, 等. 日光温室塑料棚膜透光率比较[J]. 塔里木大学学报, 2006, 18(2): 12 - 14.

[239] 高平, 郑玮, 冯瑛, 等. 甜樱桃遗传图谱的构建及果皮红色性状 QTL 分析[J]. 园艺学报, 2012, 39(01): 64 - 64.

[240] 郭印山, 赵玉辉, 刘朝吉, 等. 利用多种分子标记构建龙眼高密度分子遗传图谱[J]. 园艺学报, 2009, 36(5): 655 - 662.

[241] 郭志刚, 刘天明, 赵长增, 等. 不同产区葡萄及葡萄酒香气成分比较研究[J]. 中国酿造, 2008, 16:15 - 18.

[242] 何明茜. 葡萄香气物质在两类杂交群体中的遗传规律[D]. 武汉: 华中农业大学, 2013.

[243] 贺普超. 葡萄学[M]. 北京: 中国农业出版社, 1999.

[244] 雷梦林, 李昂, 昌小平, 等. 小麦转录因子基因 W16 的功能标记作图和关联分析[J]. 中国农业科学, 2012, 45(9): 1667 - 1675.

[245] 李华. 葡萄与葡萄酒研究进展[M]. 西安: 陕西人民出版社, 2000.

[246] 李华. 葡萄的芳香物质[J]. 中外葡萄与葡萄酒, 2001, 6: 43 - 44.

[247] 李慧慧, 张鲁燕, 王建康, 等. 数量性状基因定位研究中若干常见问题的分析与解答[J]. 作物学报, 2010, 36(6): 918 - 931.

[248] 李记明, 贺普超. 中国野生毛葡萄酒的香味成分分析[J]. 西北植物学报, 2003, 1: 134 - 137.

[249] 李坤, 郭修武, 谢洪刚. 葡萄自交与杂交后代香气成分的遗传研究[J]. 园艺学报, 2005, 32(2): 21 - 221.

[250] 李志文, 张平, 黄艳凤, 等. 贮藏保鲜中 SO_2 伤害对红提葡萄香气组

分的影响[J]. 西北植物学报, 2011, 31(2): 385 – 392.

[251]刘丽华. 小麦4A染色体六个农艺性状的关联分析[D]. 武汉:华中中农业大学, 2010.

[252]刘丽媛, 刘延琳, 李华. 葡萄酒香气化学研究进展[J]. 食品科学, 2011, 32(5): 310 – 316.

[253]刘树兵, 王洪刚, 孔令让, 等. 高等植物的遗传作图[J]. 山东农业大学学报(自然科学版), 1999, 01: 73 – 78.

[254]刘镇东. 山葡萄高密度分子遗传图谱构建及抗寒性QTL定位研究[J]. 沈阳:沈阳农业大学, 2013.

[255]南海龙, 李华, 蒋志东. 山葡萄及其种间杂种结冰果实香气成分的GC – MS分析[J]. 食品科学, 2009, 30(12): 168 – 171.

[256]孙磊, 朱宝庆. '亚历山大'葡萄果实单萜生物合成相关基因转录及萜类物质积累规律[J]. 中国农业科学, 2014, 47(7): 1379 – 1386.

[257]孙文英, 张玉星, 张新忠, 等. 梨分子遗传图谱构建及生长性状的QTL分析[J]. 植物遗传资源学报, 2009, 10(2): 182 – 189.

[258]王学娟, 徐冬雪, 王秀芹, 等. 避雨栽培对'赤霞珠'葡萄果实品质影响的对比研究[J]. 中国农学通报, 2011, 27(29): 114 – 118.

[259]杨小红, 严建兵, 郑艳萍, 等. 植物数量性状关联分析研究进展[J]. 作物学报, 2007, 33(4): 523 – 530.

[260]杨泽峰, 张恩盈, 徐暑晖, 等. 玉米ELM1基因的序列变异及与株型和穗部相关性状的关联分析[J]. 科技导报, 2014, 32(35): 78 – 84.

[261]于永涛. 玉米核心自交系群体结构及耐旱性相关候选基因rab17的等位基因多样性分析[D]. 北京:中国农业科学院, 2006.

[262]张明霞, 吴玉文, 段长青. 葡萄与葡萄酒香气物质研究进展[J]. 中国农业科学, 2008, 41(7): 2098 – 2104.

[263]张序, 姜远茂, 彭福田, 等. '红灯'甜樱桃果实发育进程中香气成分的组成及其变化[J]. 中国农业科学, 2007, 40(6): 1222 – 1228.

[264]赵新节, 孙玉霞, 王咏梅, 等. 栽培架式对玫瑰香葡萄酒香气物质的影响[J]. 酿酒科技, 2007, 7: 45 – 48.

[265]赵新节. 栽培架式及负荷对酿酒葡萄和葡萄酒风味物质的影响[D].

泰安：山东农业大学，2005.

[266] 赵玉辉，郭印山，胡又厘，等. 应用 RAPD、SRAP 及 AFLP 标记构建荔枝高密度复合遗传图谱[J]. 园艺学报，2010，37(5)：697 - 704.

[267] 赵悦，孙玉霞，孙庆扬，等. 不同产地酿酒葡萄"赤霞珠"果实中挥发性香气物质差异性研究[J]. 北方园艺，2016，(335)4：23 - 28.

[268] 朱军. 运用混合线性模型定位复杂数量性状基因的方法[J]. 浙江大学学报，1999，33(3)：327 - 335.

[269] Adam-Blondon A F, Roux C, Claux D, et al. Mapping 245 SSR markers on the *Vitis vinifera* genome: a tool for grape genetics[J]. Theor. Appl. Genet, 2004, 109: 1017 - 1027.

[270] Adam-Blondon A F, Canaguier A, Scalabrin S, et al. Improvement of the grapevine genome assembly[J]. International Plant & Animal Genome Conference XXII, 2014, 64:10 - 15.

[271] Andersen J R, Zein I, Wenzel G, et al. High levels of linkage disequilibrium and associations with forage quality at a phenylalanine ammonia-lyase locus in Eruopean maize(Zea mays L.)inbreds[J]. Theor Appl Genet, 2007, 114(2):307 - 319.

[272] Atwell S, Huang Y S, Vilhjalmsson B J, et al. Genome - wide association study of 107 phenotypes in Arabidopsis thaliana inbred lines[J]. Nature, 2010, 465: 627 - 631.

[273] Battilana J, Costantini L, Emanuelli F, et al. The 1-deoxy-D: -xylulose 5-phosphate synthase gene co-localizes with a major QTL affecting monoterpene content in grapevine [J]. Theor Appl Genet, 2009, 118 : 653 - 669.

[274] Battilana J, Emanuelli F, Gambino G, et al. Functional effect of grapevine 1-deoxy-D-xylulose 5 - phosphate synthase substitution K284N on muscat flavor formation[J]. Journal of Experimental Botany, 2011, 62(15): 5497 - 5508.

[275] Belancic A, Agosin E, Ibacache A, et al. Influence of sun exposure on the aromatic composition of Chilean muscat grape cultivars Moscatel de Al-

ejandría and Moscatelrosada[J]. American Journal of Enology and Viticulture, 1997, 48(2): 181 – 185.

[276] Blasi P, Blanc S, Wiedemann-Merdinoglu S, et al. Construction of a reference linkage map of Vitis amurensis and genetic mapping of Rpv8, a locus conferring resistance to grapevine downy mildew[J]. Theor. Appl. Genet, 2011, 123(1): 43 – 53.

[277] Bohlmann J, Keeling C I. Terpenoid biomaterials[J]. Plant J, 2008, 54: 656 – 669.

[278] Botella-Pavia P, Besumbes O, Phillips M A, et al. Regulation of carotenoid biosynthesis in plants: evidence for a key role of hydroxymethylbutenyl diphosphate reductase in controlling the supply of plastidial isoprenoid precursors[J]. Plant J, 2004, 40: 188 – 199.

[279] Bowers J E, Dangl G S, Meredith C. Development and characterization of additional microsatellite DNA markers for grape[J]. Am J Enol Vitic, 1999, 50(3):243 – 246.

[280] Bowers J E, Dangl G S, Vignani R, et al. Isolation and characterization of new polymorphic simple sequence repeat loci in grape (Vitis vinifera L.) [J]. Genome, 1996, 39(4):628 – 633.

[281] Bradbury P J, et al. TASSEL: software for association mapping of complex traits in diverse samples [J]. Bioinformatics, 2007, 23 (19): 2633 – 2635.

[282] Bureau S M, Razungles A J, Baumes R L. The aroma of Muscat of Frontignan grapes: effect of the light enviro nment of vine or bunch on volatiles and glycoconjugates[J]. Journal of the Science of Food and Agriculture, 2000, 80(14): 2012 – 2020.

[283] Candolfi-Vasconcelos M C, Koblet W, et al. Influence of defoliation, rootstock, training system, and leaf position on gas exchange of Pinot noir Grapevines[J]. Am J Enol Vitic. 1994, 45: 173 – 180.

[284] Candolfi-Vasconcelos M C, Koblet W. Yield fruit quality, bud fertility and starch reserves of the wood as a function of leaf removal in Vitis vinife-

ra[J]. Evidence of compensation and stress recovering. Vitis, 1990, 29: 199 – 221.

[285] Cardoso L S, Bergamaschi H, Comiran F, et al. Micrometeorological alterations in vineyards by using plastic covering[J]. Pesquisa Agropecuária Brasileira, 2008, 43(4): 441 – 447.

[286] Carretero-Paulet L, Ahumada I, Cunillera N, et al. Expression and molecular analysis of the Arabidopsis thaliana DXR gene encoding 1-deoxy-d-xylulose 5-phosphate reductoisomerase, the first committed enzyme of the 2-Cmethyl-d-erythritol 4 – phosphate pathway[J]. Plant Physiol, 2002, 129:1581 – 1591.

[287] Chaparro J X, Werner D J, O'Malley D, et al. Targeted mapping and linkage analysis of morphological isozyme, and RAPD markers in peach [J]. Tag. theoretical Applied Genetics theoretisch, 1994, 87 (7): 805 – 815

[288] Chapman D M, Matthews M A, Guinard J X. Sensory attributes of Cabernet Sauvignon wines made from vines with different crop yields[J]. American Journal of Enology and Viticulture, 2004, 55(4): 325 – 334.

[289] Chen C, Zhou P, Choi Y A, et al. mining and characterizing microsatellites from citrus ESTs[J]. Theoretical Applied Genetics, 2006, 112(7): 1248 – 1257.

[290] Chen Y, Lubberstedt T. Molecular basis of trait correlations[J]. Trends Plant Sci, 2010, 15: 454 – 461.

[291] Cheynier V. Grape polyphenols and their reactions in wine[J]. Poly phenols actualites, 2001, 21: 3 – 10.

[292] Chisholm M G, Guiher L A, Zaczkiewicz S M. Aroma characteristics of aged Vidal blanc wine[J]. Am J Enol Vitic, 1995,46(1): 56 – 62.

[293] Christianson D W. Unearthing the roots of the terpenome[J]. Curr Opin Chem Biol, 2008, 12:141 – 150.

[294] Cincotta F, Verzera A, Tripodi G, et al. Deter mination of sesquiterpenes in wines by HS-SPME coupled with GC-MS[J]. Chromatography, 2015,

2: 410 - 421.

[295]Cordoba E, Salmi M, León P. Unravelling the regulatory mechanisms that modulate the MEP pathway in higher plants[J]. J Exp Bot, 2009, 60: 2933 - 2943.

[296]Dalbó M A, Ye G N, Weeden NF, et al. A gene controlling sex in grapevines placed on a molecular marker-based genetic map[J]. Genome, 2000, 43: 333 - 340.

[297]Davis T M, Yu H. A Linkage Map of the Diploid Strawberry, Fragaria vesca[J]. Journal of Heredity, 1997, 88(3): 215 - 221.

[298]Di Gaspero G, Peterlunger E, Testolin R, et al. Conservation of microsatellite loci within the genus *Vitis*. Theor[J]. Appl. Genet, 2000, 101: 301 - 308.

[299]Diane M, Sébastien A, Marina B S, et al. Functional Annotation, Genome Organization and Phylogeny of the Grapevine (Vitis vinifera) Terpene Synthase Gene Family Based on Genome Assembly, FLcDNA Cloning, and Enzyme Assays[J]. BMC Plant Biology, 2010,10:226.

[300]Diane M, Chiang A, Lund S T, et al. Biosynthesis of wine aroma: transcript profiles of hydroxymethylbutenyl diphosphate reductase, geranyl diphosphate synthase, and linalool/nerolidol synthase parallel monoterpenol glycoside accumulation in Gewurztra miner grapes[J]. Planta, 2012, 236:919 - 929.

[301]Doligez A, Bouquet A, Danglot Y, et al. Genetic mapping of grapevine applied to the detection of QTLs for seedlessness and berry weight[J]. Journal of General Microbiology, 2002, 133(3): 545 - 551.

[302]Doligez A, Adam-Blondon A F, Cipriani G, et al. An integrated SSR map of grapevine based on five mapping populations[J]. Theor. Appl. Genet 2006, 113: 369 - 382.

[303]Doligez A, Audiot E, Baumes R. QTLs for muscat flavor and monoterpenic odorant content in grapevine[J]. Molecular breeding, 2006, 18(2), 109 - 125.

[304] Doucleff M, Jin Y, Gao F, et al. A genetic linkage map of grape, utilizing Vitis rupestris and Vitis arizonica[J]. Theor. Appl. Genet, 2004, 109:1178 - 1187.

[305] Duchêne E, Butterlin G, Claudel P, et al. A grapevine (*Vitis vinifera* L.) deoxy-D-xylulose synthase gene colocates with a major quantitative trait loci for terpenol content[J]. Theor. Appl. Genet, 2009, 118(3), 541 - 552.

[306] Dudareva N, Pichersky E. Floral Scent Metabolic Pathways: Their Regulation and Evolution[J]. In Biology of Floral Scent. Boca Raton, 2006.

[307] Durham R E, Liou P C, Gmitter F G, et al. Linkage of restriction fragment length polymorphisms and isozymes in Citrus Tag[J]. theoretical Applied Genetics. theoretisch, 1992, 84(1 - 2): 39 - 48.

[308] Dimitriadis E, Williams P J. The development and use of a rapid analytical technique for estimation of free and potentially volatile monoterpene flavorants of grapes[J]. Am J Enol Vitic, 1984, 35(2): 66 - 71.

[309] Edwige N M, François T, Albert S M, et al. Molecular marker-based genetic linkage map of a diploid banana population (Musa acu minata Colla) [J]. Euphytica, 2013, 188(3): 369 - 386.

[310] Emanuelli F, Battilana J, Costantini L, et al. A candidate gene association study on Muscat flavor in grapevine (*Vitis vinifera* L.)[J]. BMC Plant Biology, 2010, 10: 241.

[311] Escalona J M, Flexas J, Schulta H R, et al. Effect of moderate irrigation on aroma potential and other markers of grape quality[J]. Acta Horticulturae, 1999, 493:261 - 267.

[312] Estevéz J M, Cantero A, Romero C, et al. Analysis of the expression of CLA 1, a gene that encodes the 1-deoxyxylulose5-phosphate synthase of the 2-C-methylD-erythritol-4-phosphate pathway in Arabidopsis[J]. Plant Physiol, 2000, 124:95 - 103.

[313] Falush D, Stephens M, Pritchard J K. Inference of population structure using multilocus genotype data: Linked loci and correlated allele frequenc-

ies[J]. Genetics, 2003, 164: 1567 - 1587.

[314] Famoso A, Zhao K Y, Clark R T, et al. Genetic architecture of alu minum tolerance in rice (O. sativa) deter mined through genome-wide association analysis and QTL mapping [J]. Plos Genetics, 2011, 7 (8): 747 - 757.

[315] Fanizza G, Chaabane R, Lamaj F, et al. AFLP analysis of genetic relationships among aromatic grapevines (*Vitis vinifera*) [J]. Theor. Appl. Genet, 2003, 107(6): 1043 - 1047.

[316] Ferreira V, LoPez R, Cacho J F. Quantitative deter mination of the odorants of young red wines from different grape varieties[J]. J Sci Food Agr, 2000, 80(11): 1659 - 1667.

[317] Flint - Garcia S A, Thornsberry J M, Buckler E S. Structure of linkage disequilibrium in plants[J]. Annu Rev Plant Bio, 2003, 54: 357 - 374.

[318] Flint - Garcia S A, Thuillet A C, Yu J, et al. Maize association population: a high-resolution platform for quantitative trait locusdissection [J]. Plant J, 2005, 44: 1054 - 1064.

[319] Garris A J, McCouch S R, Kresovich S. Population structure and its effects on haplotype diversity and linkage disequilibrium surrounding the xa5 locus of rice (Oryza sativa L)[J]. Genetics, 2003, 165: 759 - 769.

[320] Gomez E, Martiaez A, Laencina J. Localization of free and bound aromatic compounds among skin, juice and pulp fractions of some grape varieties[J]. Vitis, 1994, 33: 1 - 4.

[321] Gomez E, Martinez A, Laencina J. Changes in volatile compounds during maturation of some grape varieties[J]. Journal of the Science of Food and Agriculture, 1995, 67: 299 - 233.

[322] Gonzalez-MAS M C, Garcia-Riano L M, Alfaro C, et al. Headspace-based techniques to identify the principal volatile compounds in red grape cultivars[J]. International Journal of Food Science and Technology, 2009, 44 (3):510 - 218.

[323] Grando M S, Bellin D, Edwards K J. Molecular linkage maps of Vitis vin-

ifera L. and Vitis riparia Mchx[J]. Theor. Appl. Genet, 2003,106(7):
1213 - 1224.

[324]Günata Y Z, Bayonove C L, Baumes R L, et al. The aroma of grapes.
Ⅰ. Extraction and deter mination of free and glycosidically bound fractions
of some grape aroma components [J]. J Chromatogr A, 1985, 331:
83 - 90.

[325]Guo Y S, Shi G L, Liu Z D, et al. Using specific length amplified fragm-
ent sequencing to construct the high-density genetic map for Vitis (*Vitis
vinifera* L. × *Vitis amurensis* Rupr.) [J]. Frontiers in Plant Science,
2015,6:393.

[326]Gupta PK, Rustgi S, Kulwal PL. Linkage disequilibrium and association
studies in higher plants: Present status and future prospects[J]. Plant
Molecular Biology, 2005, 57(4): 461 -485.

[327]Guth H. Quantitation and Sensory Studies of Character Impact Odorants of
Different White Wine Varieties[J]. J of Am Food Chem, 1997, 45(8):
3027 - 3032.

[328]Hanania U, Velcheva M, Sahar N, et al. An improved method for isol-
ating high-quality DNA from Vitis vinifera nuclei[J]. Plant Mol. Biol.
Rep, 2004, 22(2): 173 - 177.

[329]Hansen M, Kraft T, Ganestam SS, et al. Linkage disequilibrium mapping
of the bolting gene in sea beet using AFLP markers[J]. Genet Res,
2001, 77(1): 61 - 66.

[330]Hemmat M, Weedon N F, Manganaris A G, et al. Molecular marker l-
inkage map for apple[J]. Journal of Heredity, 1994, 85(1): 4 - 11.

[331]Hill W G, Robertson A. Linkage disequilibrium in finite populations[J].
Theor Appl Genet, 1968, 38(6): 226 - 231.

[332]Huang C, Hung C, Chiang Y, et al. Footprints of natural and artificial
selection for photoperiod pathway genes in Oryza[J]. Plant J, 2012, 70
(5): 769 - 782.

[333]Jiang W G, Li J M, Xu Y, et al. Analysis of aroma components in four

red grape varieties[J]. Food Science, 2011, 32(6): 225 –229.

[334]Kashkush K, Fang J, Tomer E, et al. Cultivar identification and genetic map of mango (Mangifera indica)[J]. Euphytica, 2001, 122(1): 129 – 136.

[335]Kosambi D D. The Geometric Method in Mathematical Statistics[J]. American Mathematical Monthly, 2017,2:131 – 139.

[336]Koundouras S, Marinos V, Gkoulioti A, et al. Influence of vineyard location and vine water status on fruit maturation of Nonirrigates cv. Agiorgitiko (*Vitis vinifera* L.) Effects on wine phenolic and aroma components[J]. Journal of Agricultural and Food Chemistry, 2006, 54 (14): 5077 –5086.

[337]La Rosa R, Angiolillo A, Guerrero C, et al. A first linkage map of olive (Olea europaea L.) cultivars using RAPD, AFLP, RFLP and SSR markers[J]. Theoretical and Applied Genetics, 2003, 106(7):1273 – 1282.

[338]Liu Z D, Guo X W, Guo Y S, et al. SSR and SRAP marker based linkage map of Vitis amurensis Rupr[J] pakistan journal of botany, 2013, 45 (1): 191 –195.

[339]Lodhi M A, Daly M J, Ye G N, et al. A Molecular Marker Based Linkage Map of Vitis[J]. Genome, 1995, 38(4):786 –794.

[340]Lowe K M, Walker M A. Genetic linkage map of the interspecific grape rootstock cross Ramsey (*Vitis champinii*) ×Riparia Gloire (*Vitis riparia*) [J]. Theor Appl Genet, 2006, 112(8): 1582 –1592.

[341]Luan F, Hampel D, Mosandl A, et al. Enantioselective analysis of free and glycosidically bound monoterpene polyols in Vitis vinifera L. cvs. Morio Muscat and Muscat Ottonel: evidence for an oxidative monoterpene metabolism in grapes[J]. Journal of agricultural and food chemistry, 2004, 52(7): 2036 –2041.

[342]Luan F, Wust M. Differential incorporation of 1-deoxy-D-xylulose into (3S)-linalool and geraniol in grape berry exocarp and mesocarp[J]. Phytochemistry, 2002,60(5): 451 –459.

[343]Lund S T, Bohlmann J. The molecular basis for wine grape quality-a volatile subject[J]. Science, 2006, 311(5762): 804 - 805.

[344]Igarashi M, Abe Y, Hatsuyama Y, et al. Linkage maps of the apple (Malus x domestica Borkh.) cvs. 'Ralls Janet' and 'Delicious' include newly developed EST markers [J]. Mol. Breeding , 2008, 22(1): 95 - 118.

[345]Marais J, Hunter J J, Haasbroek P D. Effect of canopy micro climate, season and region on Sauvignon Blanc grape composition and wine quality [J]. South African Journal for Enology and Viticulture, 1999, 20(1): 19 - 30.

[346]Marguerit E, Boury C, Manicki A, et al. Genetic dissection of sex deter minism, inflorescence morphology and downy mildew resistance in grapevine[J]. Theor. Appl. Genet, 2009, 118(7):1261 - 1278.

[347]Mateo J J, Jimenez M. Monoterpene in grape juice and wines[J]. J Chromatogr A, 2000, 881(1):557 - 567.

[348]Merdinoglu D, Wiedemann S, Coste P. Genetic analysis of Downy mildew resistance derived from Muscadinia rotundifolia[J]. Acta Horticulturae, 2003, 603: 451 -456.

[349]N'Diaye A, Weg W E V D, Kodde L P, et al. DunemannConstruction of an integrated consensus map of the apple genome based on four mapping populations[J]. Behavioral Neuroscience, 2008, 115(2): 376 -83.

[350]Nei M, Li W H. Mathematical model for studying genetic variation in terms of restriction endonucleases[J]. Proc Natl Acad Sci USA, 1979, 76 (10): 5269 -5273.

[351]O'Maille P E, Malone A, Dellas N, et al. Quantitative exploration of the catalytic landscape separating divergent plant sesquiterpene synthases[J]. Nat Chem Biol, 2008, 4(10):617 -623.

[352]Olsen K M, Halldorsdottir S S, Stinchcombe JR, et al. Linkage disequilibrium mapping of Arabidopsis CRY2 flowering time alleles[J]. Genetics, 2004, 167: 1361 - 1369.

［353］Olsen K M, Purugganan M D. Molecular evidence on the origin and evolution of glutinous rice［J］. Genetics, 2002, 162: 941 - 950.

［354］Palomo E S, PÉREZ-Coello M S, DÍAZ-Maroto M C, et al. Contribution of free and glycosidically - bound volatile compounds to the aroma of muscat 'a petit grains' wines and effect of skin contact［J］. Food Chemistry, 2006, 95(2): 279 - 289.

［355］Parisseaux B, Bernardo R. In silico mapping of quantitative trait loci in maize［J］. Theor Appl Genet, 2004, 109(3): 508 - 514.

［356］Parker M, Pollnitz A P, Cozzolino D, et al. Identification and quantification of a marker compound for 'pepper' aroma and flavor in shiraz grape berries by combination of chemometrics and gas chromatography-mass spectrometry［J］. J Agric Food Chem, 2007, 55(15):5948 - 5955.

［357］Pritchard J K, Rosenberg N A. Use of unlinked genetic markers to detect population stratification in association studies［J］. Am J Hum Genet, 1999, 65(1): 220 - 228.

［358］Pritchard J K, Stephen M, Donnelly P. Inference on population structure using multilocus genotype data［J］. Genetics, 2000, 155:945 - 959.

［359］Pritchard J K, Stephens M, Rosenberg NA and Donnelly P. Association mapping in structured populations［J］. Am J Hum Genet, 2000, 67(1): 170 - 181

［360］Rana G, Katerji N, Introna M, et al. Microclimate and plant water relationship of the "overhead" table grape vineyard managed with three different covering techniques［J］. Scientia horticulturae, 2004. 102 (1): 105 - 120.

［361］Rapp A, Mandery H. Wine aroma［J］. Experientia, 1986, 42: 873 - 884.

［362］Reich D E, Goldstein D B. Detecting association in a case-control study while correcting for population stratification［J］. Genet Epidemiol, 2001, 20(1): 4 - 16.

［363］Reynolds A G, Wardle D A. Influence of fruit microclimate on monoterp ene levels of gewürztra miner[J]. American Journal of Enology and Viti-culture, 1989, 40: 149 – 154.

[364] Riaz S, Dangl G S, Edwards K J, et al. A microsatellite marker based framework linkage map of *Vitis vinifera* L[J]. Theor Appl Genet , 2004, 108(5):864 – 872.

[365] Ribéreau-Gayon P, Boidron J N, Terrier A. Aroma of muscat grape varieties[J]. J Agric Food Chem, 1975, 23(6):1042 – 1047.

[366] Rish N, Merikangas K. The future of genetic studies of complex human diseases[J]. Science, 1996, 273: 1516 – 1517.

[367] Salmaso M, Malacarne G, Troggio M, et al. A grapevine (*Vitis vinifera* L.) genetic map integrating the position of 139 expressed genes[J]. Theor Appl Genet, 2008, 116(8):1129 – 1143.

[368] Schwab W, Davidovich-Rikanati R, Lewinsohn E. Biosynthesis of plant-derived flavor compounds[J]. Plant J, 2008, 54:712 – 732.

[369] Sefc K M, Regner F, Tureschek E, et al. Identification of microsatellite sequences in Vitis riparia and their application for genotyping of different Vitis species[J]. Genome, 1999, 42(3):367 – 373.

[370] Sefton M A, Francis I L. The volatile composition of Chardonnay juices: A study by flavor precursor analysis[J]. Am J Enol Vitic, 1993, 44(4): 359 – 370.

[371] Siebert T E, Wood C, Elsey G M, et al. Deter mination of rotundone, the pepper aroma impact compound, in grapes and wine[J]. J Agric Food Chem, 2008, 56(10):3745 – 3748.

[372] Stich B, Maurer H P, Melchinger A E, et al. Linkage disequilibrium in European elite maize germplasm investigated with SSRs[J]. Theor Appl Genet, 2005, 111(4): 723 – 730.

[373] Swiegers J H, Bartowsky E J, Henschke P A, et al. Yeast and bacterial modulation of wine aroma and flavor[J]. Aust J Grape Wine Res, 2005, 11(2):139 – 173.

[374] Szalma S J, Bucker E S, Snook M E, et al. Association analysis of

candidate genes for maysin and chlorogenic acid accumulation in maize silks[J]. Theor Appl Genet. 2005, 110(7): 1324 – 1333.

[375] Tajima F. Statistical method for testing the neutral mutation hypothesis by DNA polymorphism[J]. Genetics, 1989, 123: 585 – 595

[376] Takahashi Y, Teshima K M, Yokoi S. Variations in Hd1 proteins, Hd3a promoters, and Eh1 expression levels contribute to diversity of flowering time in cultivated rice[J]. Proc Natl Acad Sci U S A, 2009, 106(11): 4555 – 4560.

[377] Thomas M R, Scott N. Microsatellite repeats in grapevine reveal DNA polymorphisms when analyzed as sequence-tagged sites (STSs)[J]. Theor Appl Genet, 1993, 86(8):985 – 990.

[378] Thornsberry J M, Goodman M M, Doebley J, et al. Dwarf8 polymorphisms associate with variation in flowering time[J]. Nat Genet, 2001, 28 (3): 286 – 289.

[379] Tian Z X, Qian Q, Liu Q Q, et al. Allelic diversities in rice starch biosynthesis lead to a diverse array of rice eating and cooking qualities[J]. Proc Natl Acad Sci USA, 2009, 106(51): 21760 – 21765.

[380] Wang D, Karle R, Brettin T S et al. Genetic linkage map in sour cherry using RFLP markers[J]. Theoretical Applied Genetics, 1998, 97(8): 1217 – 1224.

[381] Wang N, Fang L, Xin H, et al. Construction of a high-density genetic map for grape using next generation restriction-site associated DNA sequencing[J]. BMC plant biology, 2012, 12(1): 148.

[382] Watterson G A. On the number of segregating sites in genetical models without recombination[J]. Theor Pop Biol, 1975, 7(2): 256 – 276.

[383] Wen Y Q, Zhong G Y, Gao Y, et al. Using the combined analysis of transcripts and metabolites to propose key genes for differential terpene accumulation across two regions[J]. BMC Plant Biology, 2015, 15(1): 240.

[384] Wilson L M, Whitt S R, Ibanez A M, et al. Dissection of maize kernel composition and starch production by candidate associations[J]. Plant

Cell, 2004, 16(10): 2719 – 2733.

[385] Withers S T, Keasling J D. Biosynthesis and engineering of isoprenoid small molecules[J]. Applied Microbiology and Biotechnology, 2007, 73 (5): 980 – 990.

[386] Wu Y W, PAN Q H, QU W J, et al. Comparison of volatile profiles of nine litchi (Litchi chinensis Sonn.) cultivars from Southern China[J]. Journal of Agricultural and Food Chemistry, 2009, 57(20): 9676 – 9681.

[387] Yamamoto T, Kimura T , Shoda M, et al. Development of microsatellite markers in the Japanese pear (Pyrus pyrifolia Nakai)[J]. Molecular Ecology Notes, 2002, 2(1): 14 – 16.

[388] Yan J B, Kandianis C B, Harjes C E, et al. Rare genetic variation at Zea mayscrtR B 1 increases b-carotene in maize grain[J]. Nat Genet, 2010, 42(4): 322 – 327.

[389] Yu J, Buckler E S. Genetic association mapping and genome organization of maize[J]. Curr Opin biotechnol, 2006, 17(2): 155 – 160.

[390] Gunata Y Z, Bayonove C L, Baumes R L, et al. The aroma of grapes I. Extraction and deter mination of free and glycosidically bound fractions of some grape aroma components[J]. Journal of Chromatography , 1985, 331(1): 83 – 90.

[391] Zhang J K, Hausmann L, Eibach R, et al. A framework map from grapevine V3125 (*Vitis vinifera* 'Schiava grossa' × 'Riesling') × rootstock cultivar 'Börner' (*Vitis riparia* × *Vitis cinerea*) to localize genetic deter minants of phylloxera root resistance[J]. Theor Appl Genet, 2009, 119(6): 1039 – 1051.

[392] Zhu C, Michael G, Buckler E, et al. Status and prospects of association mapping in plants[J]. The plant Genome, 2008, 1(1): 5 – 20

[393] 刘芳. 马铃薯块茎不同花色素苷转化机制研究[D]. 山东:山东师范大学,2018.

[394] 毛如志,张国涛,邵建辉,等. 低海拔和高海拔产区气象因子对'美乐'葡萄浆果品质和代谢组的影响[J]. 中国生态农业学报,2016,24(4):

506 – 516.

[395]母洪娜,孙陶泽,杨秀莲,等.两个桂花品种花色色素相关基因的差异表达[J].南京林业大学学报(自然科学版),2015,39(3):183 – 186.

[396]严莉,王翠平,陈建伟,等.基于转录组信息的黑果枸杞 MYB 转录因子家族分析[J].中国农业科学,2017,50(20):3991 – 4002.

[397]张赤红,曹永生,宗绪晓,等.普通菜豆种质资源形态多样性鉴定与分类研究[J].中国农业科学,2005,38(1):27 – 32.

[398]Aharoni A,Vos C H R D,Wein M,et al. The strawberry FaMYB1 transcription factor suppresses anthocyanin and flavonol accumulation in transgenic tobacco[J]. The Plant Journal,2001,28(3):319 –332.

[399]Aida R,Yoshida K,Kondo T,et al. Copigmentation gives bluer flowers on transgenic torenia plants with the antisense dihydroflavonol-4-reductase gene[J]. Plant Science (Shannon),2000,160(1):0 – 56.

[400]Akula R,Ravishankar G A. Influence of abiotic stress signals on secondary metabolites in plants[J]. Plant Signaling & Behavior,2011,6(11):1720 – 1731.

[401]Albert N W,Lewis D H,Zhang H,et al. Light-induced vegetative anthocyanin pigmentation in Petunia[J]. Journal of Experimental Botany,2009,60(7):2191 – 2202.

[402]Alonso J M. Genome-Wide Insertional Mutagenesis of Arabidopsis thaliana[J]. Science,2003,301(5633):653 – 657.

[403]Audic S,Claverie J M. The Significance of Digital Gene Expression Profiles[J]. Genome Research,1997,7(10):986 – 995.

[404]Bulgakov V P,Avramenko T V,Tsitsiashvili G S. Critical analysis of protein signaling networks involved in the regulation of plant secondary metabolism:focus on anthocyanins[J]. Critical Reviews in Biotechnology,2016,37(6):1.

[405]Borevitz J O,Xia Y J,Blount J,et al. Activation Tagging Identifies a Conserved MYB Regulator of Phenylpropanoid Biosynthesis[J]. The Plant Cell,2000,12(12):2383 – 2393.

[406] Hao D C, Ge G B, Xiao P G, et al. The First Insight into the Tissue Specific Taxus Transcriptome via Illu mina Second Generation Sequencing [J]. PLOS ONE, 2011,6(6):e21220.

[407] Christian D, José L G, Antoine B, et al. MYBL2 is a new regulator of flavonoid biosynthesis in Arabidopsis thaliana[J]. The Plant Journal, 2008,55(6):940 – 953.

[408] Christian S, Ameres S, Forkmann G. Identification of the molecular basis for the functional difference between flavonoid 3′-hydroxylase and flavonoid 3′, 5′-hydroxylase[J]. Febs Letters, 2007,581(18):3429 – 3434.

[409] Cho K, Cho K S, Sohn H B, et al. Network analysis of the metabolome and transcriptome reveals novel regulation of potato pigmentation[J]. Journal of Experimental Botany, 2016,67(5):1519 – 1533.

[410] Davies K M, Albert N W, Schwinn K E. From landing lights to mimicry: the molecular regulation of flower colouration and mechanisms for pigmentation patterning[J]. Functional Plant Biology, 2012,39(8):619.

[411] Dooner H K, Robbins T P, Jorgensen R A. Genetic and Developmental Control of Anthocyanin Biosynthesis [J]. Annual Review of Genetics, 1991,25(1):173 – 199.

[412] Espley R V, Hellens R P, Putterill J, et al. Red colouration in apple fruit is due to the activity of the MYB transcription factor, MdMYB10[J]. Plant Journal, 2007,49(3):414 – 427.

[413] Liu F, Yang Y J, Gao J W, et al. A comparative transcriptome analysis of a wild purple potato and its red mutant provides insight into the mechanism of anthocyanin transformation[J]. PLOS ONE, 2018,13(1):e0191406.

[414] Faurobert M, Mihr C, Bertin N, et al. Major Proteome Variations Associated with Cherry Tomato Pericarp Development and Ripening[J]. Plant Physiology, 2007, 143(3):1327 – 1346.

[415] Gould K S. Nature's Swiss Army Knife: The Diverse Protective Roles of Anthocyanins in Leaves[J]. Journal of Biomedicine and Biotechnology, 2004, 2004(5):314 – 320.

[416] Grotewold E. The genetics and biochemistry of floral pigments[J]. Annu. Rev. Plant Biol. 2006,57(1):761 –780.

[417] Hartmann U, Sagasser M, Mehrtens F, et al. Differential combinatorial interactions ofcis-acting elements recognized by R2R3-MYB, BZIP, and BHLH factors control light-responsive and tissue-specific activation of phenylpropanoid biosynthesis genes[J]. Plant Molecular Biology, 2005, 57(2):155 –171.

[418] He J, Giusti M M. Anthocyanins: Natural Colorants with Health – Promoting Properties[J]. ANNUAL REVIEW OF FOOD SCIENCE AND TECHNOLOGY, VOL 1, 2010,1(1):163 –187.

[419] Holton T A, Cornish E C. Genetics and Biochemistry of Anthocyanin Biosynthesis. [J]. Plant Cell, 1995,7(7):1071 –1083.

[420] Huang S N, Liu Z Y, Yao R P, et al. Comparative transcriptome analysis of the petal degeneration mutantpd min Chinese cabbage (Brassica campestrisssp. pekinensis) using RNA-Seq[J]. Molecular Genetics and Genomics, 2015,290(5):1833 –1847.

[421] Jaakola L. New insights into the regulation of anthocyanin biosynthesis in fruits[J]. Trends in Plant Science, 2013,18(9):477 –483.

[422] Kaltenbach M, Gudrun S, Schmelzer E, et al. Flavonoid hydroxylase from Catharanthus roseus: cDNA, heterologous expression, enzyme properties and cell-type specific expression in plants[J]. The Plant Journal, 1999, 19(2):183 –193.

[423] Kang J, Zhang G, Bonnema G, et al. Global analysis of gene expression in flower buds ofMs-cd1Brassica oleraceaconferring male sterility by using an Arabidopsis microarray[J]. Plant Molecular Biology, 2008,66(1 –2):177 –192.

[424] Kobayashi H, Suzuki S, Tanzawa F, et al. Low Expression of Flavonoid 3′, 5′-Hydroxylase (F3′,5′H) Associated with Cyanidin-based Anthocyanins in Grape Leaf[J]. American Journal of Enology and Viticulture, 2009,60(3):362 –367.

［425］Koes R, Verweij W, Quattrocchio F. Flavonoids: a colorful model for the regulation and evolution of biochemical pathways［J］. Trends in Plant Science, 2005,10(5):0 – 242.

［426］Li W B, Liu Y F, Zeng S H, et al. Gene Expression Profiling of Development and Anthocyanin Accumulation in Kiwifruit (Actinidia chinensis) Based on Transcriptome Sequencing［J］. PLOS ONE, 2015, 8(10):e0136439.

［427］Li W B, Ding Z H, Ruan M B, et al. Kiwifruit R2R3 – MYB transcription factors and contribution of the novel AcMYB75 to red kiwifruit anthocyanin biosynthesis［J］. Scientific Reports, 2017,7(1):16861.

［428］Li X H, Uddin M R, Park W T, et al. Accumulation of anthocyanin and related genes expression during the development of cabbage seedlings［J］. Process Biochemistry, 2014,49(7):1084 – 1091.

［429］Kui L W, Bolitho K, Grafton K, et al. An R2R3 MYB transcription factor associated with regulation of the anthocyanin biosynthetic pathway in Rosaceae［J］. BMC Plant Biology, 2010,10(1):50.

［430］Livak K, Schmittgen T. Analysis of Relative Gene Expression Data Using Real – Time Quantitative PCR and the $2^{-\triangle\triangle Ct}$ Method［J］. Methods, 2000,25(4):402.

［431］Liu C, Liu Z Y, Li C Y, et al. Comparative transcriptome analysis of fertile and sterile buds from a genetically male sterile line of Chinese cabbage［J］. In Vitro Cellular & Developmental Biology-Plant, 2016,52(2):130 – 139.

［432］Matus J T, Cavallini E, Loyola R, et al. A Group of Grapevine MYBA Transcription Factors Located in Chromosome 14 Control Anthocyanin Synthesis in Vegetative Organs with Different Specificities Compared to the Berry Color Locus［J］. The Plant Journal, 2017,91(2):220 – 236.

［433］Mori S, Kobayashi H, Hoshi Y, et al. Heterologous expression of the flavonoid 3′,5′-hydroxylase gene ofVinca majoralters flower color in transgenicPetunia hybrida［J］. Plant Cell Reports, 2004,22(6):415 – 421.

［434］Mortazavi A, Williams B A, McCue K, et al. Mapping and quantifying mammalian transcriptomes by RNA-Seq［J］. Nature Methods, 2008,5: 621 – 628.

［435］Ohmiya A. Biosynthesis of plant pigments: anthocyanins, betalains and carotenoids. ［J］. Plant Journal, 2010,54(4):733 – 749.

［436］Okinaka Y, Shimada Y, Nakano – Shimada R, et al. Selective Accumulation of Delphinidin Derivatives in Tobacco Using a Putative Flavonoid 3', 5'-Hydroxylase cDNA from Campanula medium［J］. Journal of the Agricultural Chemical Society of Japan, 2003,67(1):161 – 165.

［437］Quattrocchio F. PH4 of Petunia Is an R2R3 MYB Protein That Activates Vacuolar Acidification through Interactions with Basic-Helix-Loop-Helix Transcription Factors of the Anthocyanin Pathway［J］. THE PLANT CELL ONLINE, 2006, 18(5):1274 – 1291.

［438］Schuhmacher R, Rudolf K. Metabolomics and metabolite profiling［J］. Analytical and Bioanalytical Chemistry, 2013,405(15):5003 – 5004.

［439］Springob K, Nakajima J I, Yamazaki M, et al. Recent advances in the biosynthesis and accumulation of anthocyanins［J］. Natural Product Reports, 2003,20(3):288.

［440］Takos A M, Jaffe F W, Jacob S R, et al. Light-Induced Expression of a MYB Gene Regulates Anthocyanin Biosynthesis in Red Apples［J］. Plant Physiology (Rockville), 2006,142(3):1216 – 1232.

［441］Toguri T, Azuma M, Ohtani T. The cloning and characterization of a cDNA encoding a cytochrome P450 from the flowers of Petunia hybrida［J］. Plant Science, 1993,94(1 – 2):119 – 126.

［442］Toguri T, Umemoto N, Kobayashi O, et al. Activation of anthocyanin synthesis genes by white light in eggplant hypocotyl tissues, and identification of an inducible P-450 cDNA［J］. Plant Molecular Biology, 1994,23(5): 933 – 946.

［443］Tohge T, Nishiyama Y, Hirai M Y, et al. Functional genomics by integrated analysis of metabolome and transcriptome of Arabidopsis plants over –

expressing an MYB transcription factor[J]. Plant Journal, 2005,42(2): 218 – 235.

[444]Trapnell C , Pachter L , Salzberg S L . TopHat: discovering splice junctions with RNA-Seq[J]. Bioinformatics, 2009, 25(9):1105 – 1111.

[445]Zeng S H, Wu M, Zou C Y, et al. Comparative analysis of anthocyanin biosynthesis during fruit development in two Lycium species[J]. Physiol Plant, 2014,150(4):505 – 516.

[446]Xu W J, Dubos C, Lepiniec L. Transcriptional control of flavonoid biosynthesis by MYB-bHLH-WDR complexes[J]. Trends in Plant Science, 2015,20(3):176 – 185.

[447]Li Y Z, Luo X, Wu C Y, et al. Comparative Transcriptome Analysis of Genes Involved in Anthocyanin Biosynthesis in Red and Green Walnut (Juglans regia L.)[J]. Molecules, 2017,23(1):25.

[448]Yukihisa K, Masako F M, Yuko F, et al. Engineering of the Rose Flavonoid Biosynthetic Pathway Successfully Generated Blue-Hued Flowers Accumulating Delphinidin[J]. Plant and Cell Physiology, 2007, 48 (11): 1589 – 1600.